Military Detail Illustration

PANZERKAMPFWAGEN III Ausf.E-J

ミリタリー ディテール イラストレーション

Ⅲ号戦車 E～J型

イラスト製作・図解／遠藤 慧

[Ⅲ号戦車 短砲身型] 開発〜生産〜塗装について

第二次大戦初期のドイツ軍主力戦車となったⅢ号戦車は、溶接構造の車体/砲塔、理想的な乗員5名配置、無線通信機器の完備、トーションバー式サスペンションなど、その後の戦車の基本要素をいち早く採り入れた当時世界で最も先進的な戦車であった。ソ連侵攻時、T-34の出現によりⅢ号戦車の性能的な優位は失われるが、乗員の練度でそれを補い、また同時期の米英連合軍戦車に対しては、総合的な性能での優位を維持し、ドイツ軍主力戦車として電撃戦から東部戦線、バルカン半島、さらに北アフリカ戦線とあらゆる戦場で活躍した。

◉ドイツ軍主力戦車の開発

ベルサイユ条約体制の下、秘密裏に再軍備を進めていたドイツは、1930年代に入り、本格的に戦車の開発に着手した。1934年1月27日に主力戦車となるⅢ号戦車の開発が決定し、陸軍兵器局第6課は、ダイムラーベンツ、ラインメタルボルジヒ、MAN、クルップ各社に開発を要請。最終的にダイムラーベンツ社が車体を、クルップ社が砲塔の開発を担当することになる。

◉A〜D型の開発

Ⅲ号戦車は、当初ZW(小隊長車)という秘匿名称で開発が進み、1935年8月に試作車、さらに1937年10月には最初の量産型A型が完成する。A型は、当時の車載砲としては標準的な3.7cm砲を装備し、車体は全溶接構造を採用していた。エンジンは250hpのマイバッハHL108TRを搭載し、足回りは前部に起動輪、後部に誘導輪、コイルスプリング式サスペンションと5個の大型転輪、2個の上部転輪という構成だった。火力、機動力を優先させたため装甲防御力は脆弱で、もっとも装甲が厚い車体と砲塔の前面でも14.5mmしかなかった。A型の製造は10両に留まった。

A型に続いて開発されたB型は、走行性能改善のために足回りを大幅に変更し、転輪は2個1組のボギーで構成した小径タイプの8個配置となり、2つのボギーを1つのリーフスプリングで懸架するという方式を採用していた。また、上部転輪は3個となり、起動輪、誘導輪ともに形状が変更された。さらに、車体前面の点検パネルと操縦手用視察バイザー、車長用キューポラの形状も変更され、機関室側面の吸気口開口部は上面配置とし、機関室上面の吸排気グリルや点検ハッチの形状も改められていた。B型は15両が発注されたものの1937年11〜12月にかけて完成したのは10両で、他の5両は、Ⅲ号突撃砲試作車用の車体に転用された。

続くC型は、基本的な形状は、B型とほとんど変わらないが、車体前面の点検パネルや車長用キューポラ、車体後面のマフラーや牽引具などを変更し、さらに足回りの前/後部ボギー部分の構造を改良し、起動輪と誘導輪も変更された。C型は、1937年末〜1938年初頭にかけて15両が造られている。

C型と並行生産されたD型は、一見するとC型と似ているが、細部の仕様を若干変更、サスペンションにも改良を加え、さらに機関室の吸排気口を側面に設置し、ラジエターをエンジン後部に移設するなど車体後部の形状が大きく変化した。D型は、1938年9月までに25両が生産されたが、突撃砲試作車に転用されたB型の砲塔が余っていたため、D型車体にB型砲塔を載せたハイブリッド型が1940年10月に5両造られている。

A〜D型は、いずれも量産型というよりは増加試作型としての性格が強く、それゆえ、生産数も極端に少ない。1939年9月のポーランド戦にドイツ軍はⅠ号、Ⅱ号戦車とともに新鋭Ⅲ号戦車も投入するが、同戦闘に投入できたⅢ号戦車は98両で、しかもそれらの大半はC/D型だった。ポーランド戦の後、新型のE〜G型の部隊配備が進み始めると、翌1940年5月のフランス戦開始以前にA〜D型の大半は第一線を外され、訓練用車両に充てられた。しかし、D型車体/B型砲塔搭載型の一部は、ノルウェー、フィンランド方面で行動していた第40特別編成戦車大隊に配備されて1941〜1942年冬の戦闘にも使用されている。

◉E/F型の登場

真の意味で最初の量産型となったのは、1938年12月に登場したE型である。E型の登場によってⅢ号戦車の基本スタイルが確立したといえる。E型では、車体デザインを一新し、全体にわたって大幅な改良・変更が施された。車体長は5.38m、全幅2.91m、全高2.435m。装甲防御力も強化され、車体装甲厚は、前面30mm、上部(操縦室)前面30mm、側面30mm、上面16mm、後面20mm、床板15mm。砲塔装甲厚は、前面30mm、防盾30mm、側面30mm、上面10mmであった。また、エンジンをHL108Rの出力向上型HL120TRに変更し、足回りに先進的なトーションバー式サスペンションを採用したことにより、走行性能は大幅に向上し、最大速度は67km/hとなった。

E型に続き、1939年8月にはエンジンを改良型のHL120TRMに換装した、F型最初の生産車が完成する。生産当初のF型は、エンジン以外はE型後期生産車と基本的に同じ仕様だったが、生産と並行し改良が行われ、車体前面上部にブレーキ冷却口装甲カバー、車体上面の前部に跳弾ブロックを追加するなど随時変更が加えられていった。

F型から本格的にⅢ号戦車の量産体制が敷かれ、MAN社、ダイムラーベンツ社のみならず、ヘンシェル社、MIAG社、アルケット社も生産に参加するようになった。E型は、1939年10月までに96両、F型は1941年5月(3.7cm砲搭載型の生産は1940年7月で終了)までに435両(その内、約100両が5cm砲搭載型)が造られた。1939年9月のポーランド戦時、E/F型は装甲教導連隊第1大隊に配備されたが、その数はわずか17両に過ぎず、短期間で戦闘が終了したため、目立った活躍はほとんど見られなかった。E/F型の本格的な実戦投入は、1940年5月のフランス戦からとなり、以後、バルカン半島、東部戦線にも投入されていく。

◉G型の開発

1940年2月からは、F型と並行してG型の生産も始まっている。G型は、操縦手用視察バイザーをスライド式から回転式のFahrersehklappe 30に変更、車体後面装甲板を30mm厚に強化、その他細部も若干改良を施していた。生産当初は、3.7cm砲だったが、ポーランド戦、フランス戦での戦訓を反映し、Ⅲ号戦車開発当初より強く要望されていた5cm砲の搭載が決定し、G型の1940年6月生産車から徐々に42口径5cm砲への換装が始まり、同年10月頃には全生産車が5cm砲を搭載して完成するようになった。G型は、

1941年5月まで600両が生産されている。

◉E/F/G型の生産過程での変遷

1940年6月からG型への5cm砲搭載が始まると、並行生産していたF型に対しても5cm砲が搭載されるようになる。さらにG型に採り入れられた改良、変更の一部は、E/F型にもフィードバックされ、F型後期生産車では、G型仕様の新型キューポラを装着した車両も見られるなど、最終的には5cm砲搭載のG型と同じ仕様といってよいほどの変化を遂げている。

E/F/G型の外見上に見られる主な生産中の変遷は以下のとおり。

■1939年初頭～春頃

E型は、生産開始直後に砲塔上面の車長用キューポラの前方左側にあった信号塔を廃止し、右側と同じシグナルポートに変更した車両が多くなる。

さらに車体上部前面左側に設置された操縦手用バイザーの上部に雨トイも追加されるようになった。

■1939年末頃

車体前面上部にブレーキ冷却用通気口を開口し、その上に装甲カバーを設置。さらに車体前部(操縦室)上面に跳弾ブロックを増設。

■1940年春頃

左フェンダー前部にノテックライトを追加。新型の車長用キューポラを導入する(その後もしばらくは、旧型キューポラを備えた車両も見られる)。

■1940年6月

5cm砲を搭載したG型の生産を開始。5cm砲の搭載ともにベンチレーターも設置される。3.7cm砲搭載車でも砲塔上面の左側シグナルポートを廃止し、ベンチレーターを設置した車両が見られる。

■1940年7月頃

砲塔側面前部の視察クラッペの厚みを増し強化。ゴムリムの幅を75mmから90mmに広くした新型の転輪を導入する。

■1940年7月末～8月初頭

F型に対しても5cm砲の搭載が始まる。

■1940年8月以降

車体前面と後面及び操縦室前面に30mm厚の増加装甲板の装着を開始。また、第1上部転輪を若干前に移設する。

◉砲塔を改良したH型

1940年10月から登場したH型は、当初より5cm砲を装備し、併せて砲塔も後部容積を拡大するために後部形状を改めた新型となった。車体前面の30mm厚増加装甲板も標準装備となり、そのために生じた車体前部の重量増加に対処し、第1上部転輪を前方に移設。さらに40cm幅履帯と新型の起動輪、誘導輪も導入している。また、G型で採用された機関室上面点検ハッチの通気口と通気口装甲カバーを持つ熱帯地仕様も造られた。

◉最多量産型のJ型

H型に続き、1941年3月からはJ型の生産が始まる。J型は、基本的な構造、スタイルは前量産型のH型をほぼ踏襲していたが、装甲を強化し、防御力を高めていたのが特徴である。H型では車体前面、車体上部前面及び車体後面の30mm厚装甲板の上に30mm厚の増加装甲板を装着していたのに対し、J型では50mm厚の1枚板に改められた。また、それとともに機銃ボールマウントは50mm厚装甲板に対応したKugelblende 50に、操縦手用視察バイザーもFahrersehklappe 50となり、さらに砲塔も前面装甲と防盾の装甲厚を30mmから50mm厚に強化していた。ただし、初期生産車では砲塔前面装甲の変更が間に合わず、H型と同じ30mm厚のままで生産されている。

また、車体前面と後面にあった牽引ホールドが側面装甲板を延長した突起部に開口部を設けた簡易なアイプレート式に変更されたり、車体後部の形状を変更するなどのマイナーチェンジも図られていた。

◉H/J型の生産中における変遷

H型は1941年4月までに286両が生産されたが、J型は1942年2月頃までに1500両以上が造られ、III号戦車の最多量産型となった。H/J型は、5cm砲搭載のF/G型とともに東部戦線、北アフリカ戦線で活躍する。H/J型においても生産と並行し、改良・変更が随時実施されている。

■1941年2月

H型後期生産車の一部は、50mm厚に強化した防盾を装備。

■1941年3月

機関室点検ハッチ上に通気口及び通気口装甲カバーを備えた熱帯地仕様が造られる。

■1941年4月

砲塔後面にゲペックカステンを追加。右フェンダー前部には標準装備として履帯整備工具箱が設置される。

■1941年6月

車体後面下部に大型牽引具を追加。さらに前部機銃ボールマウントに防塵カバー装着用リングを設置する。

■1941年7月

新型履帯が導入される。

■1941年9月

左フェンダー上に予備転輪固定具を設置。車体後面の排気口下部に排気整流板を増設する。

■1941年10月以降

J型では車体上部(操縦室)前面と防盾前面に20mm厚の増加装甲板の装着が始まる。しかし、防盾の増加装甲板は供給が遅れ、当初は未装着の車両が多く、標準化するのは1942年3月頃からとなった。

■1941年11月

車体前面に予備履帯ラックが増設されるようになる。

また、これらの変更・改良のいくつかは、同時期に運用されていたE/F/G型の一部に対しても実施されている。

◉短砲身型の派生車両

主力戦車となったIII号戦車は、多種多様な派生型も造られた。有名なIII号突撃砲以外にもっとも多く造られたのは指揮戦車だった。D型をベースとした指揮戦車D1型が30両、E型ベースの指揮戦車E型が45両、H型ベースの指揮戦車H型が175両(D1～H型の固定武装はMG34 7.92mm機銃1挺のみ)、さらにJ型をベースとした42口径5cm砲搭載指揮戦車が185両造られた。

また、1940年夏の英本土上陸“ゼーレーヴェ作戦”(同作戦中止により、東部戦線で使用)のためにF/G/H型及び指揮戦車E型を改造したIII号潜水戦車が168両、E/F/G/H型を改装したIII号砲兵用観測戦車が262両造られた他、さらにIII号戦車J型を改装したIII号戦車回収車(L/M/N型ベースも合わせると176両)、B.I/B.II地雷処理車などを無線操縦するIII号無線操縦用指揮戦車(J型ベース)、試作車両のみに終わった地雷除去戦車、千鳥配置式プレス製大直径転輪型も造られている。

◉III号戦車A～J型の塗装

ポーランド戦、フランス戦、そしてバルカン半島や東部戦線におけるIII号戦車の標準的な塗装は、基本色RAL7021ドゥンケルグラウの単色塗装だった。北アフリカ戦線では、当初、基本色ドゥンケルグラウの上にサンド系色の塗料を塗布したり、現地の砂を油で溶いたものを塗り付けていたが、1941年3月17日に北アフリカ戦線向けの塗装として基本色RAL8000ゲルプブラウンと迷彩色RAL7008グラウグリュンが、さらに1942年3月25日には基本色RAL8020ブラウンと迷彩色RAL7027グラウによる新塗装が相次いで制定され、同戦線のIII号戦車もこうした規定に則した塗装が施されていた。

珍しい塗装例として1941年秋、東部戦線の第31戦車連隊車両を挙げることができる。同部隊は当初、北アフリカ戦線に送られる予定だったが、急遽、配備先が東部戦線に変更となったため北アフリカ塗装のままで使用されている。

1943年2月以降、新しい塗装規定が制定され、基本色をRAL7028ドゥンケルゲルプとし、RAL6003オリーフグリュンとRAL8017ロートブラウンを迷彩色として使用することになる。そのため大戦後期まで残存していたIII号戦車短砲身型の中にもこの新規定に沿って再塗装された車両が少数見られた。

Ⅲ号戦車E～J型 塗装&マーキング

【カラー図はすべて 1/30 スケール】

Pz.Kpfw.III Ausf.E

2./Panzerregiment 1, 1.Panzerdivision, No.212
Early of May 1940 Belgium

〔図1〕

Ⅲ号戦車E型

第 1 装甲師団第 1 戦車連隊 212 号車
1940 年 5 月初旬 ベルギー

車体は、全面にわたり基本色RAL7021 ドゥンケルグラウを塗布した単色塗装。砲塔側面前部に白色で砲塔番号（図の“212”は推定）を描いており、車体側面に描かれた国籍標識バルケンクロイツは、写真では中央の黒塗りがない白縁のみのタイプに見える。

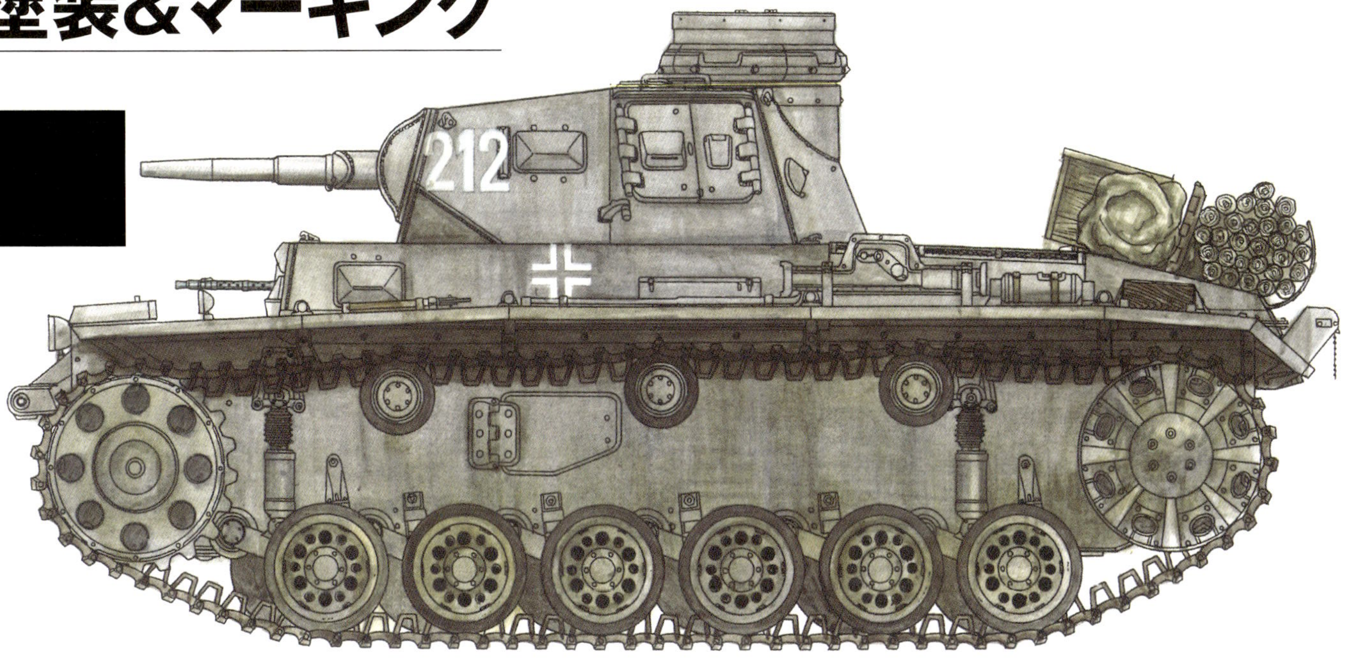

Pz.Kpfw.III Ausf.E
Panzerregiment 3, 2.Panzerdivision
Early of May 1940 Luxembourg

〔図2〕

Ⅲ号戦車E型

第２装甲師団第３戦車連隊所属車
1940年５月初旬　ルクセンブルク

基本色 RAL7021 ドゥンケルグラウの単色塗装。砲塔番号は記入されておらず、砲塔後面には所属中隊を示す幾何学状のマークを白色で記入。車体後面左側には白縁のみの国籍標識バルケンクロイツ、さらに同後面の始動クランク差し込み口カバーにはクライスト装甲集団の所属を示す“K”のマークが描かれている。車体上部前面左側の師団マーク（白い平行四辺形と黄色の丸２つ）は、同部隊の他車両の例を参考に推定した。

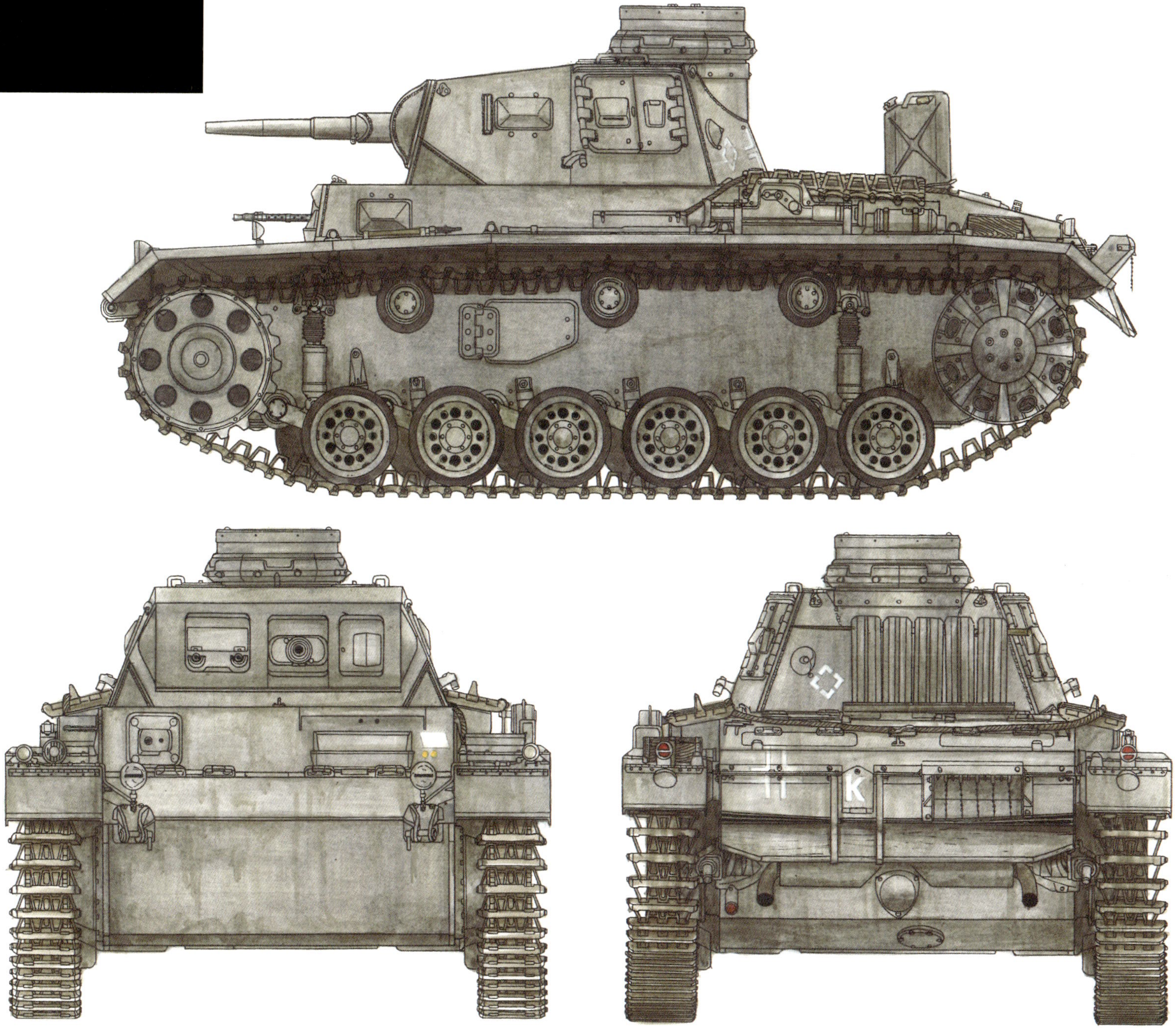

〔図1〕

Ⅲ号戦車E型　第1装甲師団第1戦車連隊212号車

Pz.Kpfw.III Ausf.E　2./Pz.Rgt.1, 1.Pz.Div. No.212

車体各部の特徴

砲塔上面の車長用キューポラの左前方にあった信号塔を右側と同じシグナルポートに変更し、さらに操縦手用視察バイザーの上には雨トイを追加した1939年春頃のE型。車体上部（操縦室）上面の跳弾ブロックや左フェンダーのノテックライトは設置されておらず、起動輪と誘導輪、転輪は旧タイプ、履帯は36cm幅タイプを装着。車体後面には発煙筒ラックを装備し、車体後面上部の左側には間隔表示灯が取り付けられている。

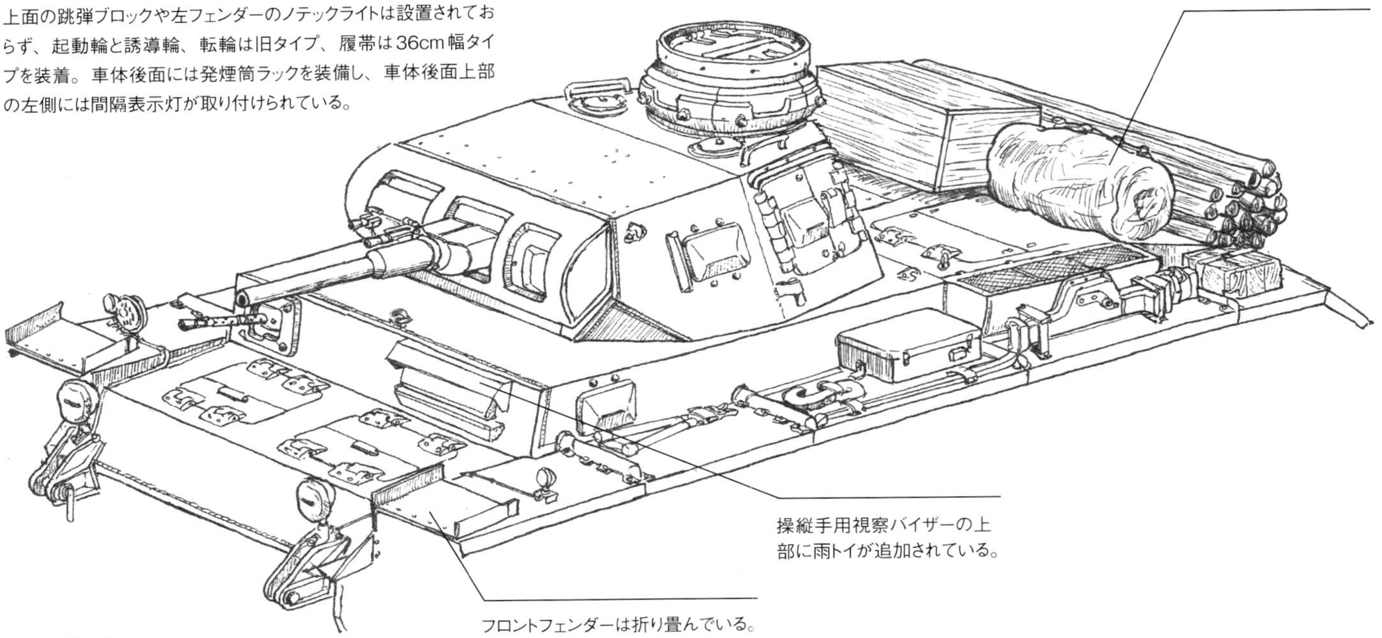

乗員用のダッフルバッグらしきものを積んでいる。
操縦手用視察バイザーの上部に雨トイが追加されている。
フロントフェンダーは折り畳んでいる。

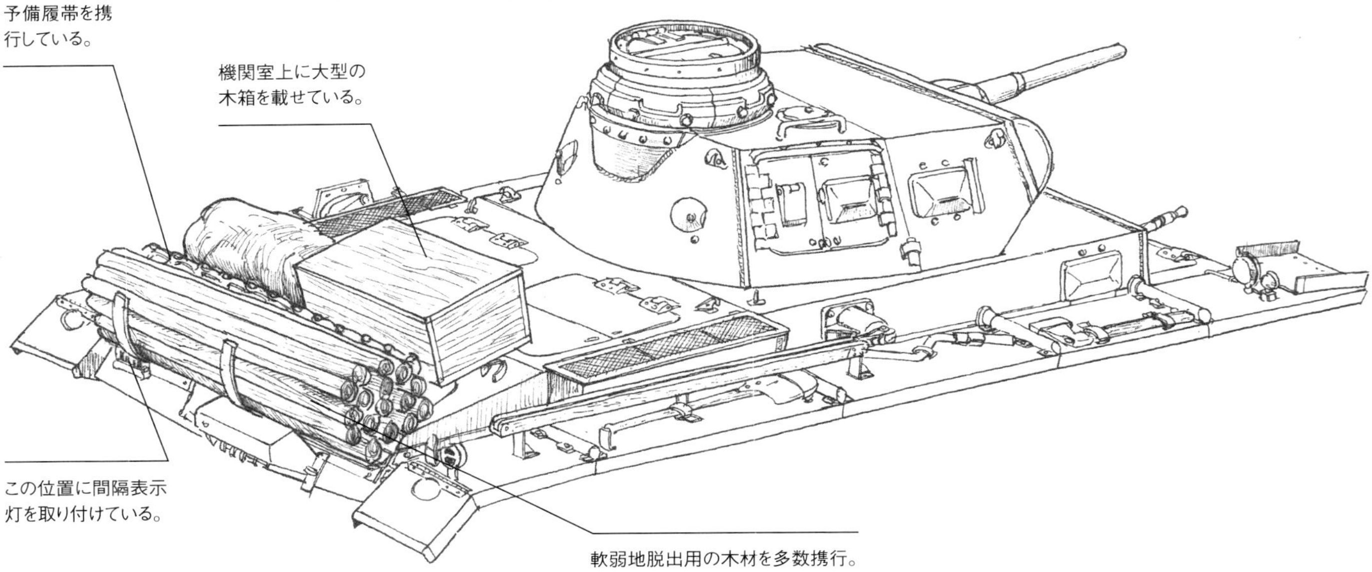

予備履帯を携行している。
機関室上に大型の木箱を載せている。
この位置に間隔表示灯を取り付けている。
軟弱地脱出用の木材を多数携行。

E型の標準的な砲塔

極初期には、車長用キューポラの左前方に信号塔を装備した車両も見られる。

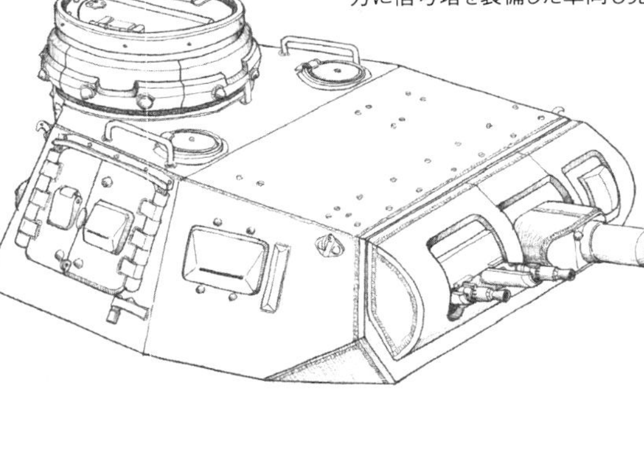

E型の砲塔後面

キューポラの下側部分が張り出したような形状になっているのが、E～G型までの砲塔の特徴である。

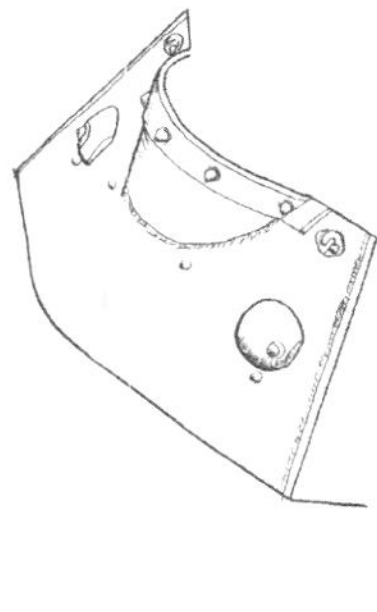

砲塔側面ハッチの内側

図は砲塔左側のハッチで、前部ハッチに視察装置、後部ハッチにピストルポートが設けられている。

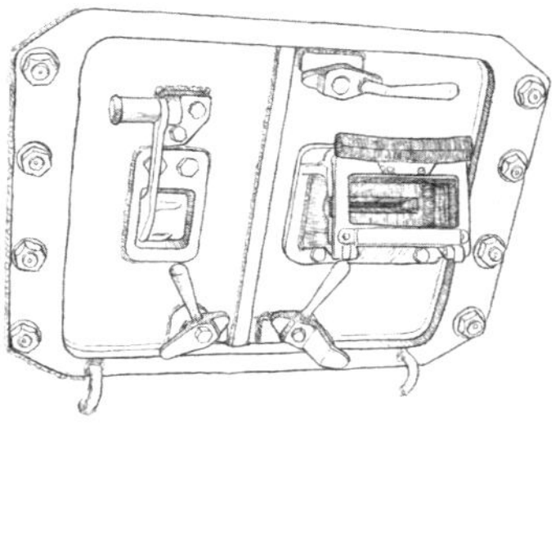

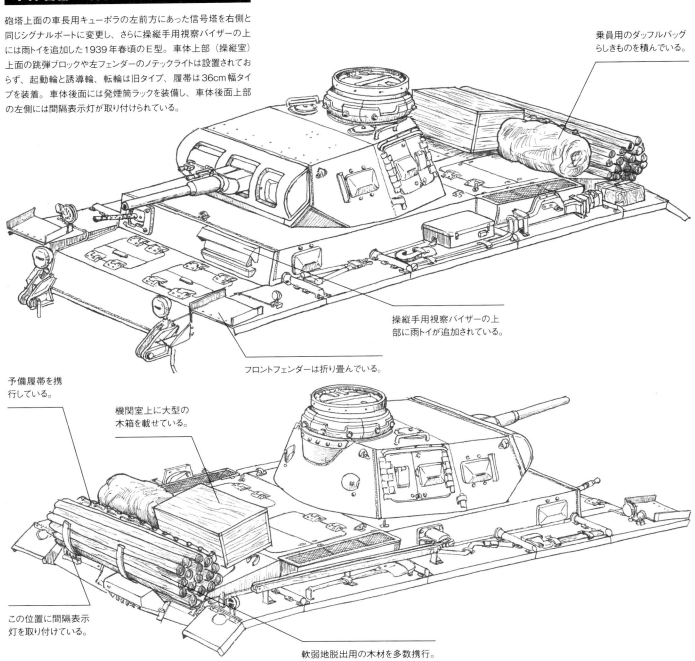

〔図2〕

Ⅲ号戦車E型　第2装甲師団第3戦車連隊所属車

Pz.Kpfw.III Ausf.E　Pz.Rgt.3, 2.Pz.Div.

車体各部の特徴

操縦手用視察バイザーの上に雨トイが追加された1939年春頃のE型で、車体上部（操縦室）上面の跳弾ブロックや左フェンダーのノテックライトはまだ設置されていない。起動輪と誘導輪、転輪は旧タイプ、履帯は36cm幅タイプを装着。車体後面に発煙筒ラックが設置されているが、同ラックのカバーは標準的なものとは形状が若干異なる。また、車体上部後面の排気口部分には現地部隊で作製された排気整流板が取り付けられている。

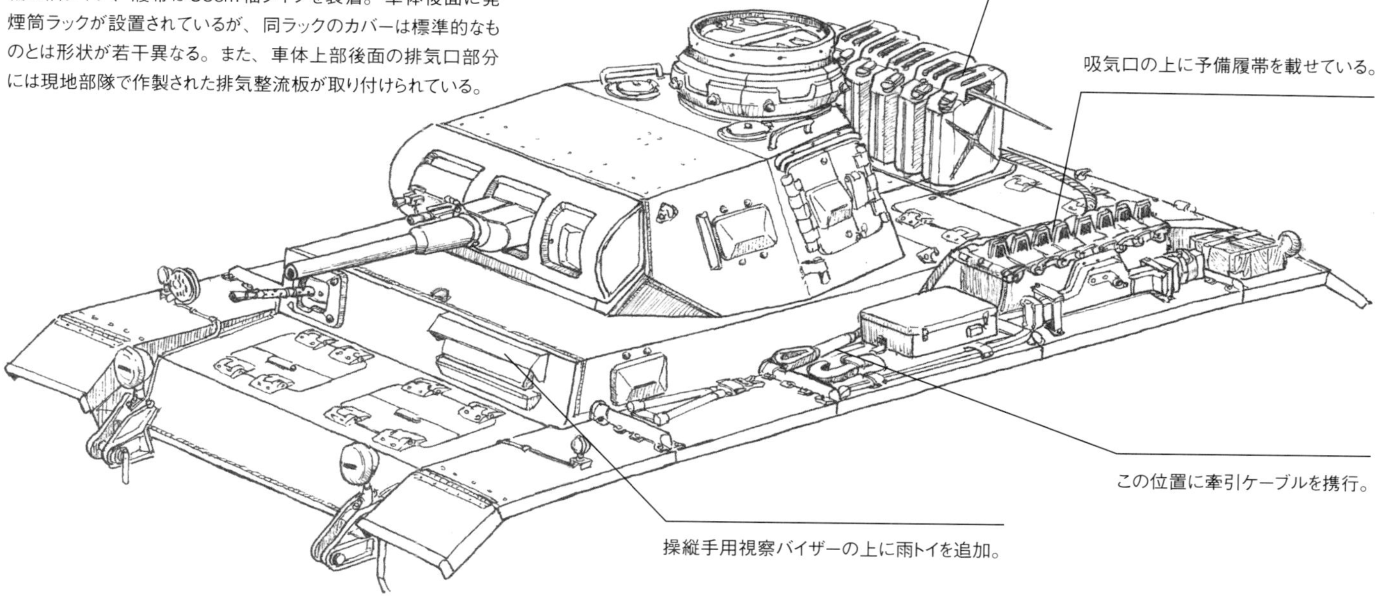

機関室上にジェリカンを載せており、積み降ろしが容易なように取っ手の内側に木の棒を通している。
吸気口の上に予備履帯を載せている。
この位置に牽引ケーブルを携行。
操縦手用視察バイザーの上に雨トイを追加。

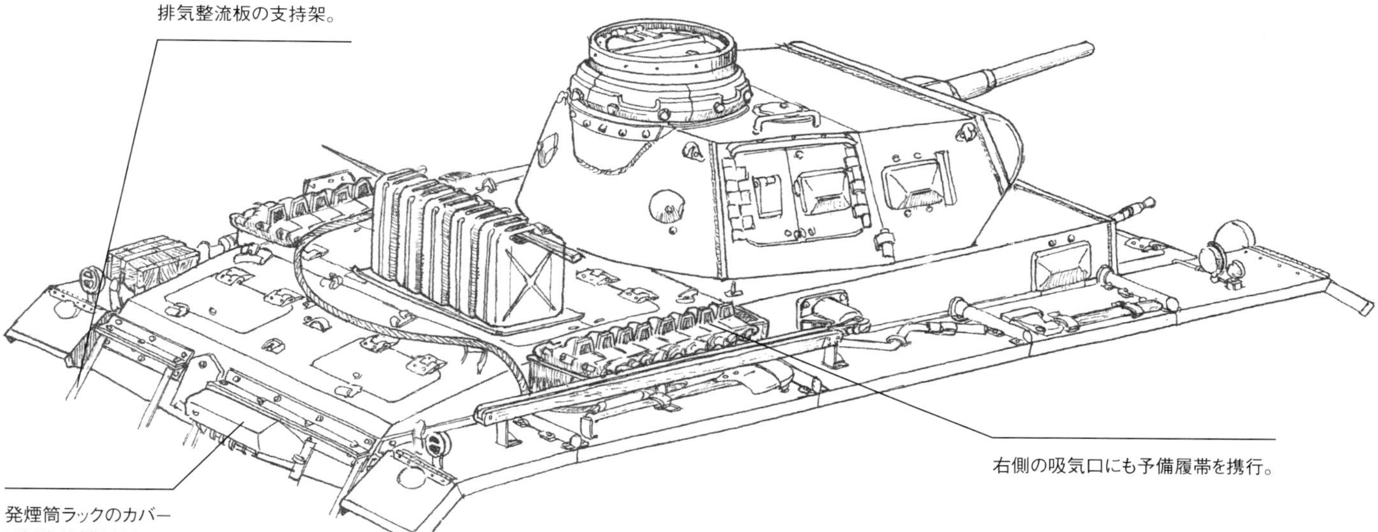

排気口の下に取り付けた排気整流板の支持架。
右側の吸気口にも予備履帯を携行。
発煙筒ラックのカバーは標準仕様と異なる。

車体上部後面

発煙筒ラックのカバーは標準仕様とは異なる。排気口に取り付けられた排気整流板（ディフレクター）は、薄い金属板を加工したもののようだ。

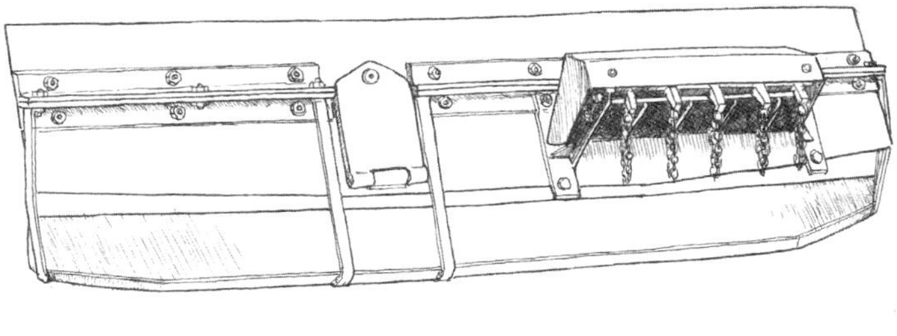

車体上部後面下側の排気口

排気口から下に向かって冷却ファンによる排気が吹き出されるため、砂埃を巻き上げないように排気整流板が追加されている。排気整流板は、後に標準化されるが、それ以前から多くの部隊において独自に作製したものを取り付けた例がよく見られる。

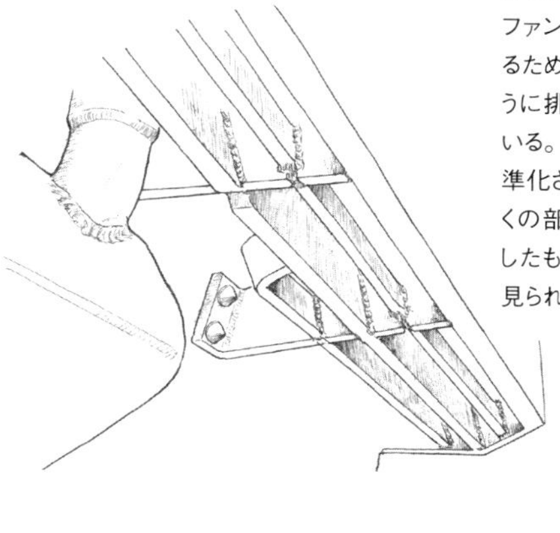

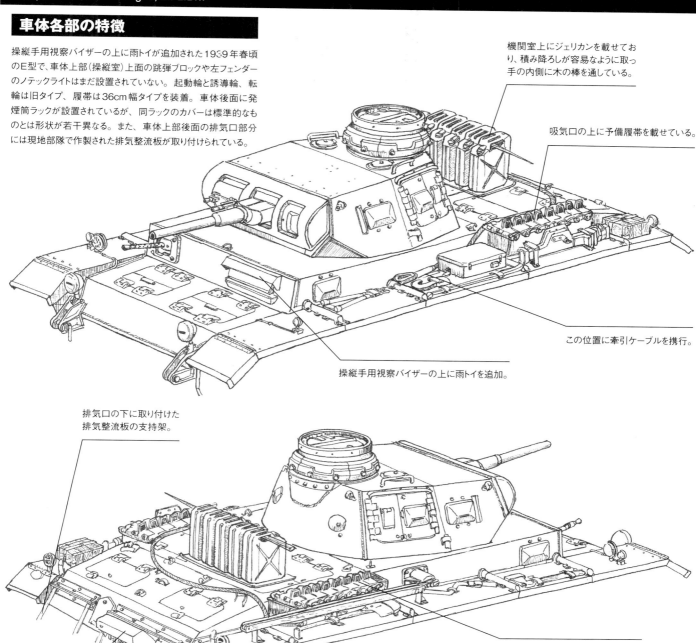

Pz.Kpfw.III Ausf.E

2./Panzerregiment 2, 1.Panzerdivision, No.221
June 1940 France

〔図3〕

Ⅲ号戦車E型

第 1 装甲師団第 2 戦車連隊 221 号車
1940 年 6 月　フランス

第 2 中隊第 2 小隊長車。車体は、基本色 RAL7021 ドゥンケルグラウの単色塗装。砲塔番号“221”は砲塔の側面前部と後面に白色で記入。後面の番号の上には三角のマークも見られるが、このマークが何を表しているのかは不明。車体側面の国籍標識バルケンクロイツは、写真では白縁のみのタイプに見える。

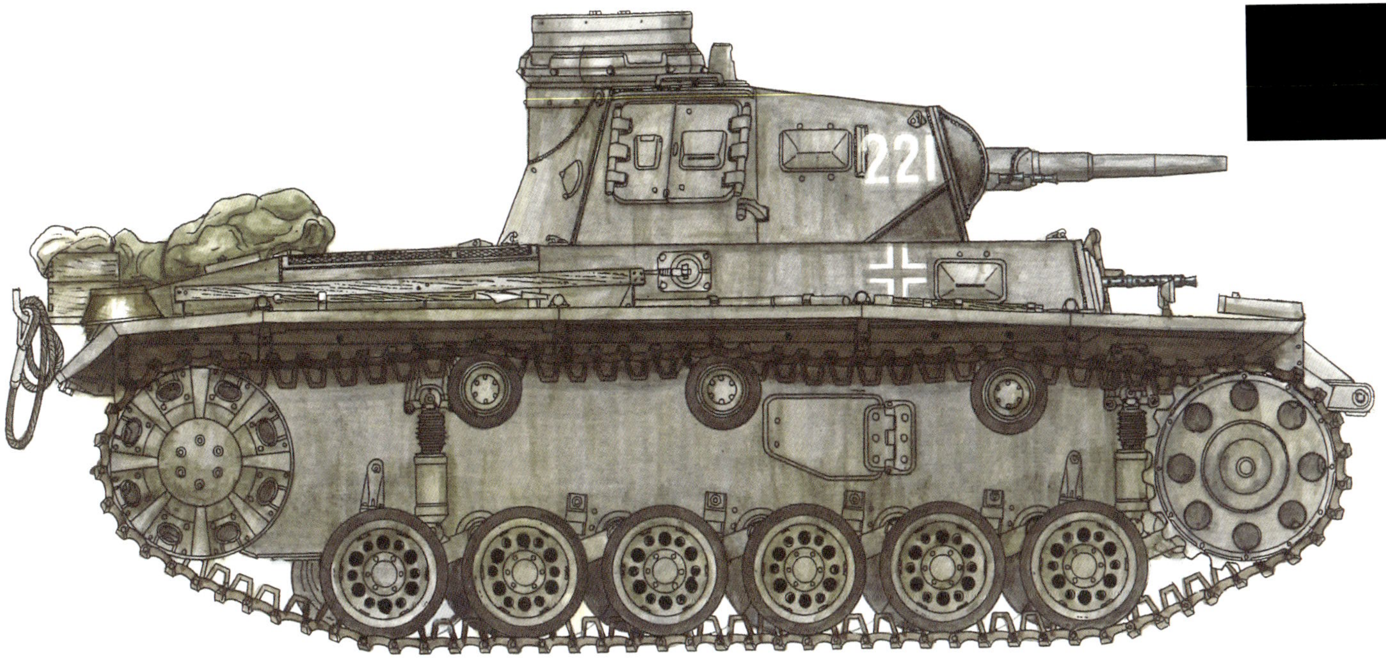

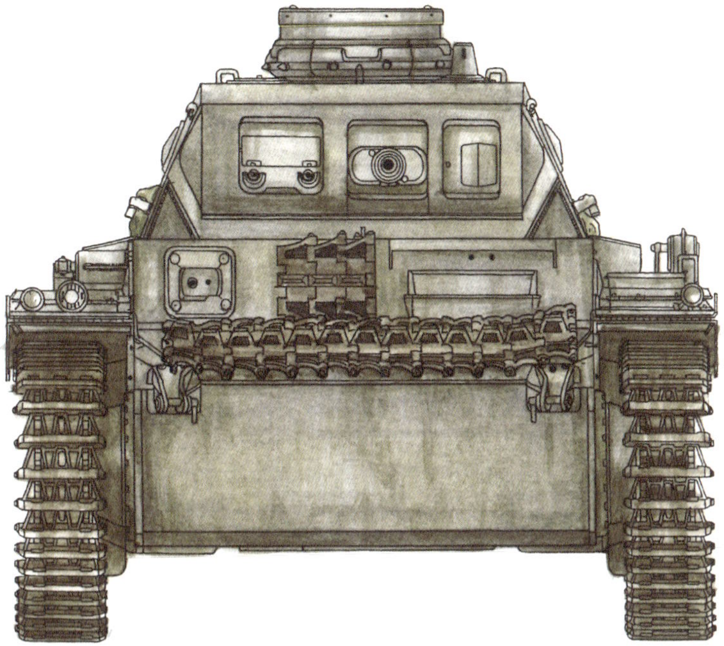

Pz.Kpfw.III Ausf.E
Panzerregiment 31, 5.Panzerdivision
Spring of 1941 Balkans campaign

〔図4〕

Ⅲ号戦車E型

第 5 装甲師団第 31 戦車連隊所属車
1941 年春　バルカン半島

全面 RAL7021 ドゥンケルグラウの単色塗装。砲塔番号はなく、砲塔の側面前部に第 31 戦車連隊を示す“悪魔”のマークが描かれている。また、砲塔後面のキューポラ下には白帯が描かれているが、意味は不明。車体後面に吊り下げられた履帯止めは、写真ではかなり明るく見えるので、黄色で塗られていると推定した。

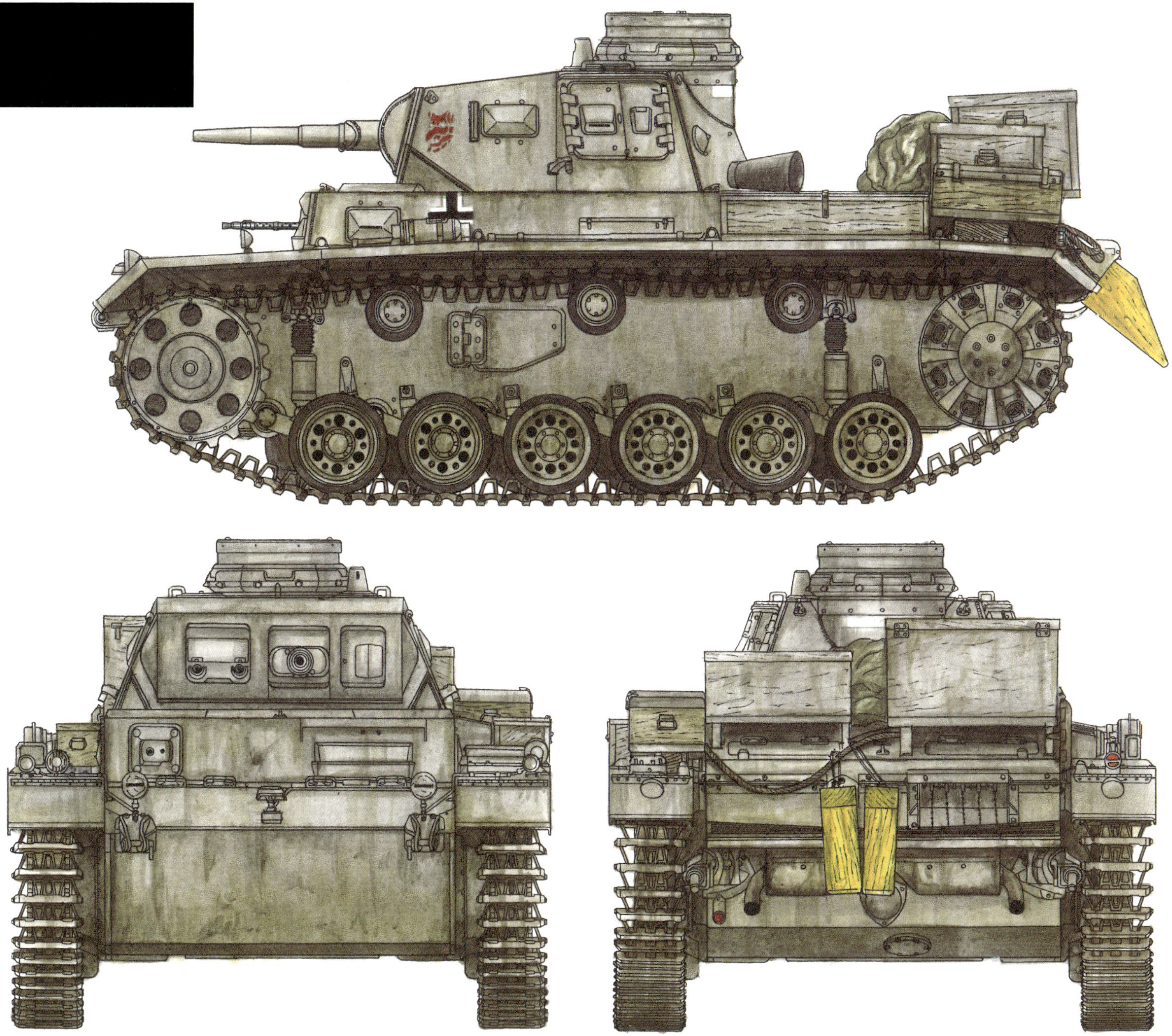

〔図3〕

Ⅲ号戦車E型　第1装甲師団第2戦車連隊221号車

Pz.Kpfw.III Ausf.E　2./Pz.Rgt 2, 1.Pz.Div., No.221

車体各部の特徴

操縦手用視察バイザーの上に雨トイが追加された1939年春頃のE型だが、砲塔上面のキューポラ左前方には極初期生産車に見られる信号塔が設置されている。車体上部（操縦室）上面の跳弾ブロックや左フェンダーのノテックライト、車体後面の発煙筒ラックは設置されておらず、起動輪と誘導輪、転輪は旧タイプ、履帯は36cm幅タイプを装着している。

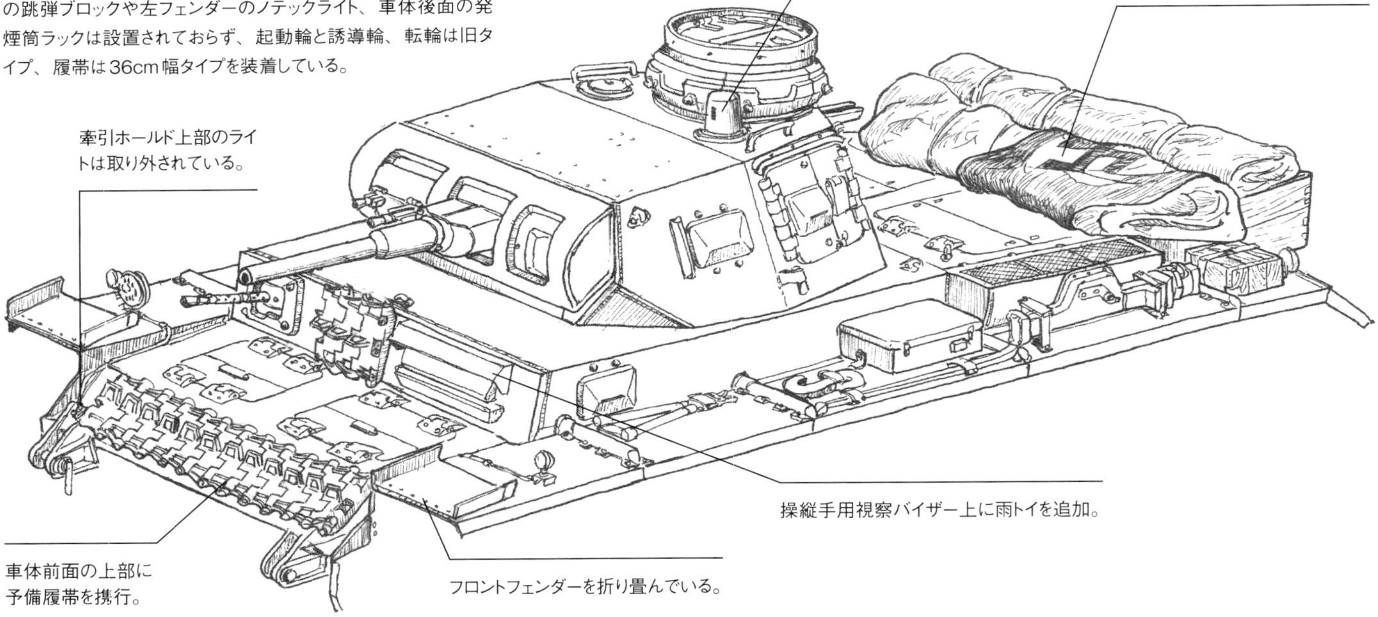

左側には信号塔を設置している。
機関室上面に丸めたシートカバーとスワスチカ旗を載せている。
牽引ホールド上部のライトは取り外されている。
操縦手用視察バイザー上に雨トイを追加。
車体前面の上部に予備履帯を携行。
フロントフェンダーを折り畳んでいる。

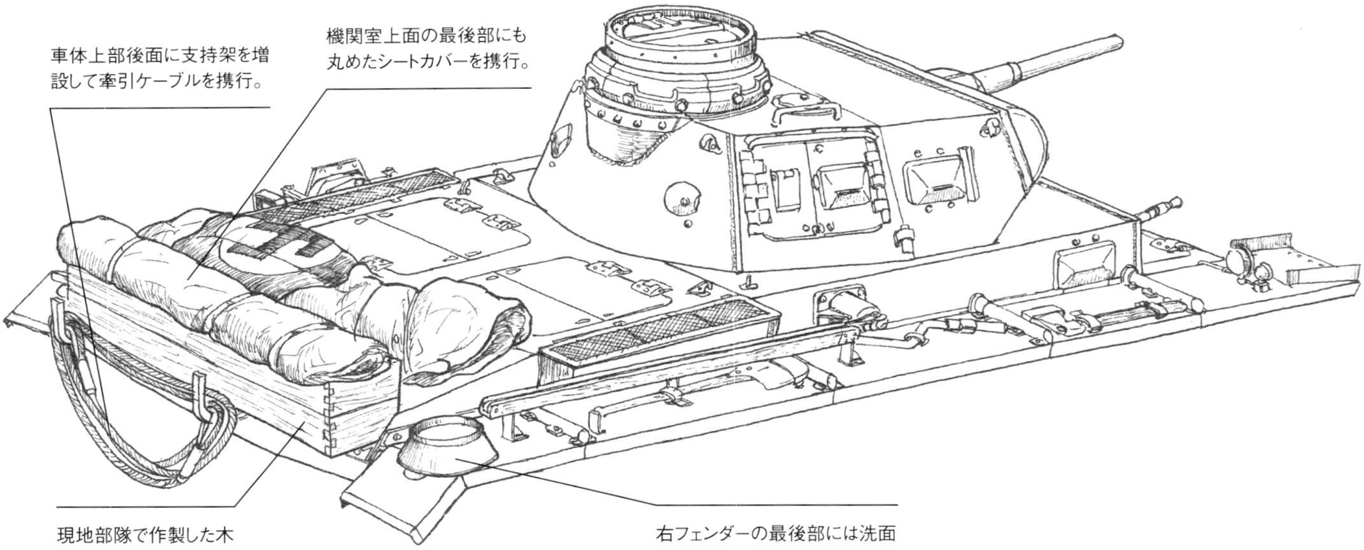

車体上部後面に支持架を増設して牽引ケーブルを携行。
機関室上面の最後部にも丸めたシートカバーを携行。
現地部隊で作製した木箱が設置されている。
右フェンダーの最後部には洗面器のような容器を載せている。

E型の車体前部

1939年春頃から操縦手用視察バイザーの上に雨トイが設置されるようになる。この頃はまだブレーキ冷却用吸気口は設けられておらず、車体上部（操縦室）上面の跳弾ブロックも設置されていない。

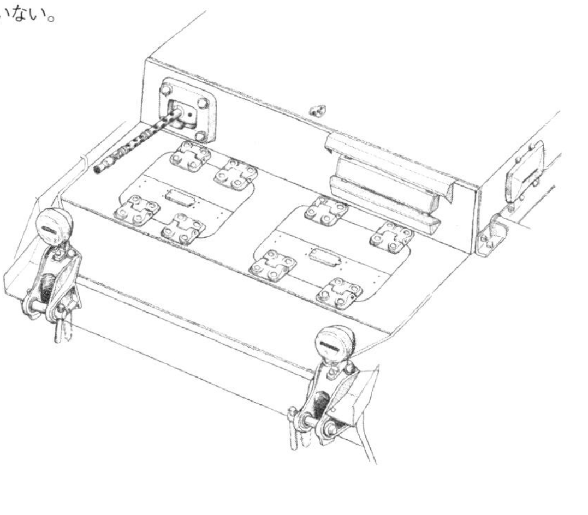

フロントフェンダー

図は右側のフロントフェンダーを示し、内側の側面には2カ所に固定用の金具（上部の金具は、T型のフェンダー固定具を引っ掛けるためのもの）が取り付けられている。

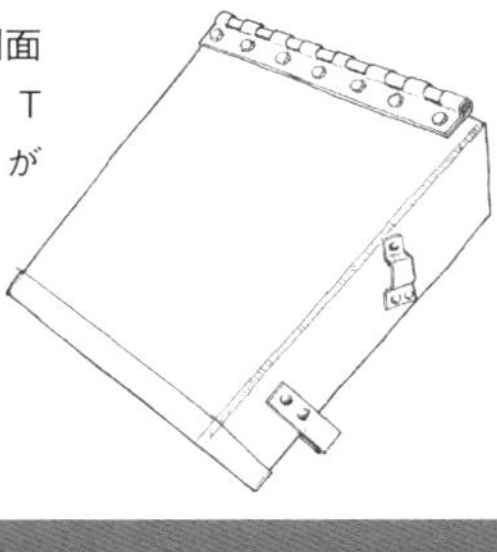

フェンダーの最前部

図は左側のフロントフェンダーを上げた状態。最前部内側にはパイプ状の支持架が設置されている。

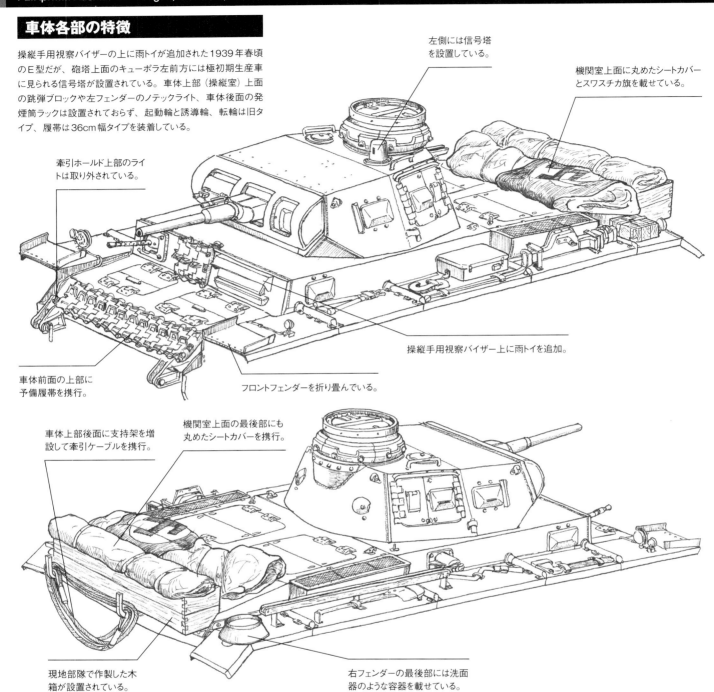

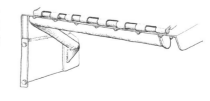

〔図4〕

Ⅲ号戦車E型　第5装甲師団第31戦車連隊所属車

Pz.Kpfw.III Ausf.E　Pz.Rgt.31, 5.Pz.Div.

車体各部の特徴

砲塔上面のキューポラ左前方に信号塔を備え、操縦手用視察バイザー上には雨トイを設置している。1939年春以前に造られたE型初期生産車だが、生産後に車体上部（操縦室）上面の跳弾ブロック、左フェンダー後部の間隔表示灯をレトロフィットし、さらに車体前面上部にはノテックライトも増設されている。転輪は新旧両タイプが入り混じって使用されており、履帯は36cm幅タイプを装着。

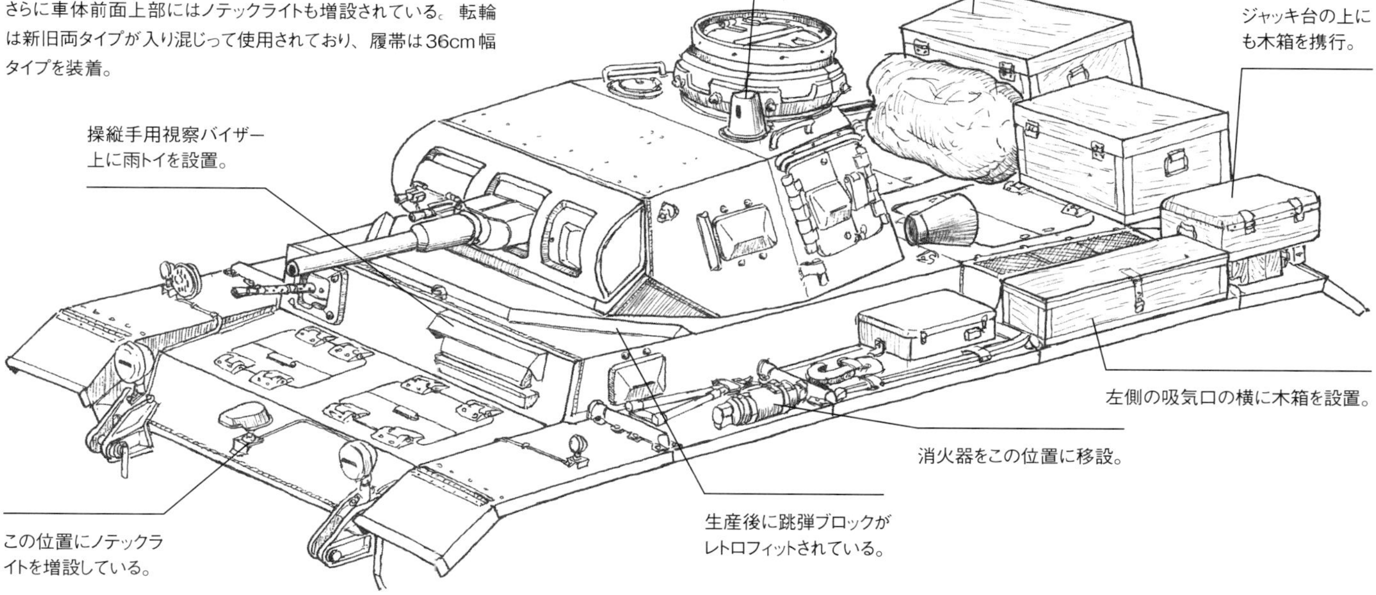

左側に信号塔を設置している。
機関室上面に大型の木箱を2個積んでいる。
ジャッキ台の上にも木箱を携行。
操縦手用視察バイザー上に雨トイを設置。
左側の吸気口の横に木箱を設置。
消火器をこの位置に移設。
生産後に跳弾ブロックがレトロフィットされている。
この位置にノテックライトを増設している。

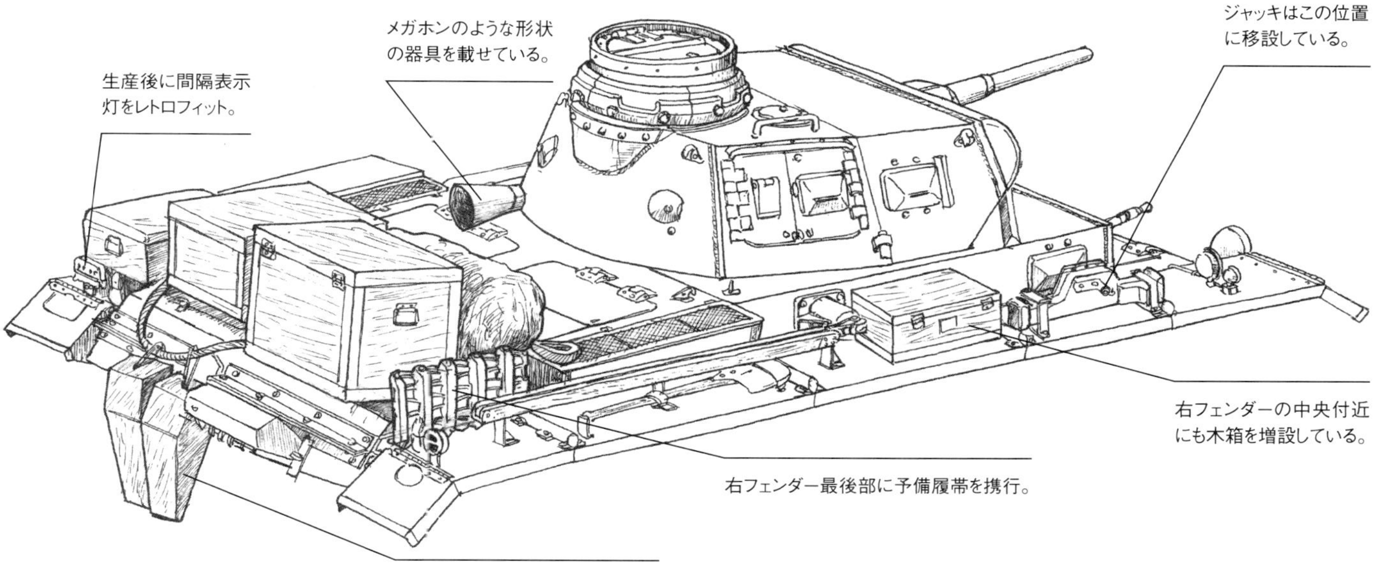

メガホンのような形状の器具を載せている。
ジャッキはこの位置に移設している。
生産後に間隔表示灯をレトロフィット。
右フェンダーの中央付近にも木箱を増設している。
右フェンダー最後部に予備履帯を携行。
駐車時に履帯にかませる履帯止めを牽引ケーブルにぶら下げている。

砲塔上面のシグナルポート

E型の初期には、右図のように前面にスリットを設けたカバーを設置した車両も見られる。このカバーは、内側からライトを点滅させて信号を送るための信号塔と思われる。左図が標準タイプ。

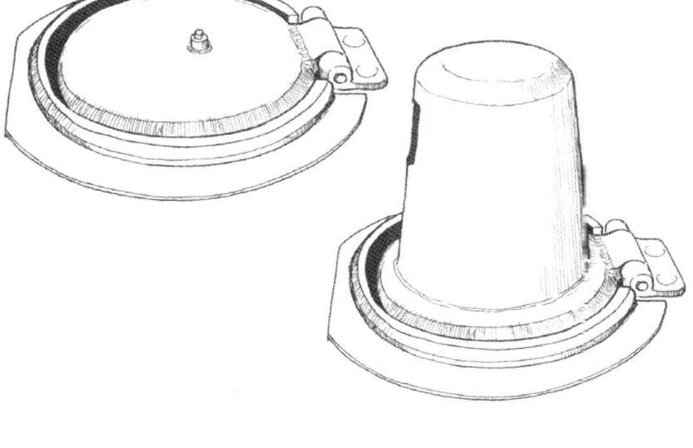

転輪のバリエーション

当初は、ゴムリムが75mm幅の転輪（左図）が使用されていたが、1940年7月頃からゴムリムを90mm幅に広げた新型転輪（右図）が導入された。新型の導入後もしばらくは両タイプが併用されている。

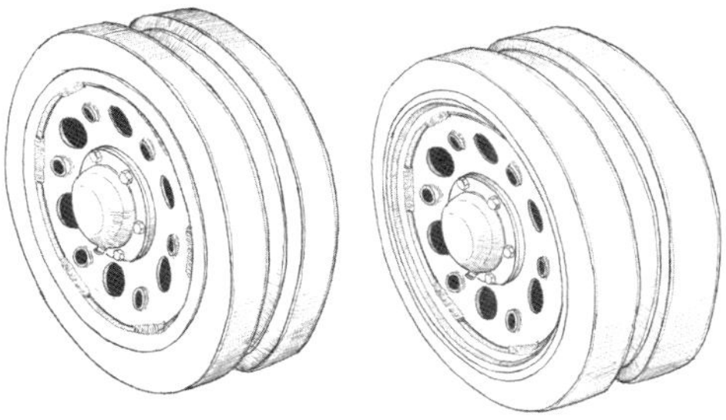

E~G型まで使用されたショックアブソーバー

ショックアブソーバー上部の可動部にゴムブーツが被せられているのが特徴。

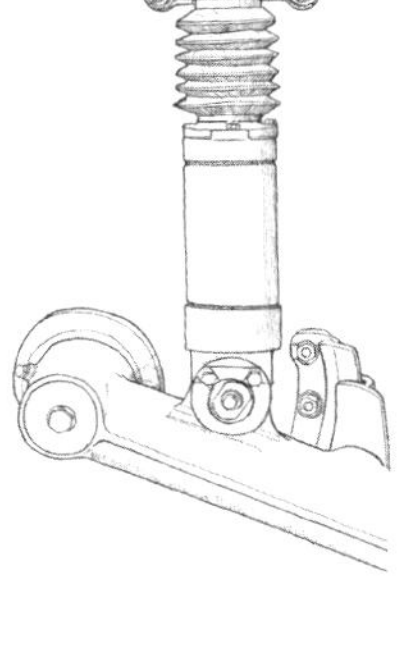

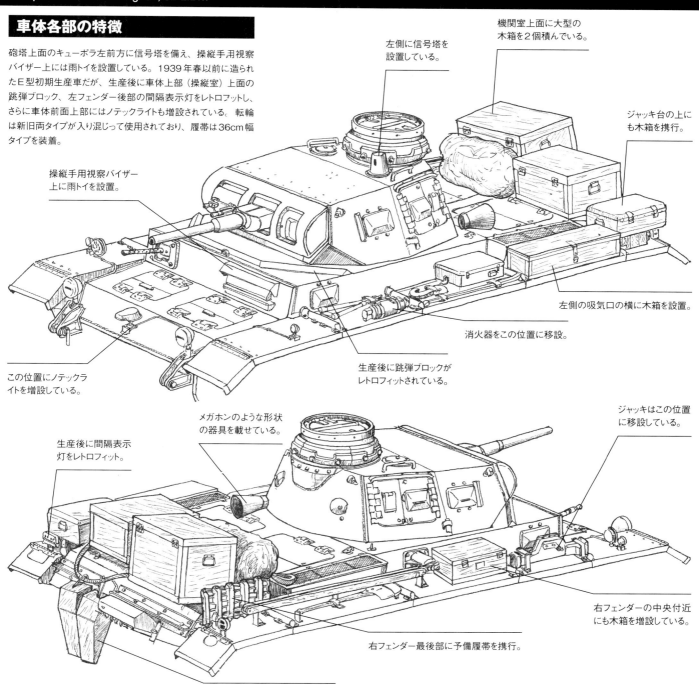

Pz.Kpfw.III Ausf.F (equipped with 5cm KwK)
3./Panzerregiment 15, 11.Panzerdivision, No.33
Autumn of 1941 Eastern Front

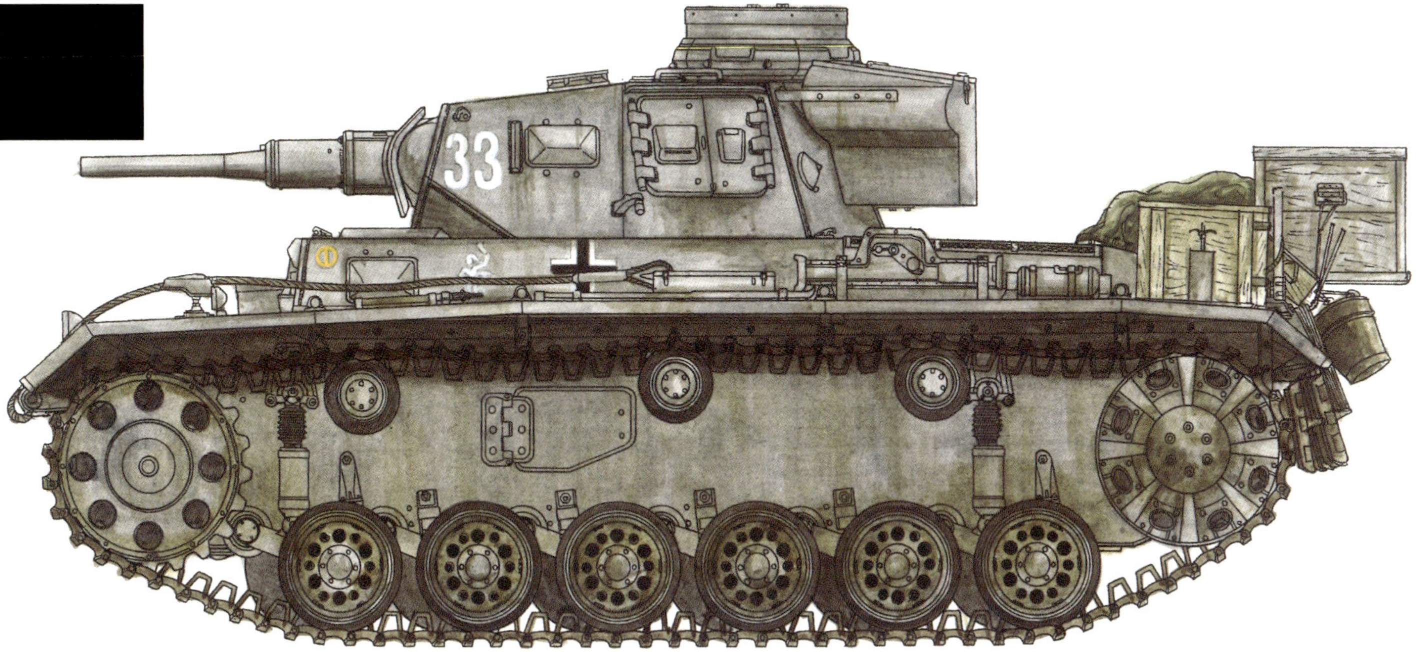

〔図5〕

Ⅲ号戦車F型 (5cm砲搭載型)

第 11 装甲師団第 15 戦車連隊 33 号車
1941 年秋　東部戦線

車体は全面、基本色 RAL7021 ドゥンケルグラウの単色塗装。砲塔番号“33”は、砲塔側面前部とゲペックカステンの後面に白色で記入。車体上部前面左側と側面前部には黄色で正規の師団マーク、車体側面にはさらに同師団車両のマークとして知られる白色の“幽霊”マーク、その後方に白縁付き黒十字の国籍標識バルケンクロイツも描かれている。

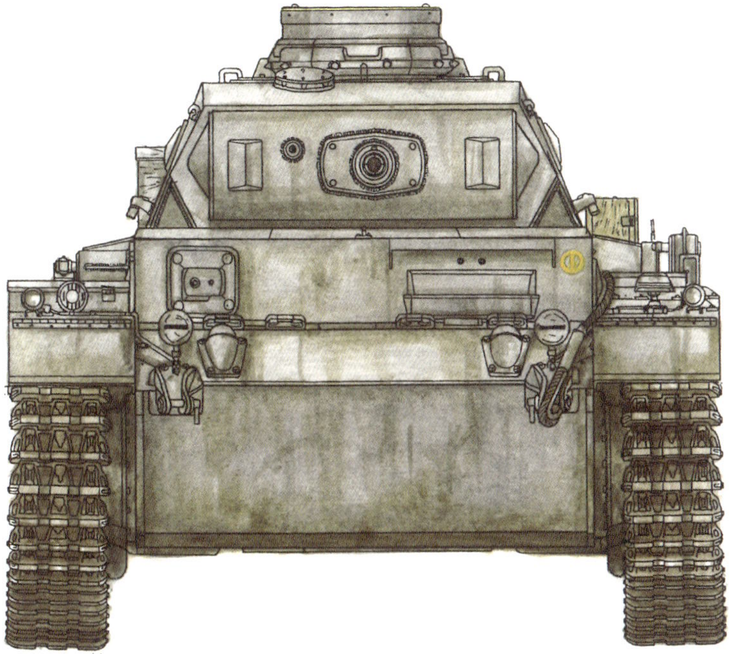

Pz.Kpfw.III Ausf.F (equipped with 5cm KwK)
1./Panzerregiment 7, 10.Panzerdivision, No.144
Autumn of 1941 Eastern Front

〔図6〕

Ⅲ号戦車F型
（5cm砲搭載型）

第 10 装甲師団第 7 戦車連隊 144 号車
1941 年秋　東部戦線

基本色 RAL7021 ドゥンケルグラウの単色塗装。砲塔側面前部とゲペックカステンの後面には、中隊番号の“1”のみを表示した白色の砲塔番号と連隊マークの“バイソン”のシルエットを描いている。また、車体上部前面の左側と側面前部に黄色の師団マーク、右フェンダーの前後部にはグデーリアン装甲集団の所属を示す白色の“G”が描かれている。さらに車体側面と後面に砲塔番号を記したナンバープレートを取り付けている。

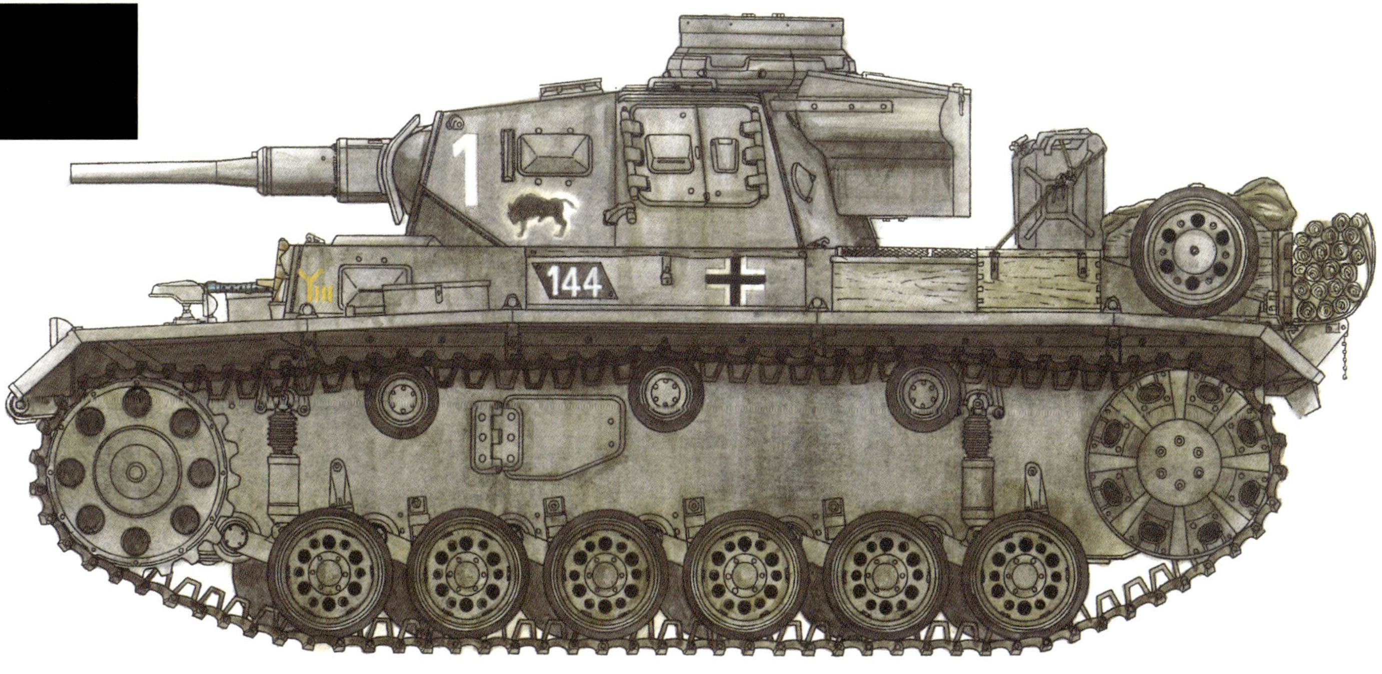

〔図5〕

Ⅲ号戦車F型（5cm砲搭載型） 第11装甲師団第15戦車連隊33号車

Pz.Kpfw.III Ausf.F equipped with 5cm KwK 3./Pz.Rgt.15, 11.Pz.Div., No.33

車体各部の特徴

F型の5cm砲搭載型。前面上部にブレーキ冷却用の吸気口、車体上部上面に跳弾ブロック、左フェンダー前部にはノテックライトが設置されており、さらに砲塔上面にベンチレーター、後面にはゲペックカステンを装着。転輪は90mm幅の新型転輪、履帯は40cm幅タイプを装着している。

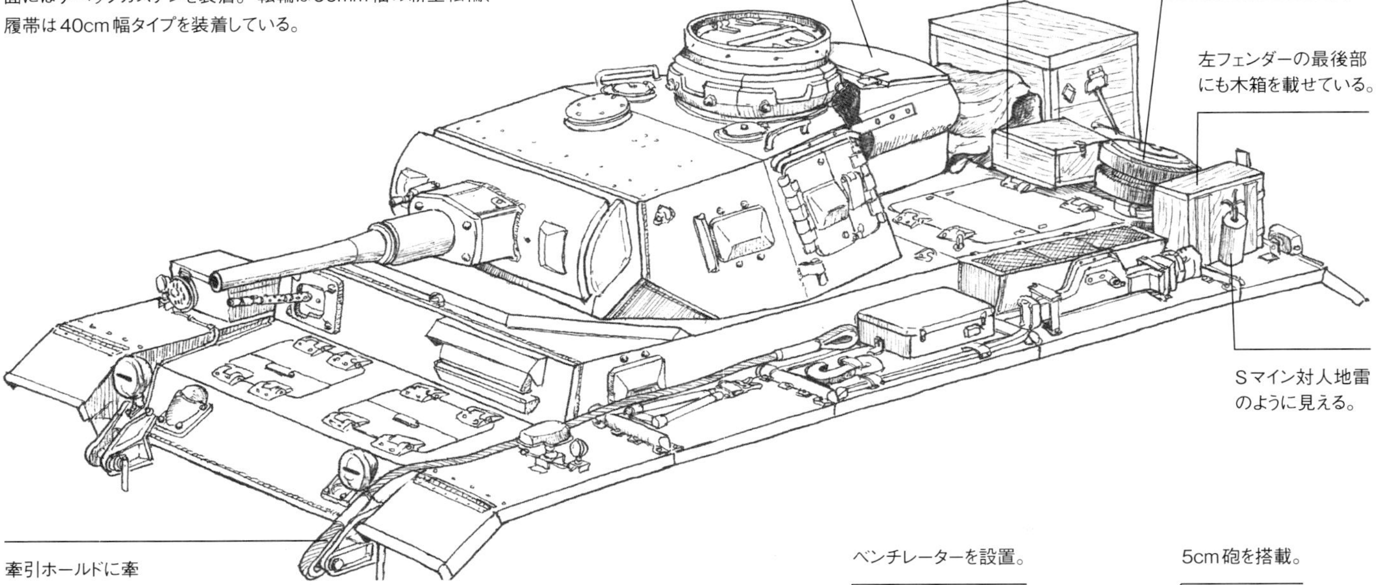

砲塔後面にゲペック
カステンを装着。
機関室上面の後部に
木箱を載せている。
機関室上面の左側最後
部には予備転輪を携行。
左フェンダーの最後部
にも木箱を載せている。
Sマイン対人地雷
のように見える。
牽引ホールドに牽
引ケーブルを固定。

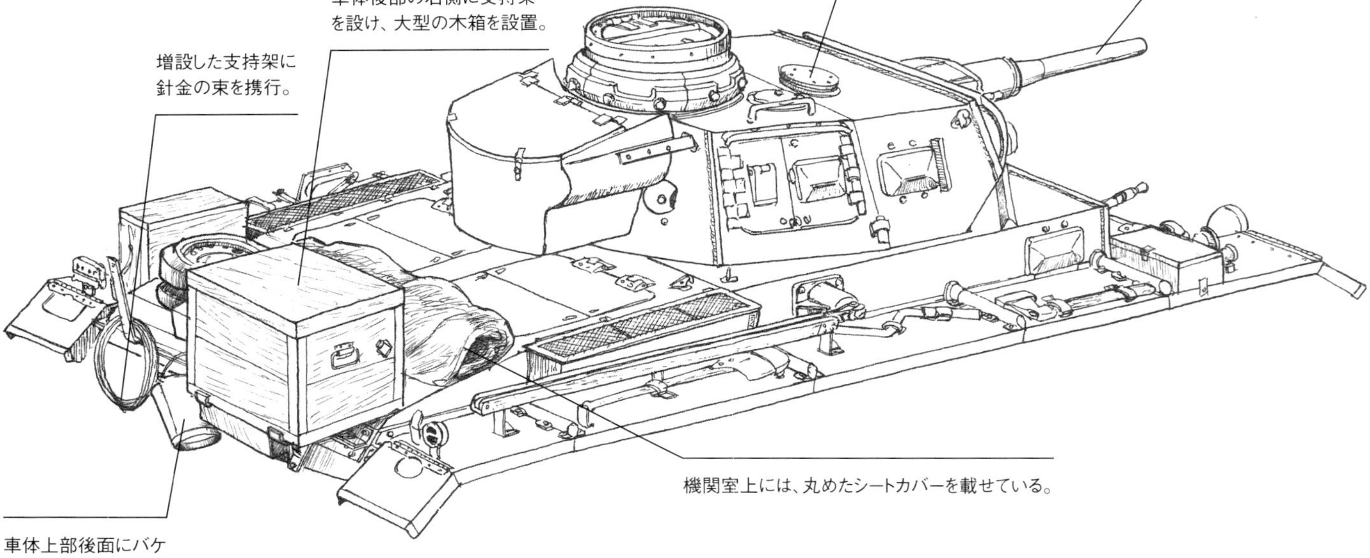

ベンチレーターを設置。
5cm砲を搭載。
車体後部の右側に支持架
を設け、大型の木箱を設置。
増設した支持架に
針金の束を携行。
機関室上には、丸めたシートカバーを載せている。
車体上部後面にバケ
ツをぶら下げている。

5cm砲を搭載したF型の砲塔

砲塔上面前部にベンチレーターが設置されるようになり、1941年4月以降、後面にゲペックカステンを取り付けた車体も見られるようになる。

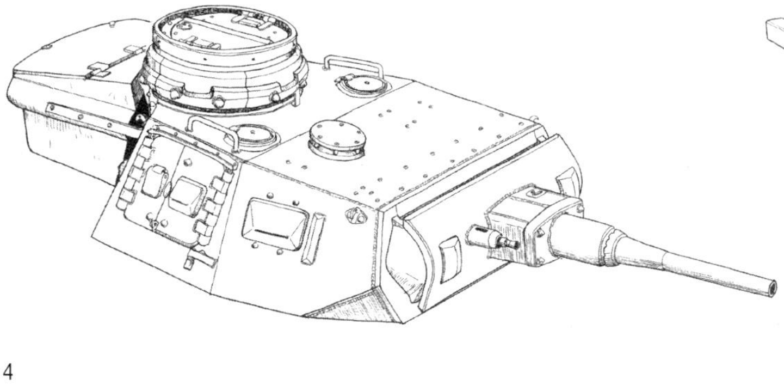

防盾の視察クラッペ

図は防盾右側に設置された装填手用のクラッペを開けた状態を示す。

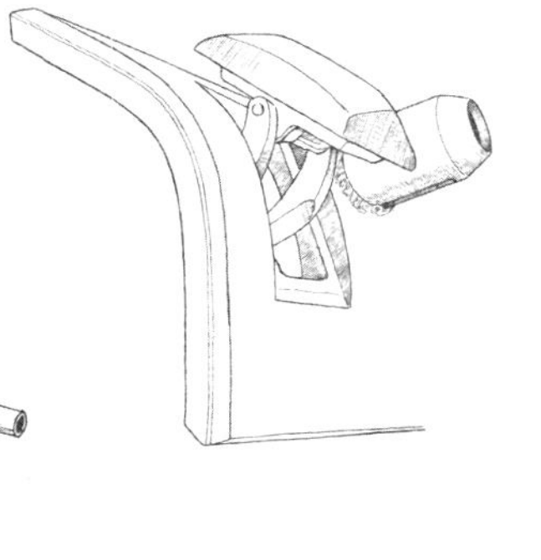

砲塔側面の視察クラッペ

図は砲塔右側の前部に設置された装填手用のクラッペを開けた状態を示す。クラッペの直前には跳弾ブロックが溶接留めされている。

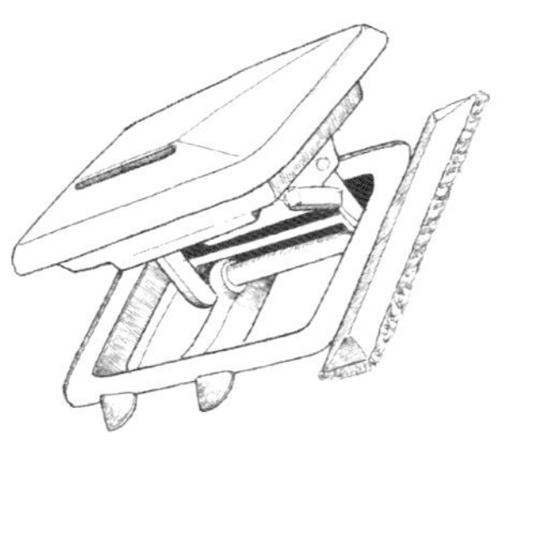

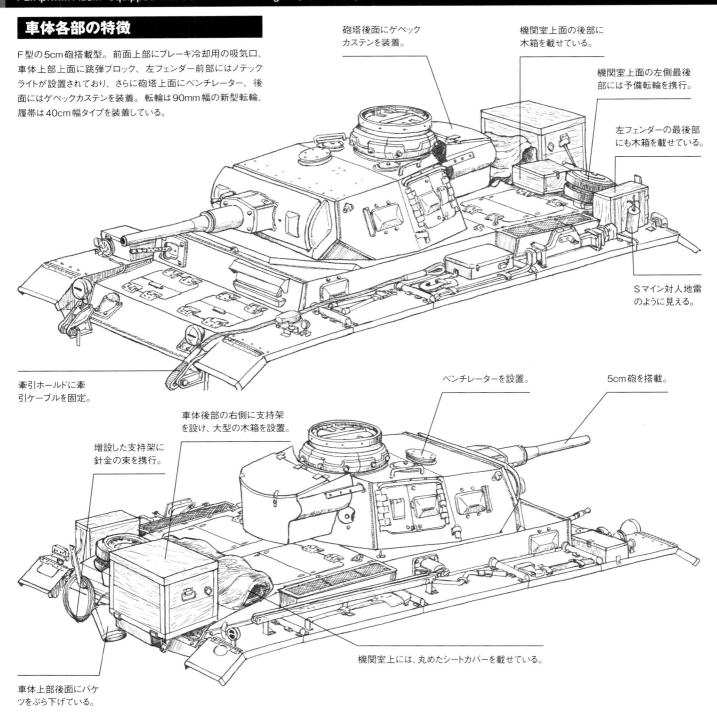

〔図6〕

Ⅲ号戦車F型(5cm砲搭載型)　第10装甲師団第7戦車連隊144号車

Pz.Kpfw.III Ausf.F equipped with 5cm KwK 1./Pz.Ret.7, 10.Pz.Div., No.144

車体各部の特徴

5cm砲を搭載したF型。ノテックライト、ゲペックカステンを装着。転輪は新型、履帯は40cm幅の初期タイプ(両側に防滑具を取り付けるための"耳"のないタイプ)を装着している。

ベンチレーターを設置。

左フェンダーの最後部に予備転輪を携行。

車体上部前面の中央に予備履帯を取り付けている。

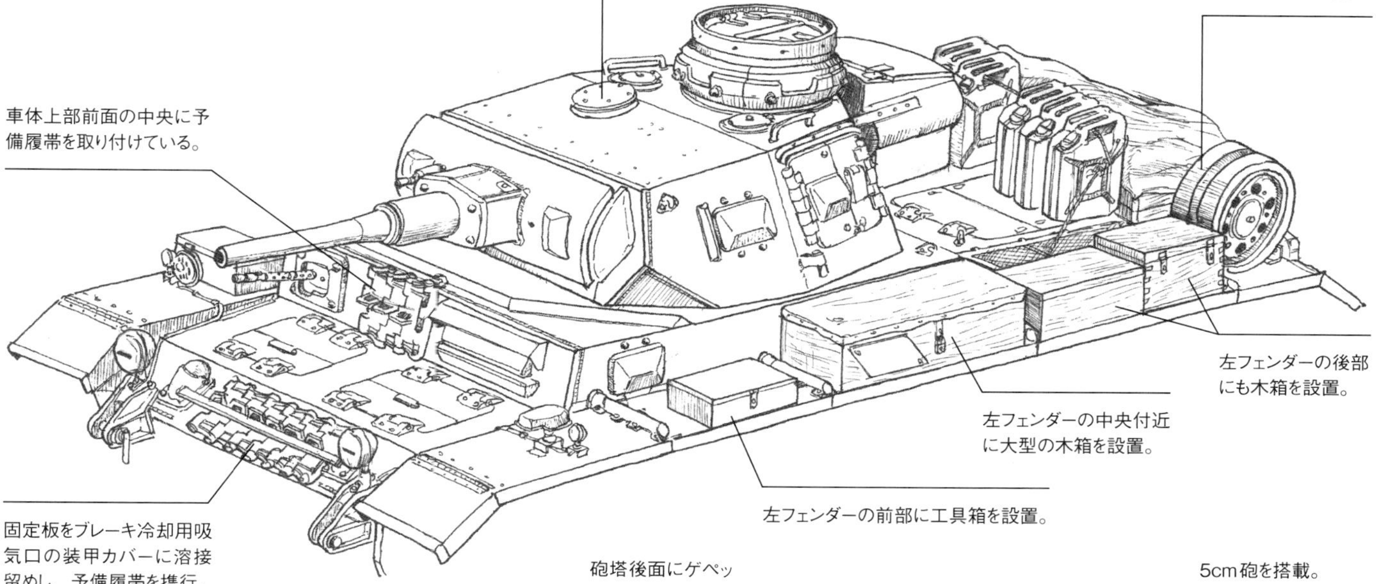

左フェンダーの後部にも木箱を設置。

左フェンダーの中央付近に大型の木箱を設置。

左フェンダーの前部に工具箱を設置。

固定板をブレーキ冷却用吸気口の装甲カバーに溶接留めし、予備履帯を携行。

砲塔後面にゲペックカステンを装着。

5cm砲を搭載。

ジェリカンをロープで固定して、携行している。

ラックを増設して、軟弱地脱出用の木材を携行。

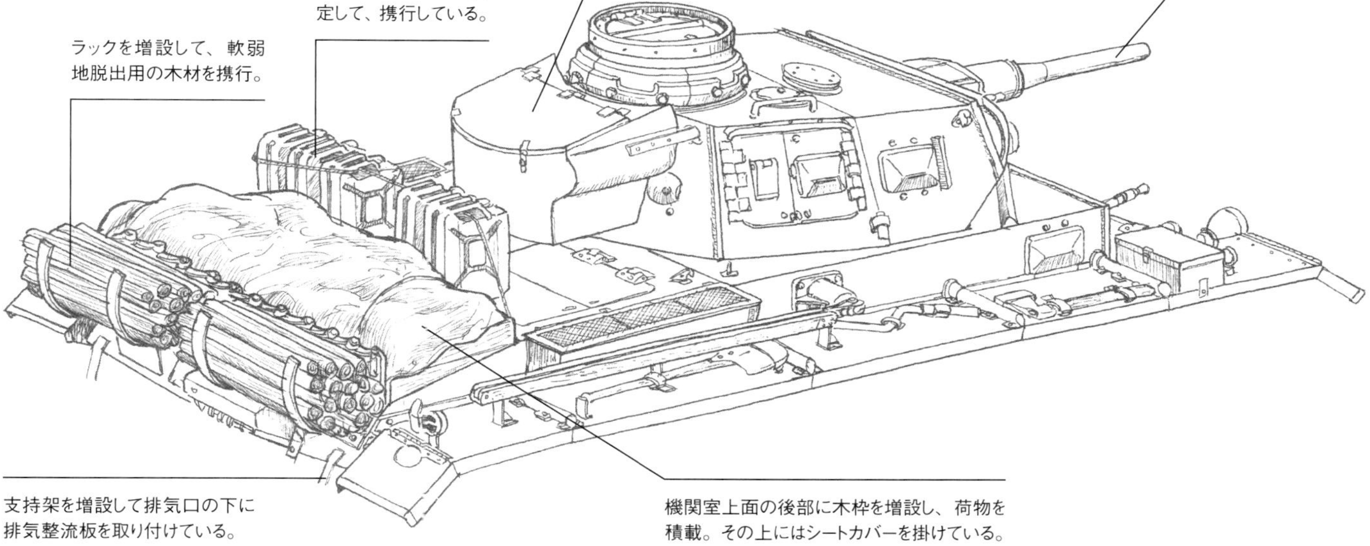

支持架を増設して排気口の下に排気整流板を取り付けている。

機関室上面の後部に木枠を増設し、荷物を積載。その上にはシートカバーを掛けている。

144号車の車体後面

軟弱地脱出用の木材を携行するために金属板を曲げ加工したラックを取り付けている。さらに排気口の下にも薄い金属板を加工した現地部隊作製の排気整流板を増設。

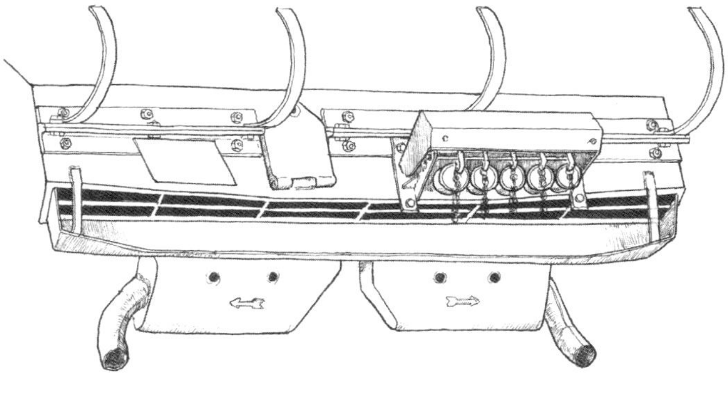

左フェンダーに取り付けられた収納箱

144号車のみならず、第10装甲師団車両に共通して見られる特徴。144号車は、上面に防水カバーを被せ、側面にナンバープレートを取り付けている。

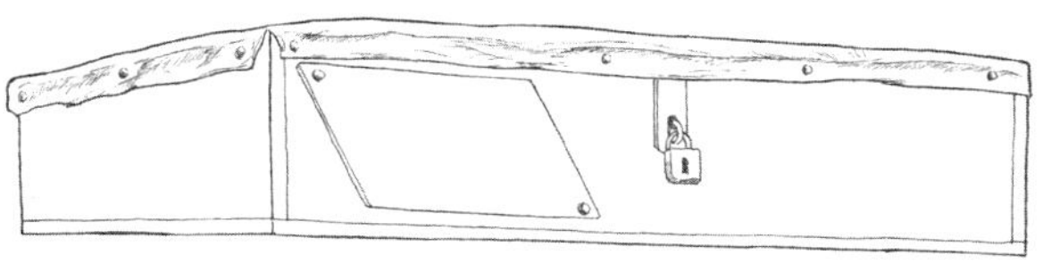

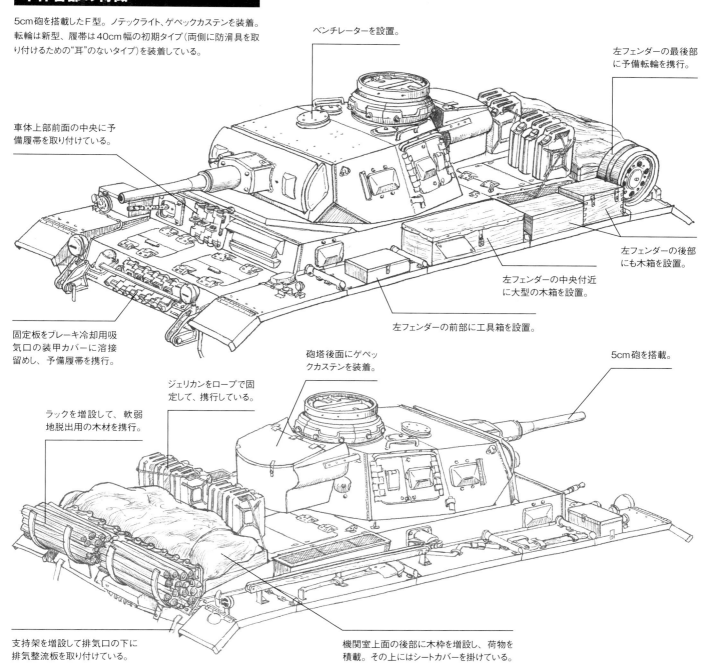

Pz.Kpfw.III Ausf.F (equipped with 5cm KwK)

7./Panzerregiment 4, 13.Panzerdivision, No.721
June-July 1941 Eastern Front/ Southern sector

〔図7〕

Ⅲ号戦車F型
（5cm砲搭載型）

第 13 装甲師団第 4 戦車連隊 721 号車
1941 年 6 ～ 7 月　東部戦線 / 南部戦区

基本色 RAL7021 ドゥンケルグラウの単色塗装。車体上部前面の左側に戦車中隊を示す平行四辺形のマークと中隊番号の“7”、その下に師団マークを黄色で描いている。また、砲塔側面前部の砲塔番号（“721”は推定）も黄色で記入。車体側面に描かれた国籍標識バルケンクロイツは、白縁付きの黒十字タイプ。

Pz.Kpfw.III Ausf.F (equipped with 5cm KwK)
6./Panzerregiment 5, 5.Leichterdivision, No.634
January 1941　North African Front/ Libya

〔図8〕

Ⅲ号戦車F型
(5cm砲搭載型)

第５軽師団第５戦車連隊634号車
1941年１月　北アフリカ戦線／リビア

基本色RAL7021ドゥンケルグラウの単色塗装の上にサンド系色の塗料あるいは現地の砂を油で溶いたものを塗り付け、迷彩塗装を施している。砲塔側面とゲペックカステン後面には白縁のみの砲塔番号“634”を大きく記入。

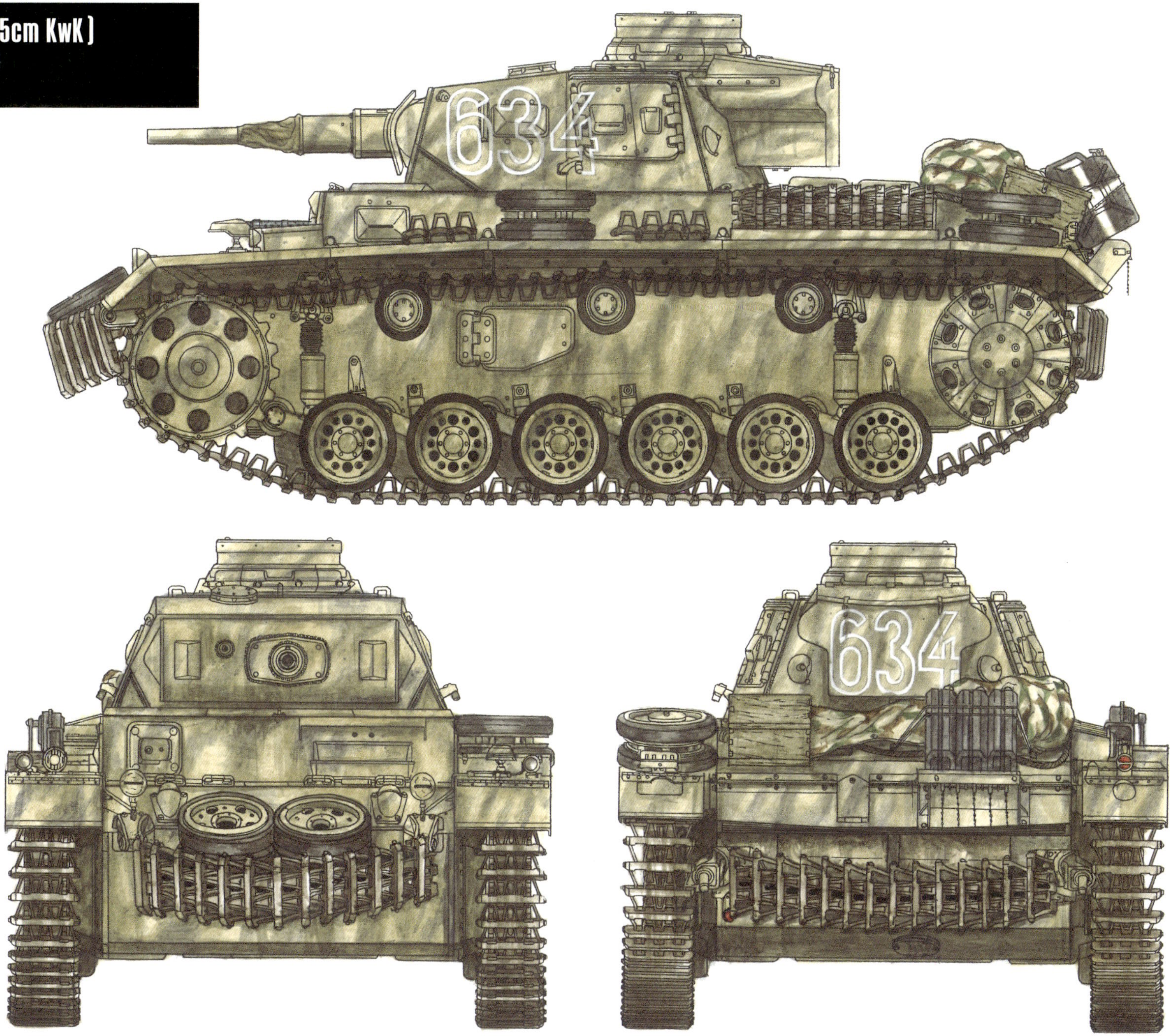

〔図7〕

Ⅲ号戦車F型（5cm砲搭載型）　第13装甲師団第4戦車連隊721号車

Pz.Kpfw.III Ausf.F equipped with 5cm KwK 7./Pz.Rgt.4, 13.Pz.Div., No.721

車体各部の特徴

5cm砲を搭載し、車体前面と後面、車体上部（操縦室）前面に30mm厚の増加装甲板を装着。転輪は新型、履帯は40cm幅タイプを装着。さらに車長用キューポラも新型に換装したF型の後期仕様である。

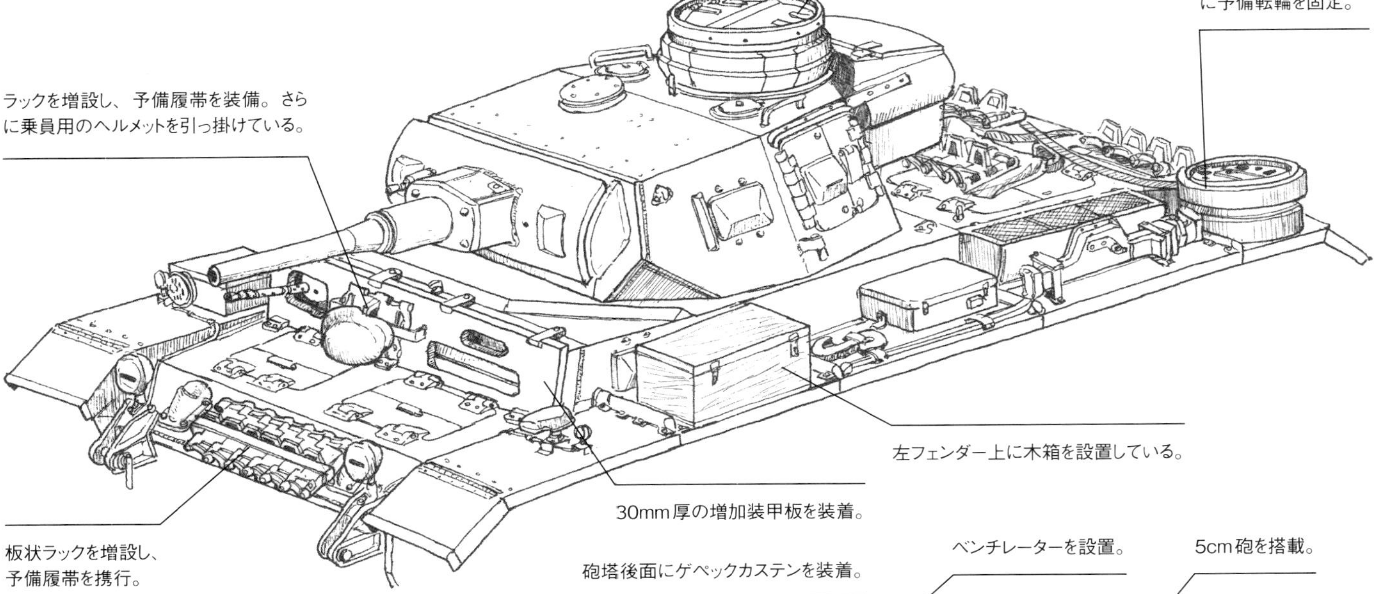

車長用キューポラは新型を装備。
左フェンダーの最後部に予備転輪を固定。
ラックを増設し、予備履帯を装備。さらに乗員用のヘルメットを引っ掛けている。
左フェンダー上に木箱を設置している。
30mm厚の増加装甲板を装着。
板状ラックを増設し、予備履帯を携行。

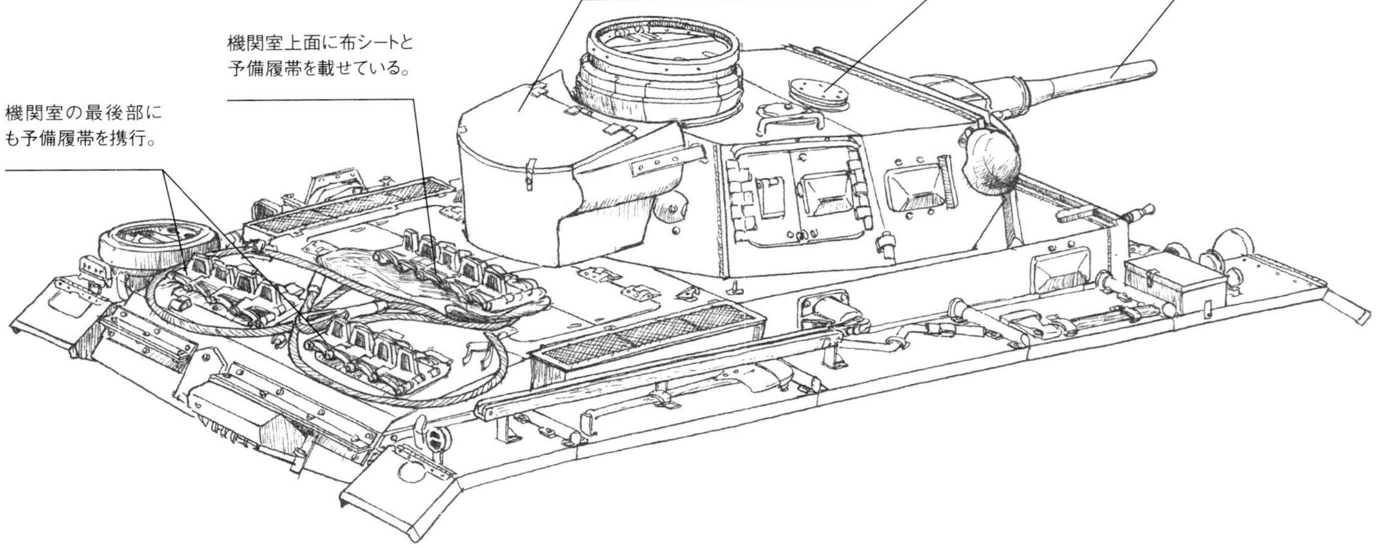

砲塔後面にゲペックカステンを装着。
ベンチレーターを設置。
5cm砲を搭載。
機関室上面に布シートと予備履帯を載せている。
機関室の最後部にも予備履帯を携行。

機関室上面の牽引ケーブル固定具の配置

左図はE/F型、右図はG/H型の機関室上面を示し、牽引ケーブル固定具の配置が異なっている。しかし、721号車のようなF型後期仕様では、G/H型と同じ配置の車両も見られる。

G/H型

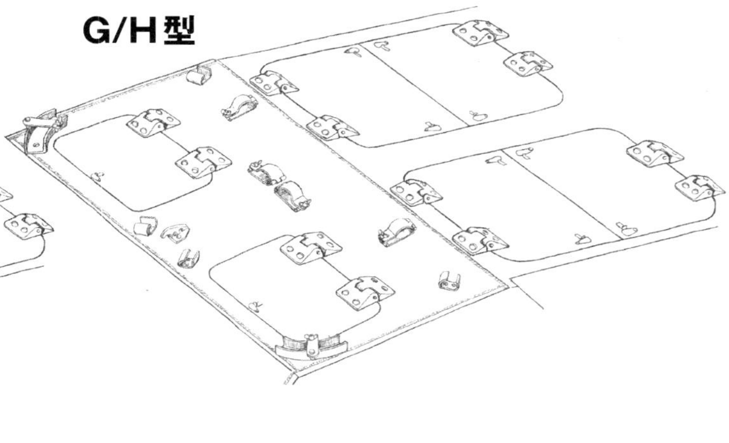

E/F型

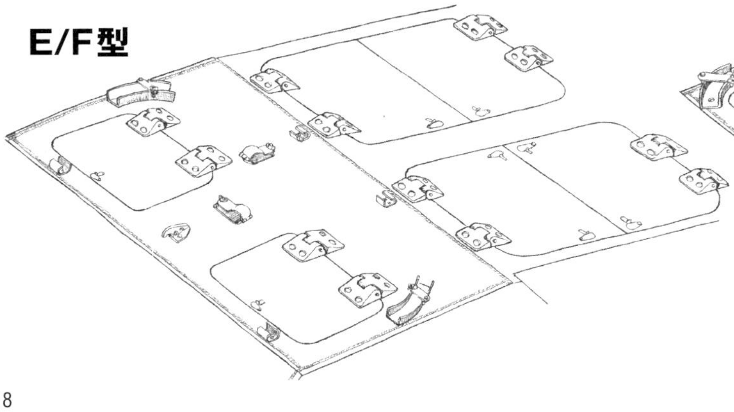

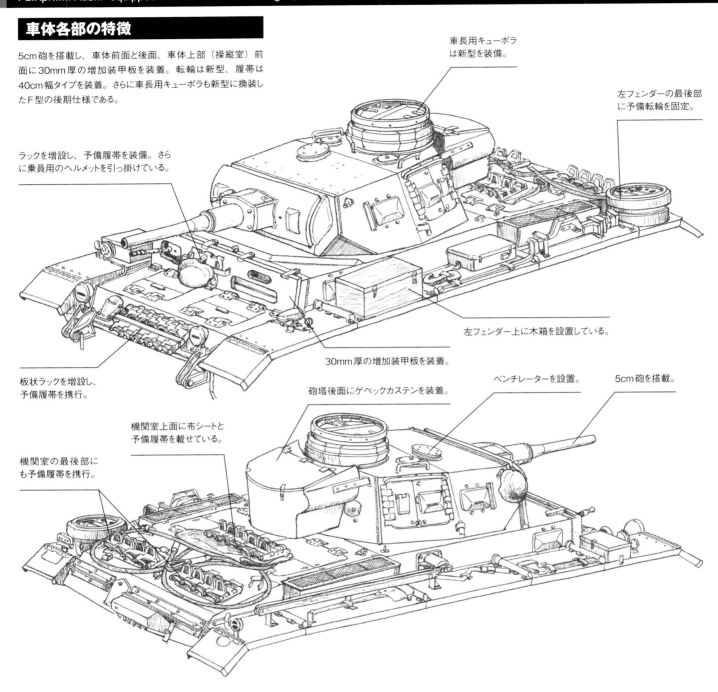

〔図8〕

Ⅲ号戦車F型（5cm砲搭載型）　第5軽師団第5戦車連隊634号車

Pz.Kpfw.III Ausf.F equipped with 5cm KwK 6./Pz.Rgt.5, 5.le Div., No.634

車体各部の特徴

5cm砲を搭載したF型だが、機関室上面の点検ハッチ上に通気口を設け、その上に装甲カバーを装着した熱帯地仕様となっている。砲塔後面にはゲペックカステンを装着。車外装備品の設置位置がかなり変更されている。転輪は75mm幅の旧型、履帯も旧型の36cm幅タイプを使用。

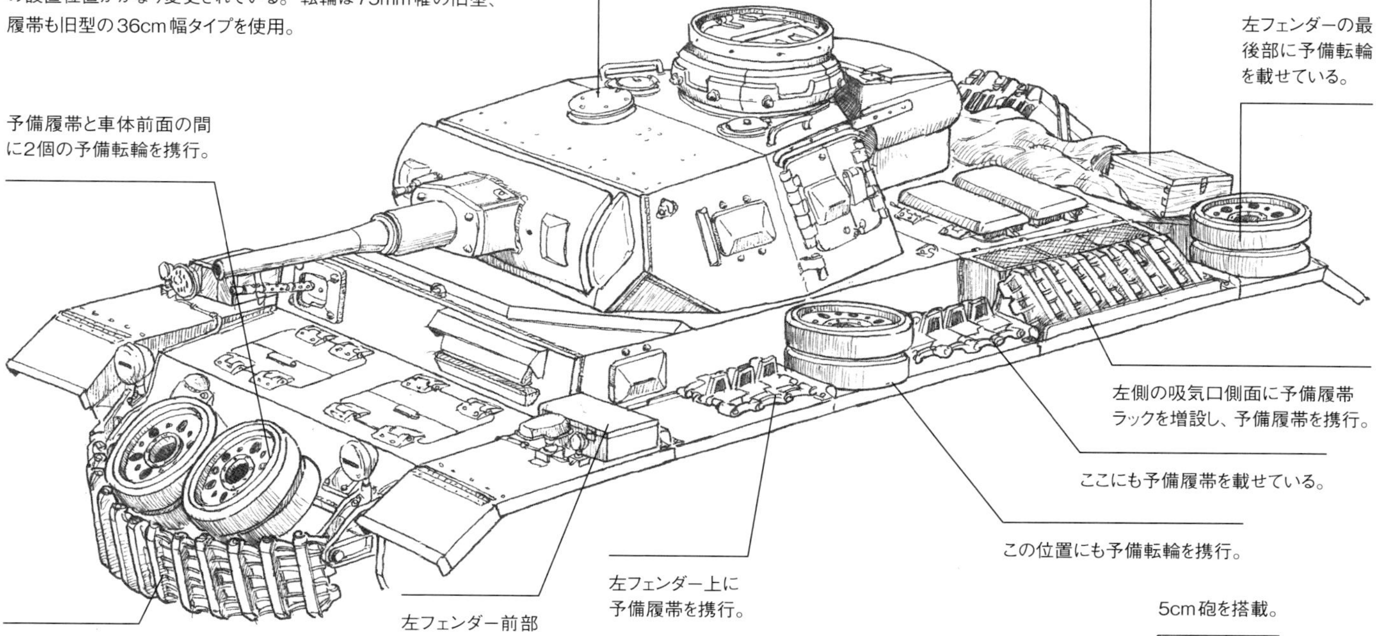
ベンチレーターを設置。
機関室上面の最後部左側に木箱を載せている。
左フェンダーの最後部に予備転輪を載せている。
予備履帯と車体前面の間に2個の予備転輪を携行。
左側の吸気口側面に予備履帯ラックを増設し、予備履帯を携行。
ここにも予備履帯を載せている。
この位置にも予備転輪を携行。
左フェンダー上に予備履帯を携行。
左フェンダー前部に工具箱を設置。
牽引ホールドに予備履帯を装着。

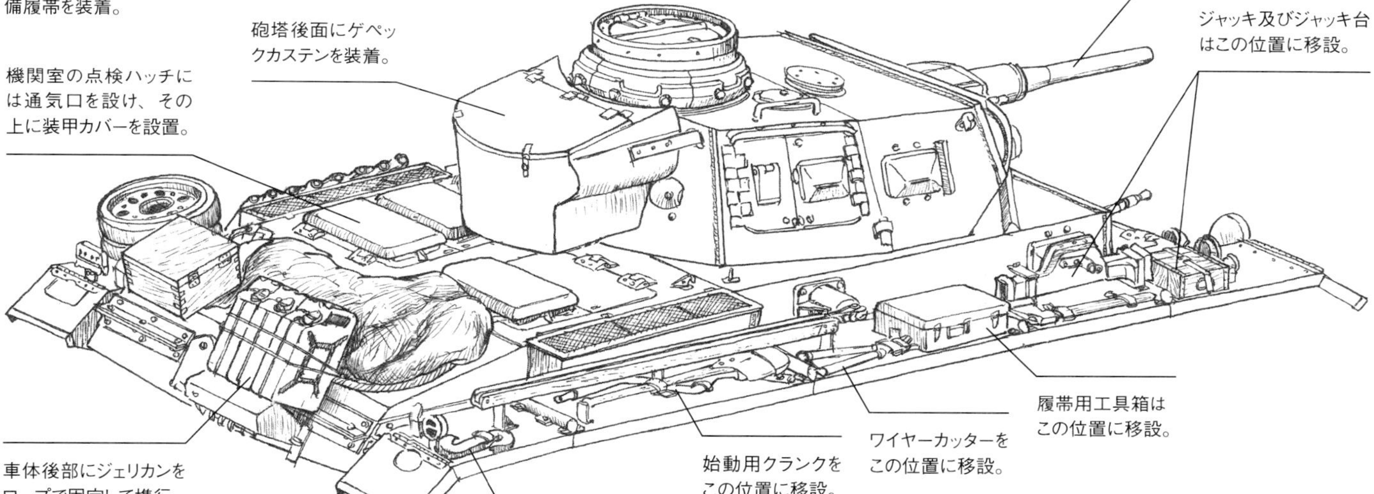
5cm砲を搭載。
砲塔後面にゲペックカステンを装着。
ジャッキ及びジャッキ台はこの位置に移設。
機関室の点検ハッチには通気口を設け、その上に装甲カバーを設置。
履帯用工具箱はこの位置に移設。
ワイヤーカッターをこの位置に移設。
始動用クランクをこの位置に移設。
車体後部にジェリカンをロープで固定して携行。
S字形クレビスをこの位置に移設。

F型の車体前部

車体前面上部にブレーキ冷却用吸気口、車体上部（操縦室）上面には跳弾ブロックを設置した、F型の標準的な仕様。ブレーキ冷却用吸気口と跳弾ブロックは、生産後のE型にもレトロフィットされている。

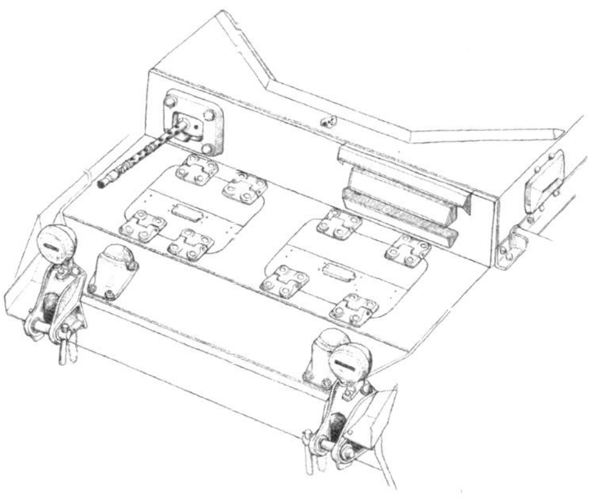

吸気口左側面の予備履帯ラック

機関室吸気口の左側面に増設された予備履帯ラックは、634号車のみならず、第5軽師団第5戦車連隊車両に共通する特徴。通常のラックは、634号車のようにフェンダー上にL型金具のみ取り付けた簡易なものだが、図のように固定板を追加した車両も見られる。

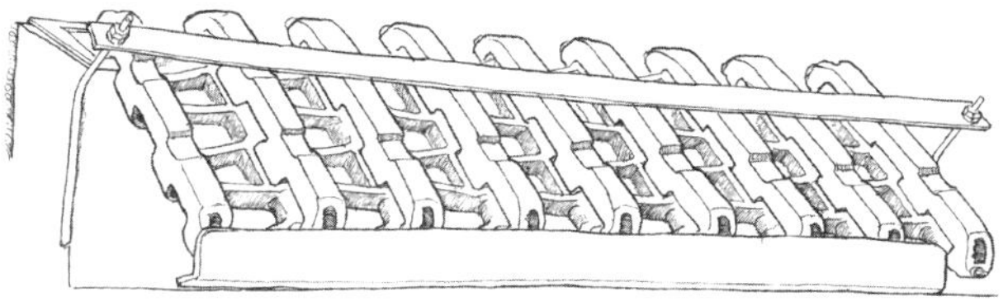

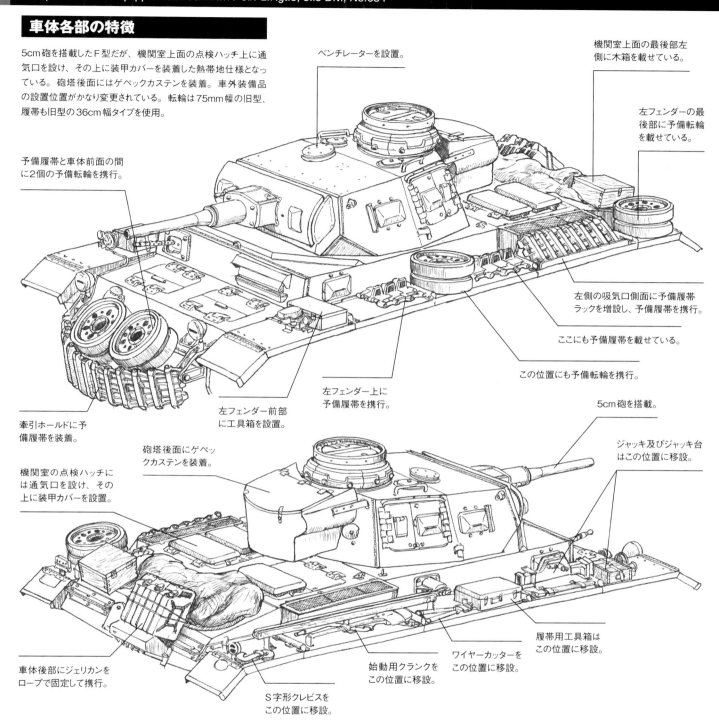

Pz.Kpfw.III Ausf.F (equipped with 5cm KwK)
1./Panzerregiment 5, 5.Leichterdivision, No.114
January 1941 North African Front/ Libya

〔図9〕

Ⅲ号戦車F型
（5cm砲搭載型）

第 5 軽師団第 5 戦車連隊 114 号車
1941 年 1 月　北アフリカ戦線 / リビア

この車両も基本色 RAL7021 ドゥンケルグラウの単色塗装の上にサンド系色の塗料を塗布しているが、上塗りした塗料がかなり色落ちしてしまっており、下地のドゥンケルグラウが広範囲に見えている。砲塔番号は白縁のみの“114”を砲塔側面とゲペックカステン後面に大きく描いている。車体側面の国籍標識バルケンクロイツは、白縁が付いた黒十字タイプ。

Tauch Pz.III Ausf.E/F

1./Panzerregiment 18, 18.Panzerdivision, No.101
Autumn of 1941 Eastern Front

〔図10〕

Ⅲ号潜水戦車E/F型

第 18 装甲師団第 18 戦車連隊 101 号車
1941 年秋　東部戦線

E 型または F 型をベースとした III 号潜水戦車（制式名称は III 号戦車（T）といわれている）。基本色 RAL7021 ドゥンケルグラウの単色塗装で、砲塔側面の前下部とゲペックカステン後面に白色の砲塔番号“101”を記入。また、砲塔側面の前部には師団マークが黄色で描かれており、さらにゲペックカステン後面の左側には水面を漂う“髑髏”のマークも描かれている。

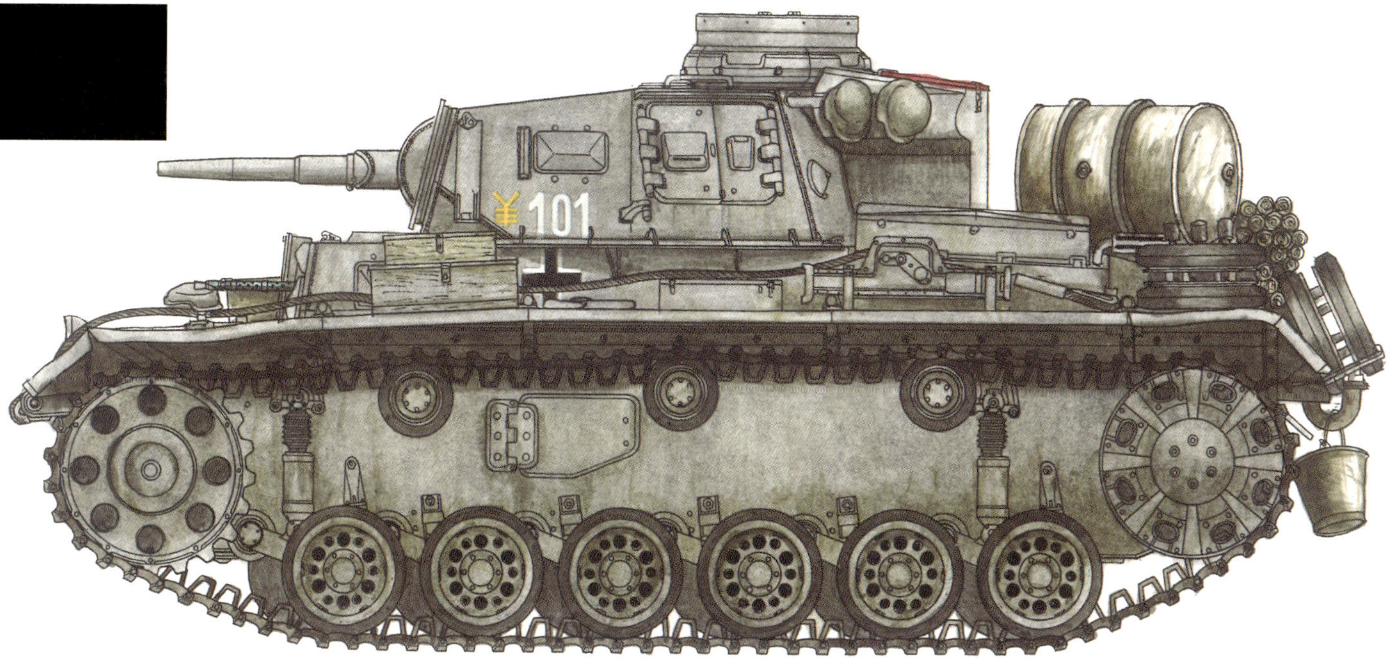

ゲペックカステン後面左側に描かれたマーク

〔図9〕

Ⅲ号戦車F型（5cm砲搭載型）　第5軽師団第5戦車連隊114号車

Pz.Kpfw.III Ausf.F equipped with 5cm KwK 1./Pz.Rgt.5, 5.le Div., No.114

車体各部の特徴

5cm砲を搭載し、機関室上面の点検ハッチ上に通気口を設け、その上に装甲カバーを装着したF型の熱帯地仕様。砲塔後面にはゲペックカステンを装着し、車長用キューポラも新型を装備。転輪は旧型と新型が混用されており、履帯は36cm幅の旧型を装着している。

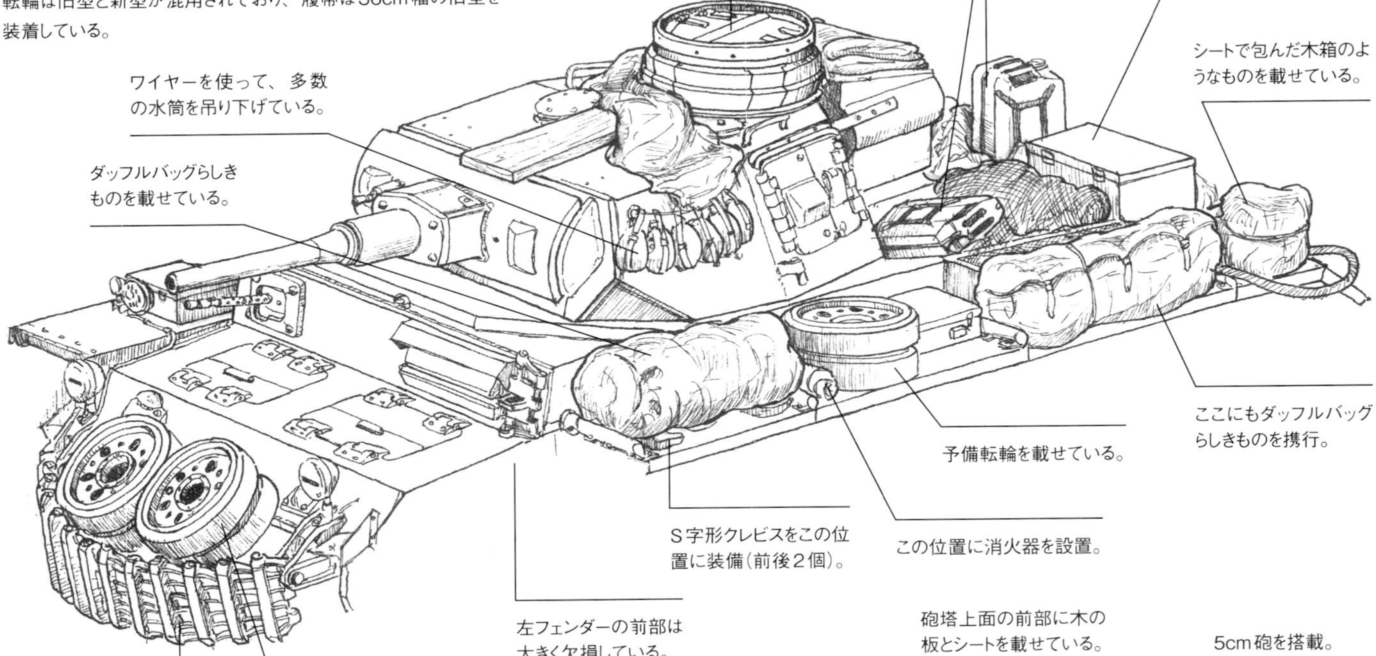

新型のキューポラを装備。
機関室上面の後部にジェリカンを載せている。
機関室の最後部左側に木箱を積んでいる。
ワイヤーを使って、多数の水筒を吊り下げている。
シートで包んだ木箱のようなものを載せている。
ダッフルバッグらしきものを載せている。
ここにもダッフルバッグらしきものを携行。
予備転輪を載せている。
S字形クレビスをこの位置に装備（前後2個）。
この位置に消火器を設置。
左フェンダーの前部は大きく欠損している。
牽引ホールドに予備履帯を取り付けている。
予備履帯と車体前面の間に予備転輪を携行。

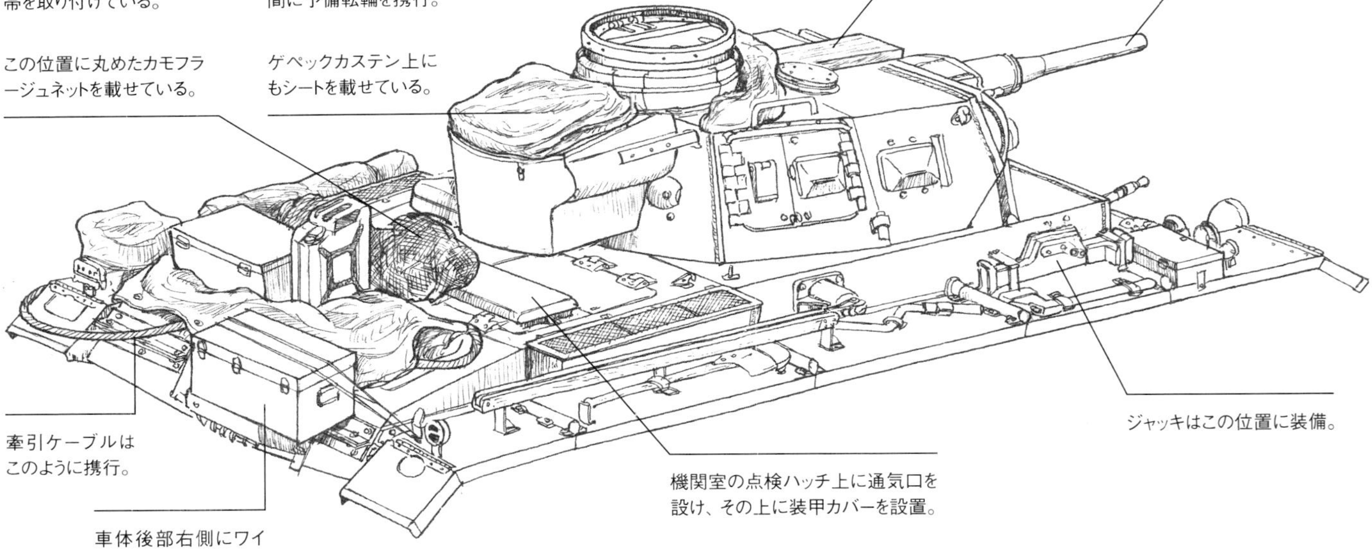

砲塔上面の前部に木の板とシートを載せている。
5cm砲を搭載。
この位置に丸めたカモフラージュネットを載せている。
ゲペックカステン上にもシートを載せている。
ジャッキはこの位置に装備。
牽引ケーブルはこのように携行。
機関室の点検ハッチ上に通気口を設け、その上に装甲カバーを設置。
車体後部右側にワイヤーで金属箱を固定。

車体前面の予備履帯

予備履帯ラックが標準化されるまでは、図のように牽引ホールドを使って予備履帯を携行する例が多く見られた。

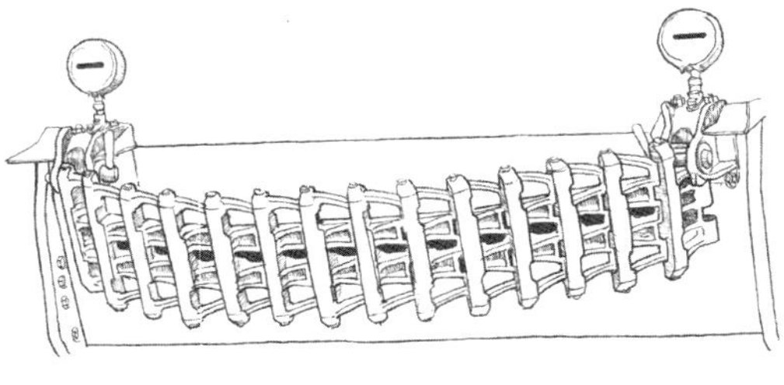

北アフリカ戦線のF型砲塔

5cm砲を搭載し、新型の車長用キューポラを装備したF型砲塔。北アフリカ戦線など砂埃の多い地域では、図のように砲身と基部スリーブの隙間を塞ぐように防塵カバーを取り付けていた車体が多かった。

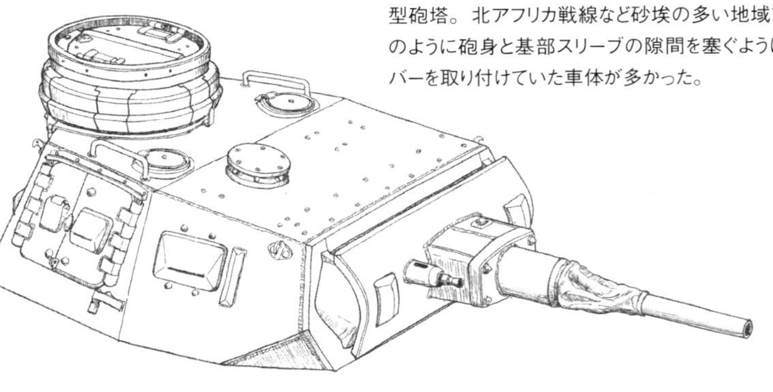

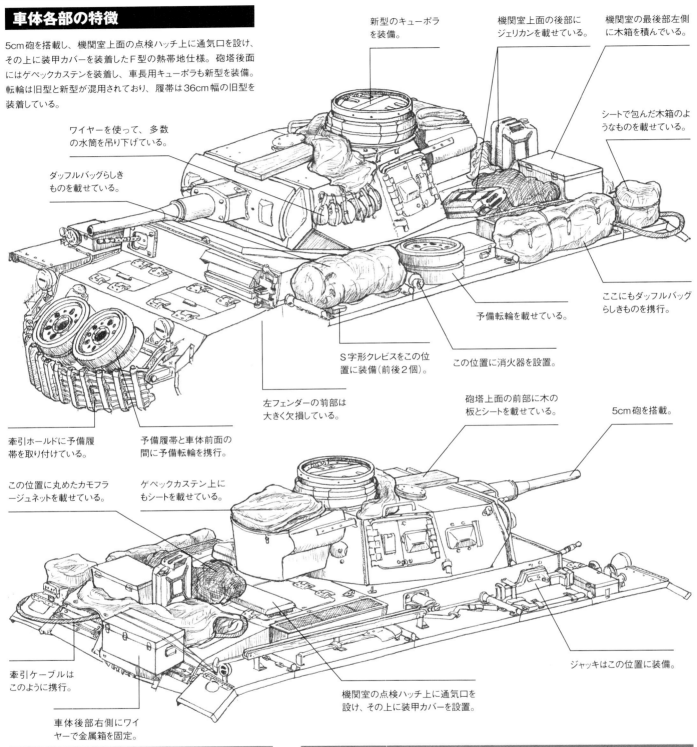

〔図10〕

Ⅲ号潜水戦車E/F型　第18装甲師団第18戦車連隊101号車

Tauch Pz.III Ausf.E or F　1./Pz.Rgt.18, 18.Pz.Div., No.101

車体各部の特徴

3.7cm砲装備のE型またはF型をベースとした潜水戦車。砲塔ターレットリングや各ハッチをゴムでシーリングし、砲塔前面と前部機銃に防水カバー装着用の枠、機関室吸気口には防水カバーを装着するなどの防水加工が施されている。車長用のキューポラは旧型だが、砲塔後面にはゲペックカステンを装着。転輪、起動輪、誘導輪はいずれも旧型で、履帯も36cm幅タイプを装着している。

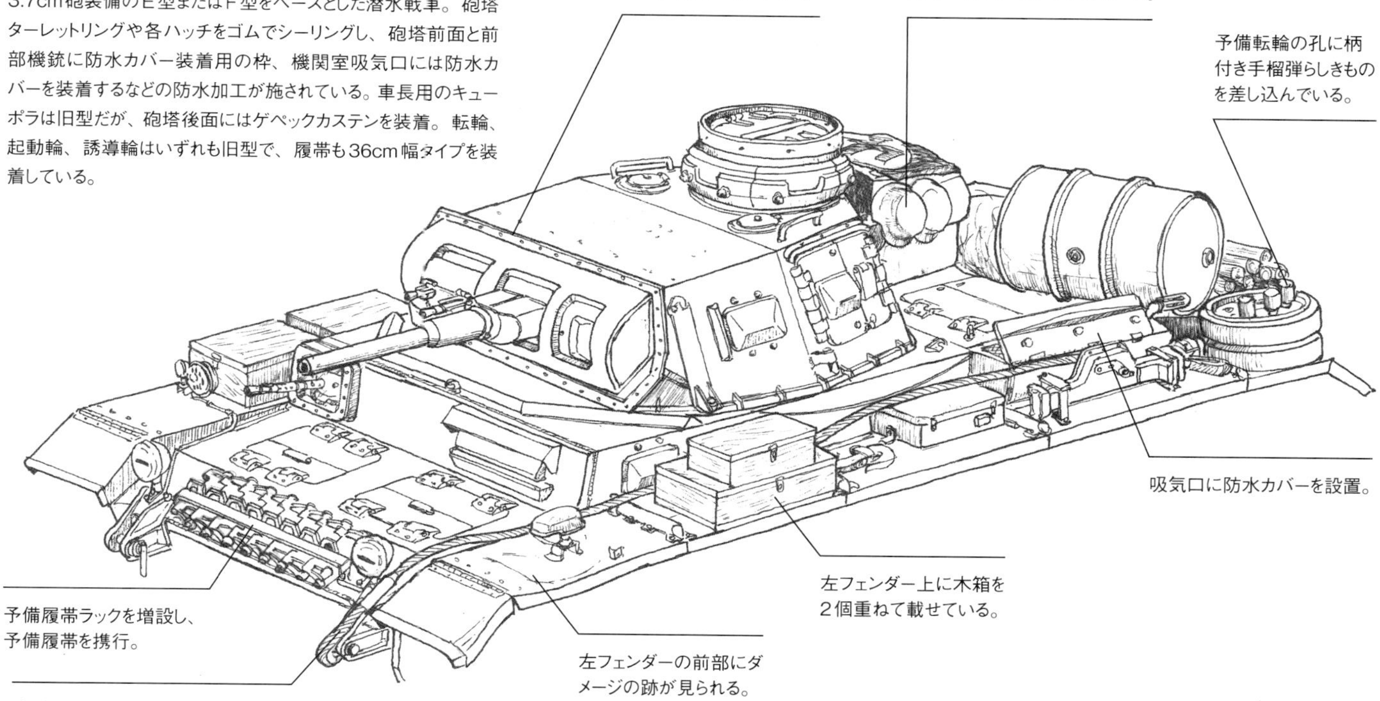

砲塔前面の周囲に防水カバー装着用の枠を設置。
ゲペックカステンの左側に乗員用のヘルメットをぶら下げている。
予備転輪の孔に柄付き手榴弾らしきものを差し込んでいる。
吸気口に防水カバーを設置。
左フェンダー上に木箱を2個重ねて載せている。
予備履帯ラックを増設し、予備履帯を携行。
左フェンダーの前部にダメージの跡が見られる。
牽引ホールドに牽引ケーブルを固定。

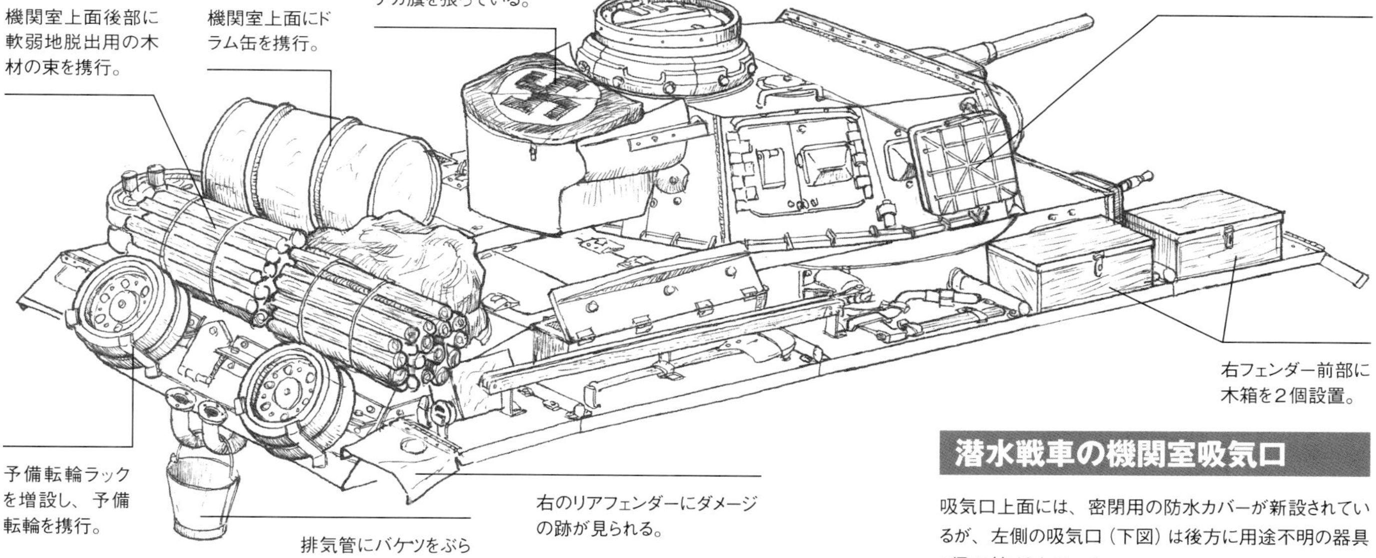

ゲペックカステン上面に対空識別用のスワスチカ旗を張っている。
機関室上面後部に軟弱地脱出用の木材の束を携行。
機関室上面にドラム缶を携行。
砲塔の右側前部にワイヤーを使って手榴弾運搬コンテナをぶら下げている。
右フェンダー前部に木箱を2個設置。
予備転輪ラックを増設し、予備転輪を携行。
右のリアフェンダーにダメージの跡が見られる。
排気管にバケツをぶら下げている。

潜水戦車の機関室吸気口

吸気口上面には、密閉用の防水カバーが新設されているが、左側の吸気口（下図）は後方に用途不明の器具が取り付けられている。

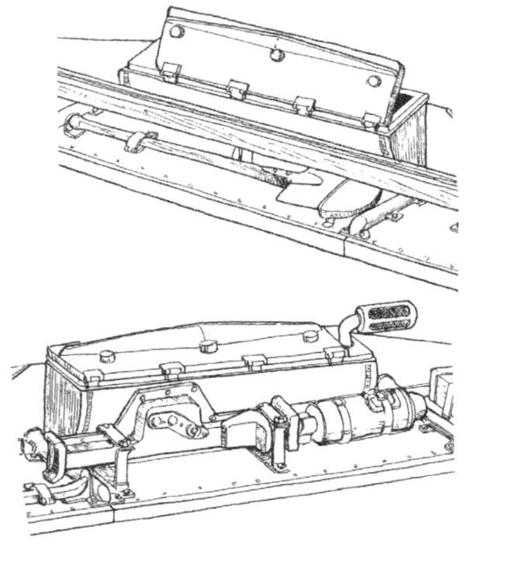

潜水戦車の車体前部

前部機銃マウントの周囲には防水カバーを取り付けるための枠が設置されている。

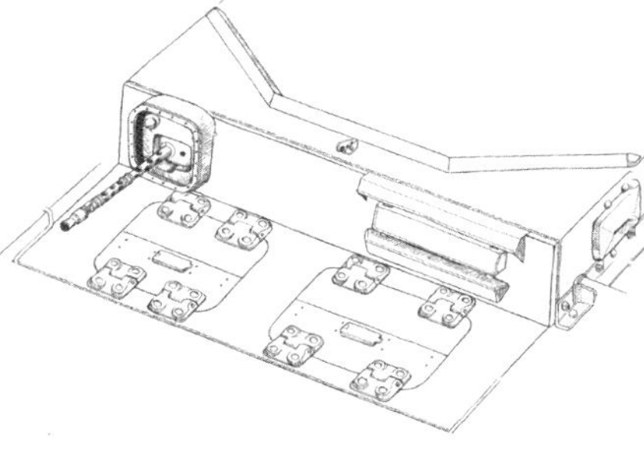

潜水戦車の砲塔

車体との隙間を塞ぐために砲塔の下端周囲には、ゴムチューブを収めたシーリング材を装着。さらに砲塔前面の防盾の周囲にも防水カバー装着用の枠が取り付けられている。

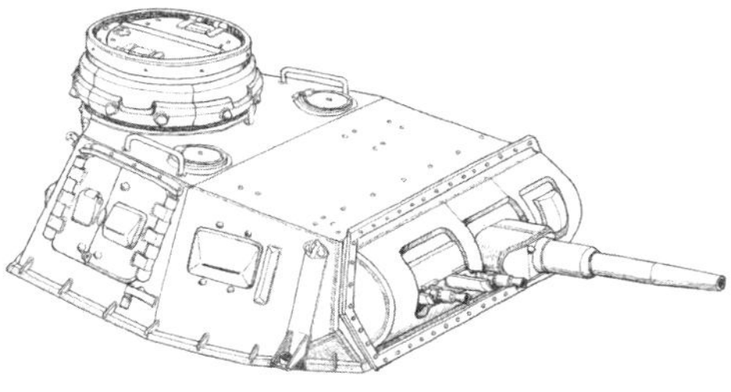

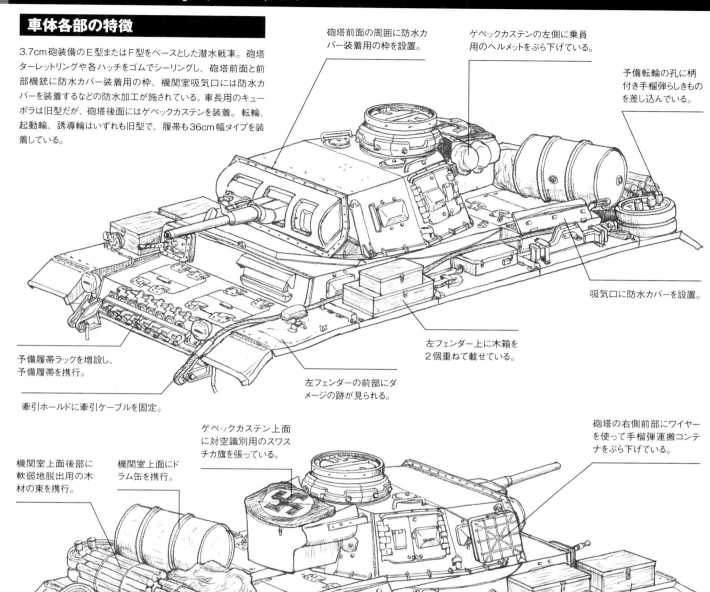

Pz.Kpfw.III Ausf.F［equipped with 5cm KwK］

4./Panzerregiment 4, 13.Panzerdivision, No.414
January 1943 Eastern Front/ North Caucasus

〔図11〕

Ⅲ号戦車F型（5cm砲搭載型）

第13装甲師団第4戦車連隊414号車
1943年1月　東部戦線 / 北コーカサス

基本色RAL7021ドゥンケルグラウの単色塗装で、車体前面左側には戦車中隊を示す平行四辺形のマークと師団マークが黄色で描かれている。砲塔番号“414”は、砲塔側面の前下部とゲペックカステン後面上部に黄色で記入。ゲペックカステン後面には白縁のみの国籍標識バルケンクロイツも描かれている。

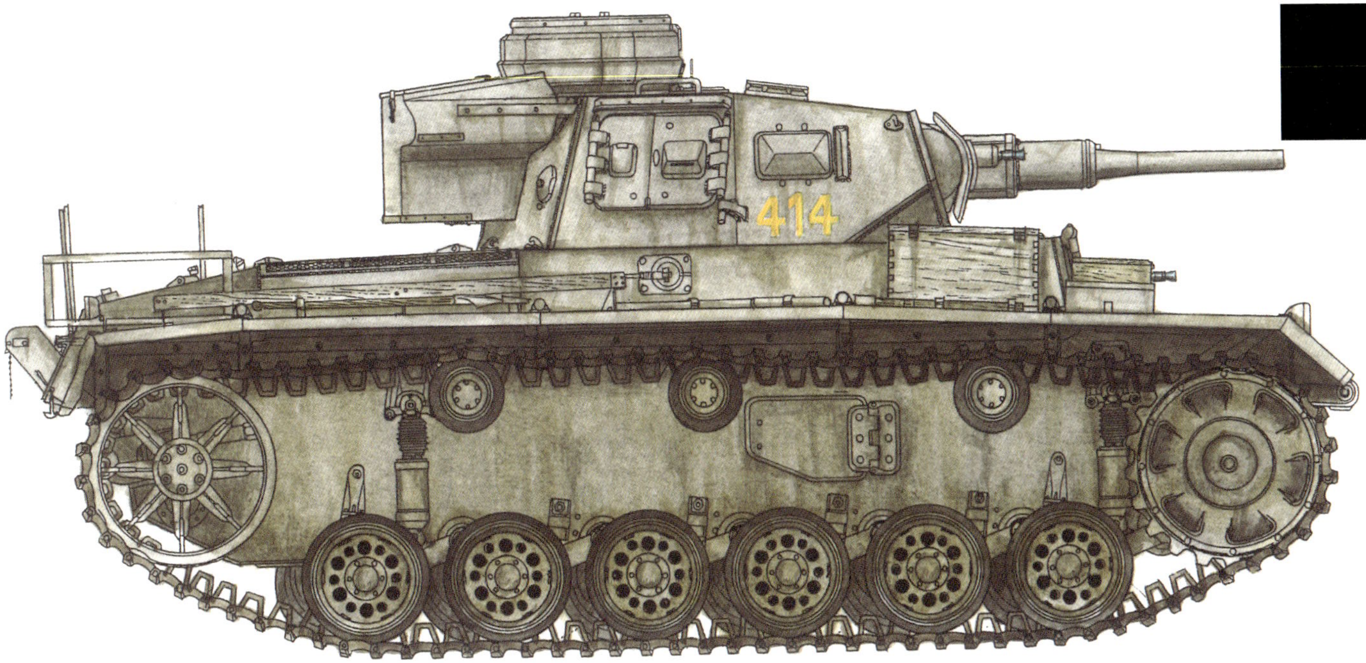

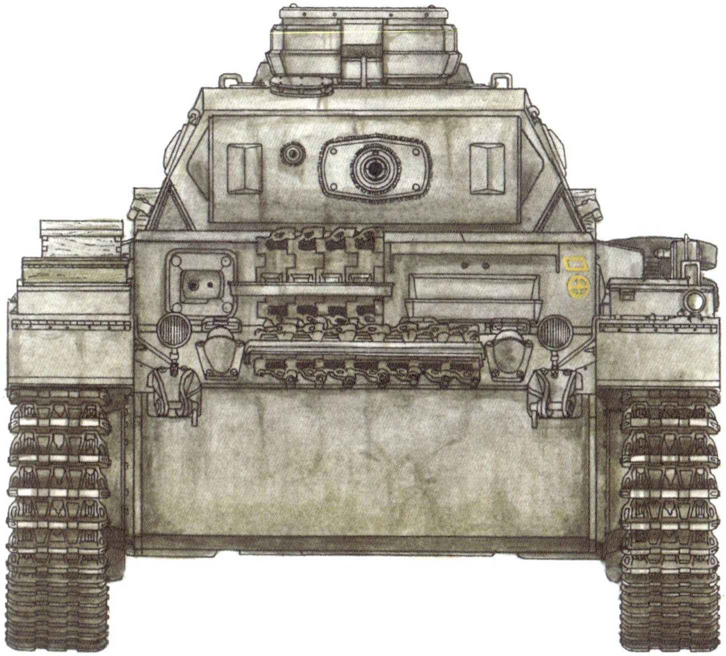

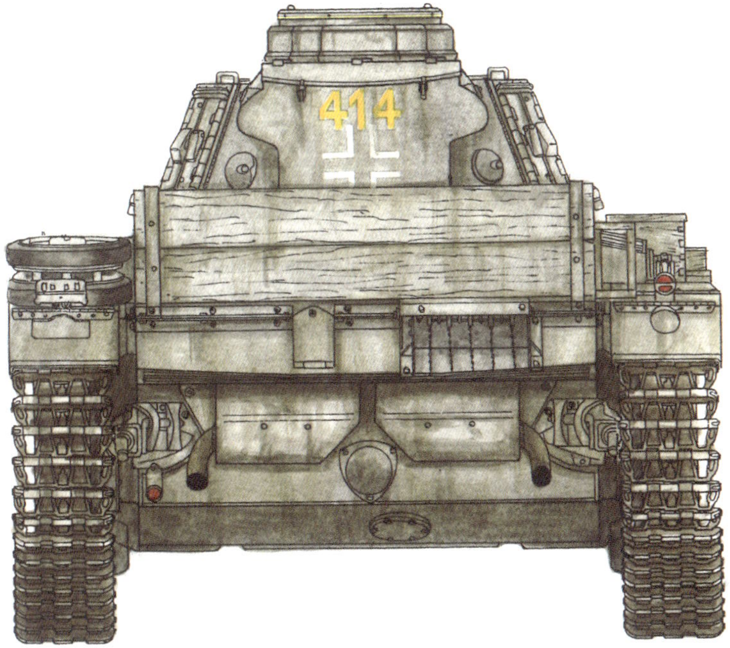

Pz.Kpfw.III Ausf.F〔equipped with 5cm KwK〕
Unit unknown, No.132
1945 Germany

〔図12〕

Ⅲ号戦車F型
（5cm砲搭載型）

所属部隊不明 132 号車
1945 年　ドイツ国内

大戦末期に軍の車両保管所から駆り出されたために、塗装は後期の標準塗装＝RAL7028 ドゥンケルゲルプの基本色の上に RAL6003 オリーフグリュンと RAL8017 ロートブラウンの迷彩色を塗布した３色迷彩が施されている。砲塔の側面前部とゲペックカステン後面には白縁付きの赤色の砲塔番号“132”が描かれており、車体側面と車体後面には、黒十字のみの国籍標識バルケンクロイツが記されている。

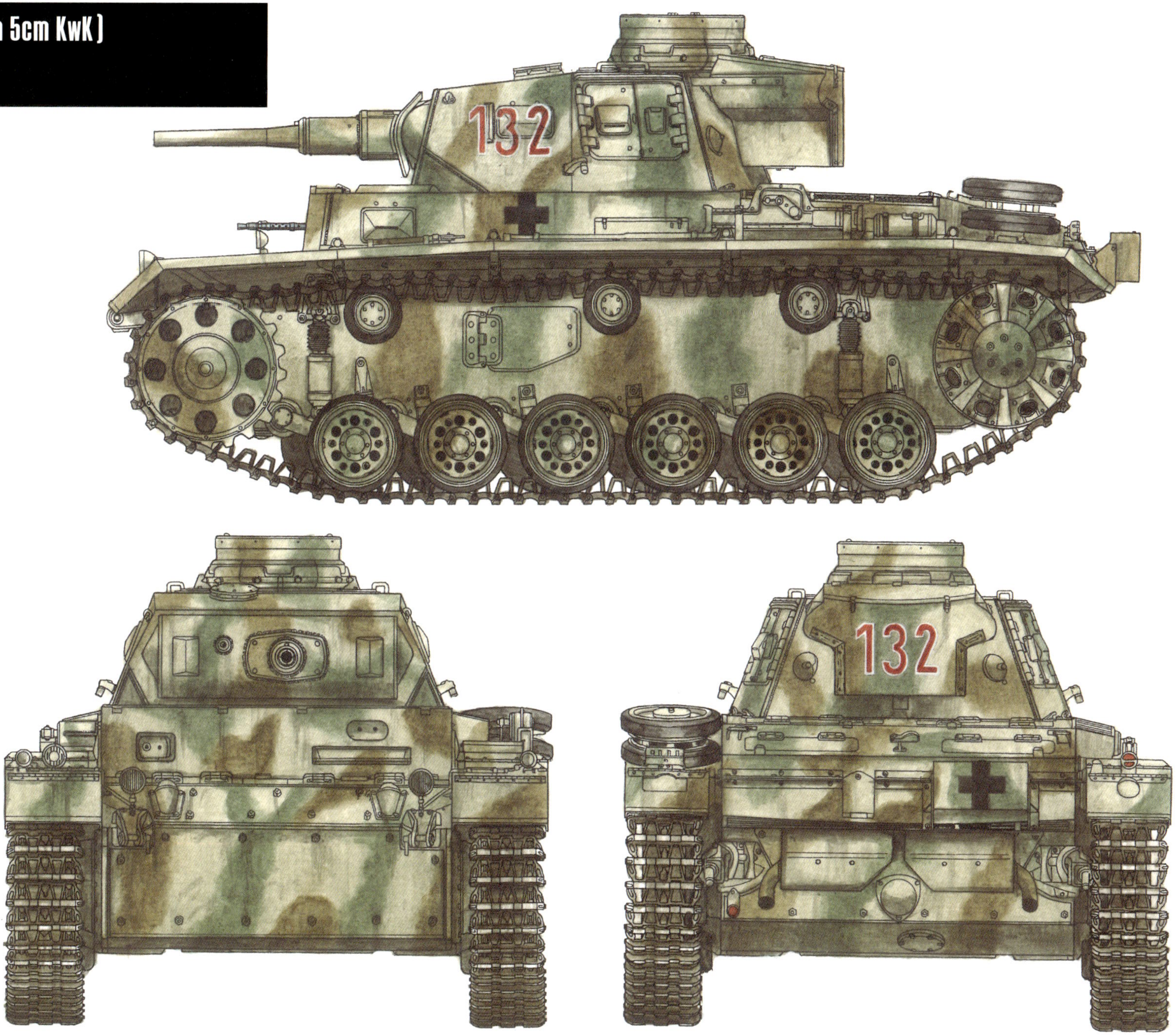

〔図11〕

Ⅲ号戦車F型(5cm砲搭載型)　第13装甲師団第4戦車連隊414号車

Pz.Kpfw.III Ausf.F equipped with 5cm KwK 4./Pz.Rgt.4, 13.Pz.Div., No.414

車体各部の特徴

5cm砲を搭載、車長用キューポラは新型、砲塔後面にはゲペックカステンを装着している。また、転輪、起動輪、誘導輪も新型を使用し、履帯は40cm幅タイプを装着したF型の後期仕様である。

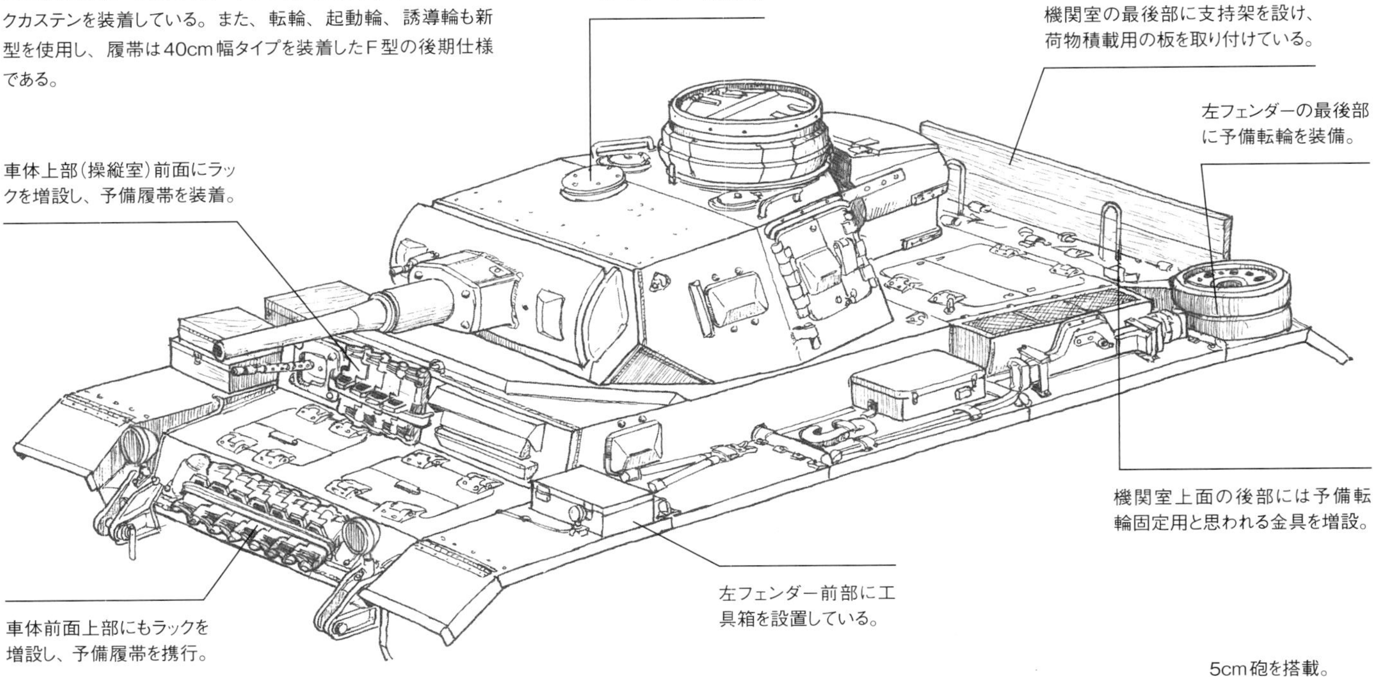

ベンチレーターを設置。
機関室の最後部に支持架を設け、荷物積載用の板を取り付けている。
左フェンダーの最後部に予備転輪を装備。
車体上部(操縦室)前面にラックを増設し、予備履帯を装着。
機関室上面の後部には予備転輪固定用と思われる金具を増設。
左フェンダー前部に工具箱を設置している。
車体前面上部にもラックを増設し、予備履帯を携行。

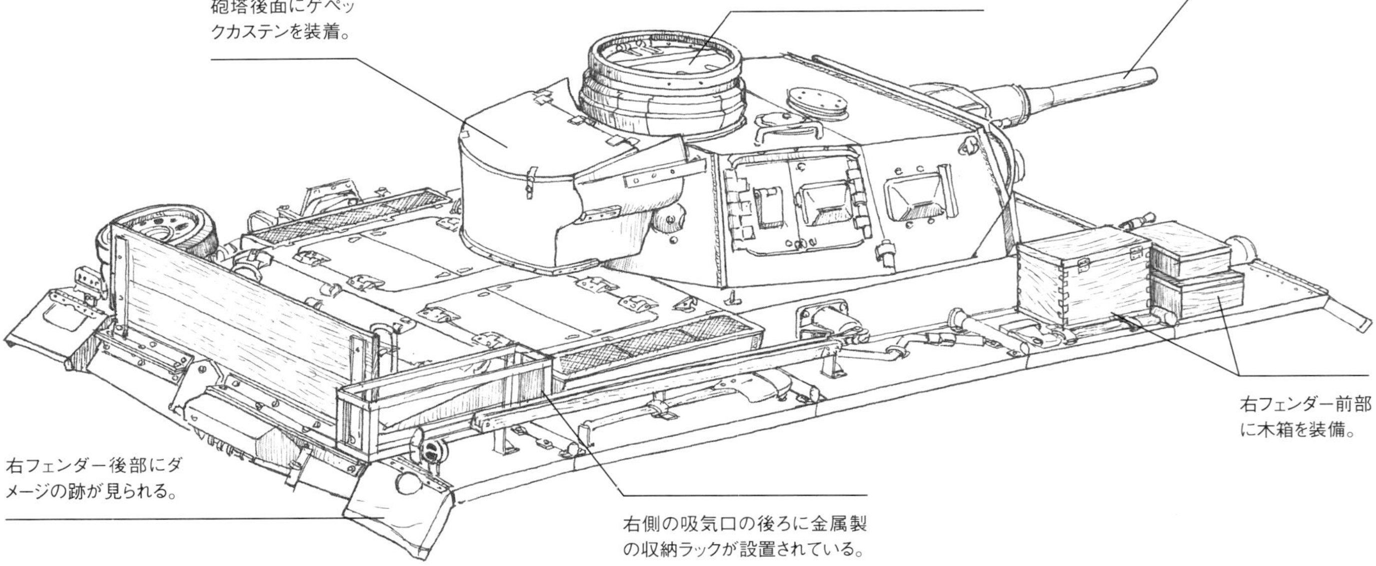

5cm砲を搭載。
車長用キューポラは新型を装備。
砲塔後面にゲペックカステンを装着。
右フェンダー前部に木箱を装備。
右フェンダー後部にダメージの跡が見られる。
右側の吸気口の後ろに金属製の収納ラックが設置されている。

414号車の車体前部

車体前面上部と車体上部(操縦室)前面に予備履帯ラックが増設されている。ラックはL字形断面の板を曲げたものを加工して作製。

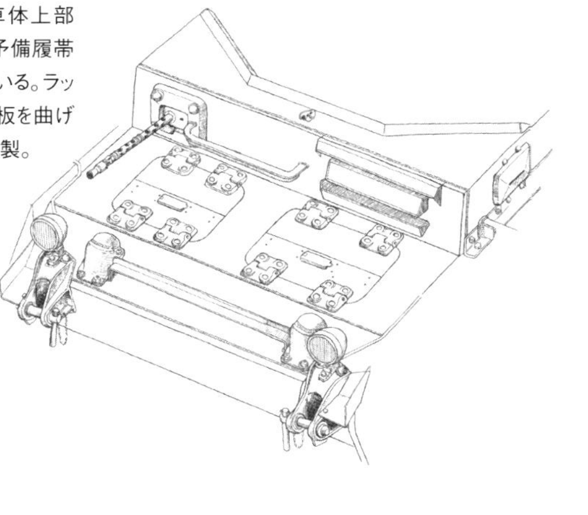

414号車の機関室

後部点検ハッチ上に溶接留めされたU字型の金具は、転輪中央の穴に通して予備転輪を固定するためのものと思われる。最後部の金属板は、荷物積載用の木板を固定するためのもの。また、右側面後部にはかなりしっかりした造りの金属製のラックも増設されている。

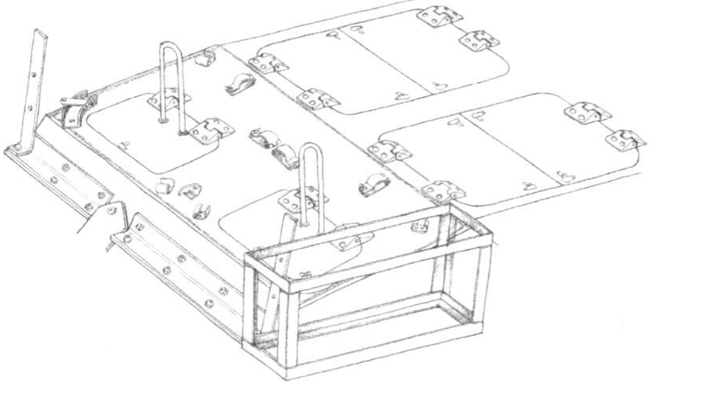

〔図12〕

Ⅲ号戦車F型（5cm砲搭載型）　所属部隊不明 132号車

Pz.Kpfw.III Ausf.F equipped with 5cm KwK Unit unknown, No.132

車体各部の特徴

F型の改修型。5cm砲を搭載し、車体前面と後面、車体上部（操縦室）前面に30mm厚の増加装甲板を装着。砲塔後面にはゲペックカステンを取り付けているが、車長用キューポラは旧型のままである。転輪は新型で、履帯も40cm幅タイプを装着。第1上部転輪も前方に移設されているが、起動輪と誘導輪は旧型を使用している。

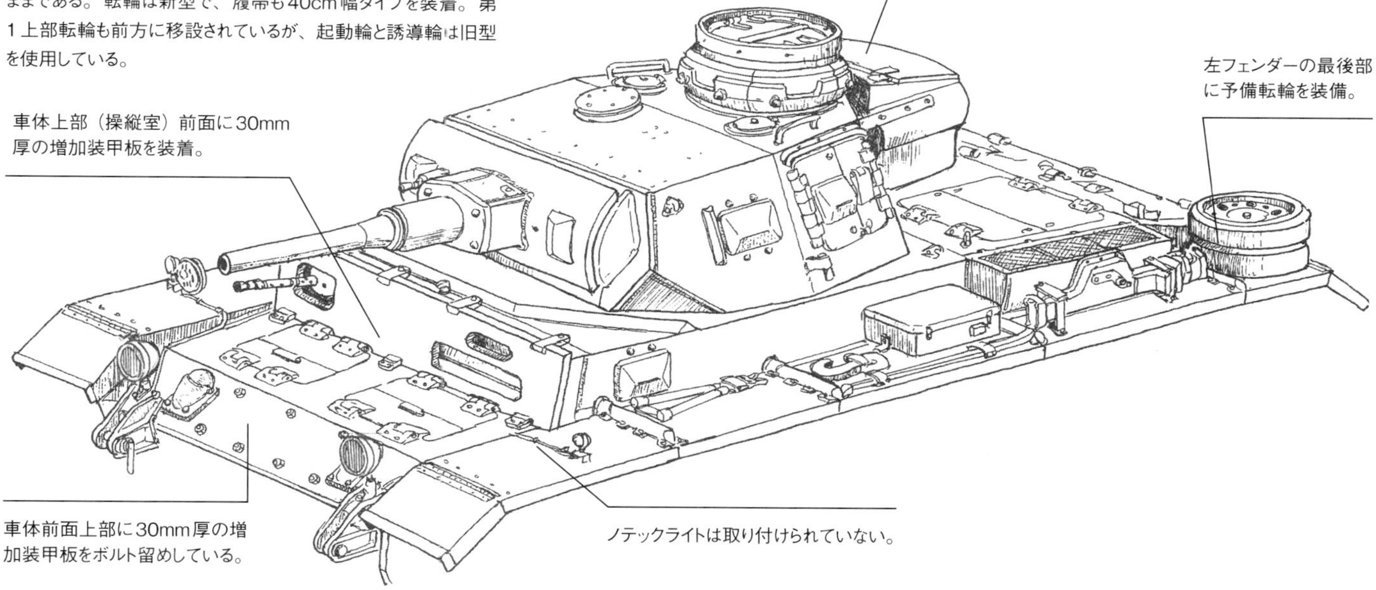
砲塔後面にゲペックカステンを装着。
左フェンダーの最後部に予備転輪を装備。
車体上部（操縦室）前面に30mm厚の増加装甲板を装着。
車体前面上部に30mm厚の増加装甲板をボルト留めしている。
ノテックライトは取り付けられていない。

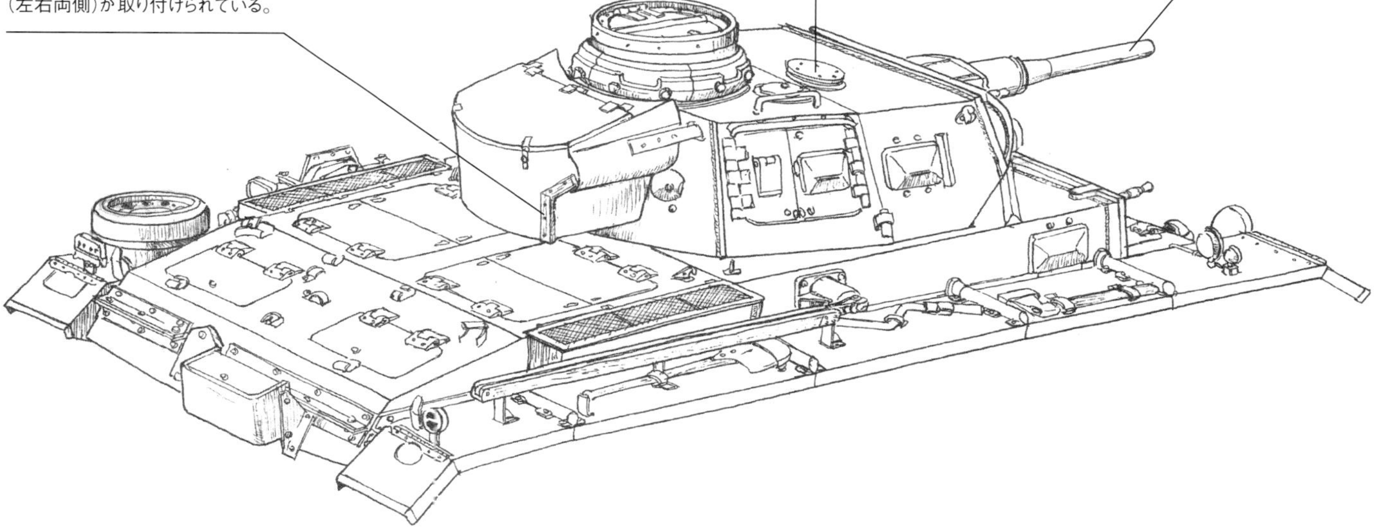
ゲペックカステンの後面両側には現地部隊によってアンテナ除けの木材（左右両側）が取り付けられている。
ベンチレーターを設置。
5cm砲を搭載。

F型後期仕様の車体前部

車体前面と車体上部（操縦室）前面に30mm厚の増加装甲板を装着。車体前面にボルトで直付けされているが、上部前面は前部機銃マウントと操縦手用視察バイザーがあるため、前面装甲板と空間を設けて設置されている。

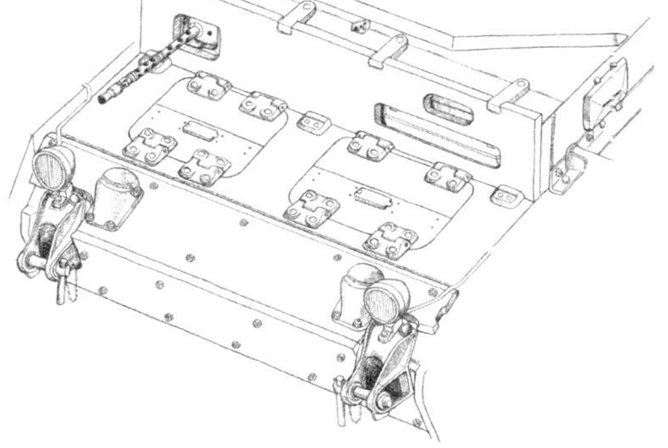

F型後期仕様の車体後面

F型では、1940年後期から車体前面とともに車体後面にも増加装甲板が装着されるようになる。

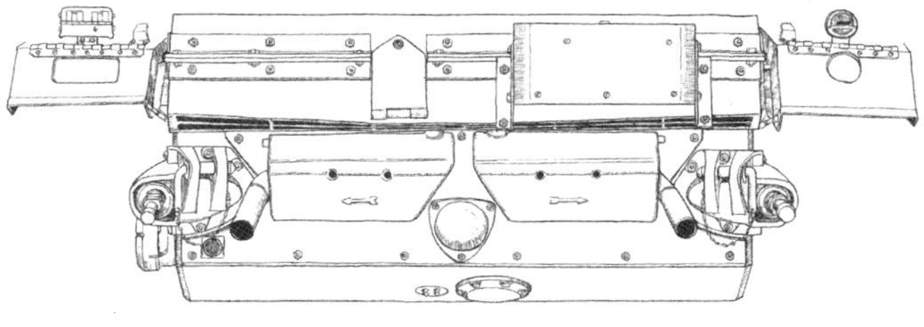

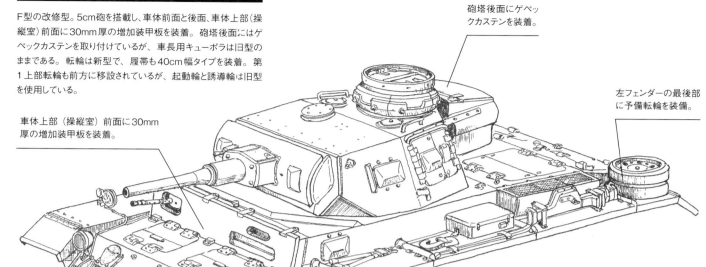

Pz.Kpfw.III Ausf.G (equipped with 5cm KwK)
Panzerregiment 7, 10.Panzerdivision, No.1
1941 France

〔図13〕

Ⅲ号戦車G型
(5cm砲搭載型)

第 10 装甲師団第 7 戦車連隊 1 号車
1941 年　フランス

基本色 RAL7021 ドゥンケルグラウの単色塗装。車体上部前面左側と側面前部に黄色の師団マークを描き、砲塔の側面前部と後面には中隊番号“1”のみを表示した白色の砲塔番号と連隊マークである“バイソン”のシルエットを描いている。車長用キューポラに三角ペナントを、後面には“1”を記したナンバープレートを装着しているので、中隊長車の可能性が高い。

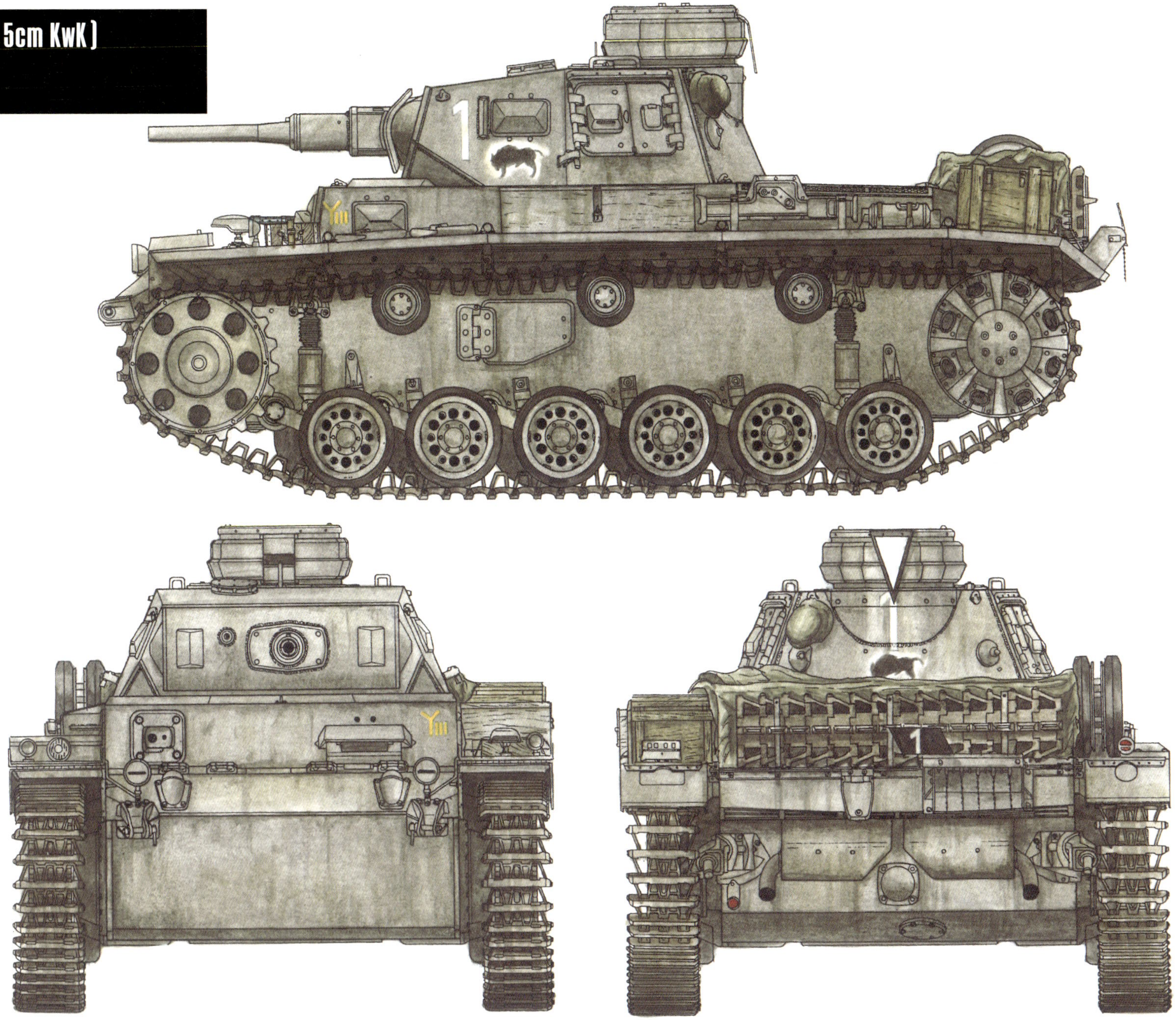

Pz.Kpfw.III Ausf.G（equipped with 5cm KwK）
Panzerregiment 31, 5.Panzerdivision
April 1941 Balkans campaign

〔図14〕

Ⅲ号戦車G型（5cm砲搭載型）

第 5 装甲師団第 31 戦車連隊所属車
1941 年 4 月　バルカン半島

車体は、基本色 RAL7021 ドゥンケルグラウの単色塗装で、砲塔番号は描かれておらず、砲塔側面の前部に第 31 戦車連隊の連隊マークとして知られる赤い“悪魔”のマークのみが描かれている。

〔図13〕

Ⅲ号戦車G型（5cm砲搭載型）　第10装甲師団第7戦車連隊1号車

Pz.Kpfw.III Ausf.G equipped with 5cm KwK　Pz.Rgt.7, 10.Pz.Div., No.1

車体各部の特徴

1940年6～8月頃に造られたと思われるG型。5cm砲を搭載し、車長用キューポラは新型だが、砲塔後面のゲペックカステンは装着されていない。転輪、起動輪、誘導輪はともに旧型で、履帯も旧型の36cm幅タイプを装着している。

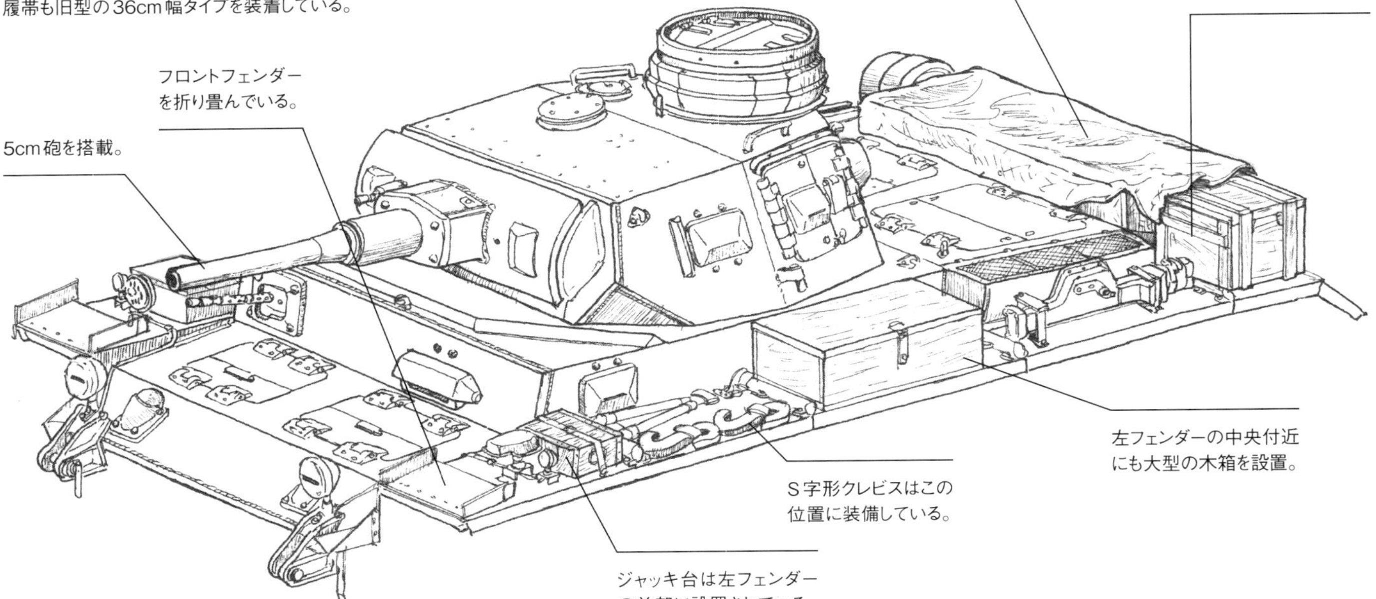
機関室上面の後部にシートを被せた荷物収納用の木枠を設置。
左フェンダーの最後部に木箱を設置している。
フロントフェンダーを折り畳んでいる。
5cm砲を搭載。
左フェンダーの中央付近にも大型の木箱を設置。
S字形クレビスはこの位置に装備している。
ジャッキ台は左フェンダーの前部に設置されている。

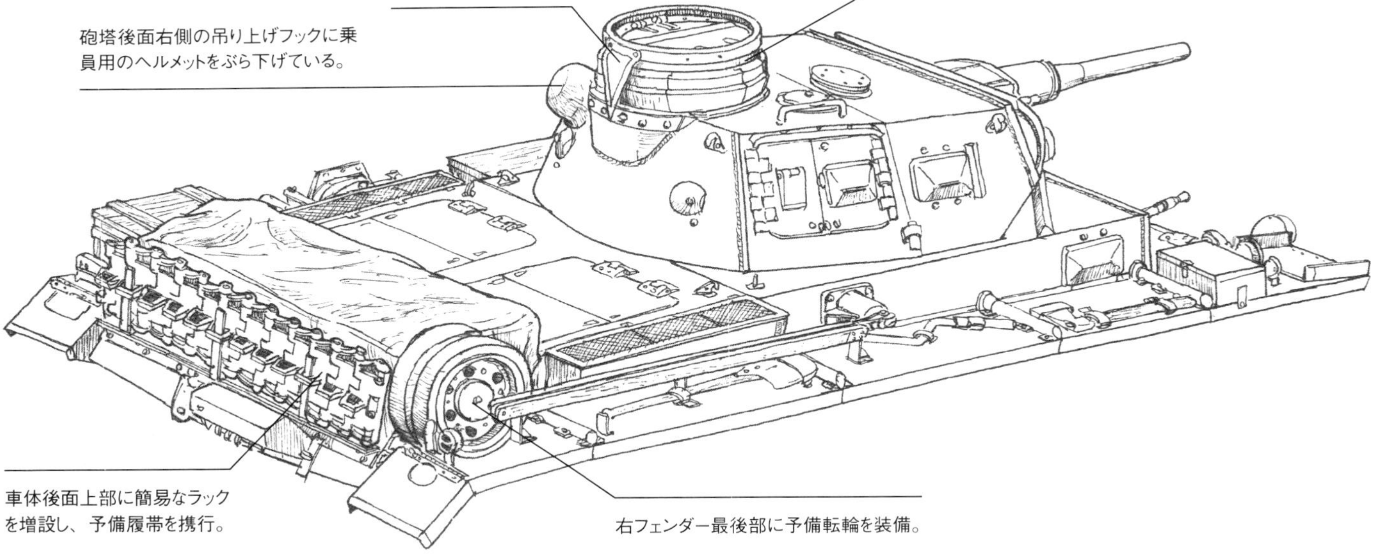
キューポラの後部に三角形のペナントを装着。
車長用キューポラは新型を装備。
砲塔後面右側の吊り上げフックに乗員用のヘルメットをぶら下げている。
車体後面上部に簡易なラックを増設し、予備履帯を携行。
右フェンダー最後部に予備転輪を装備。

5cm砲を搭載したG型砲塔

一部の車両では、車長用キューポラの左前方に設置されていたベンチレーターを廃止、円形鋼板で塞ぎ、標準的な位置にベンチレーターを移設した車両が見られる。

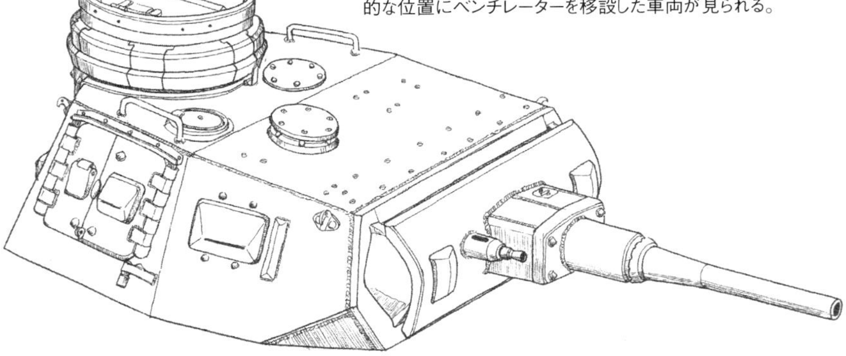

5cm砲の砲身基部

3.7cm砲では内装式防盾だったが、5cm砲では外装式となった。図は防盾左右の視察クラッペを開けた状態。防盾の装甲厚は35mm。

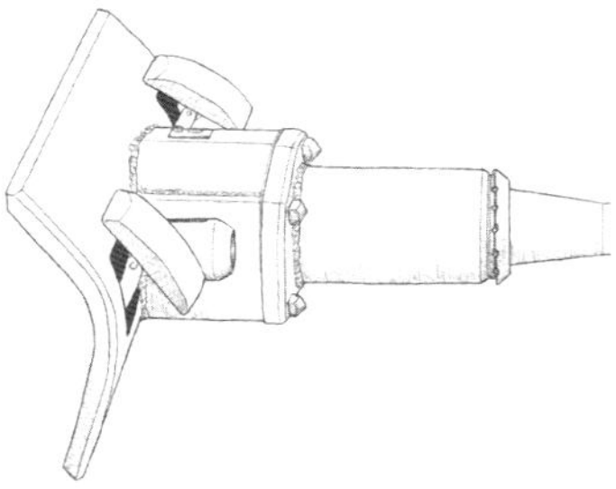

ベンチレーター

5cm砲搭載に伴い、砲塔上面前部に設置された。

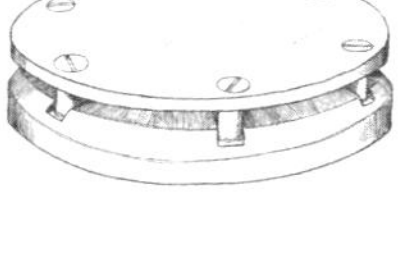

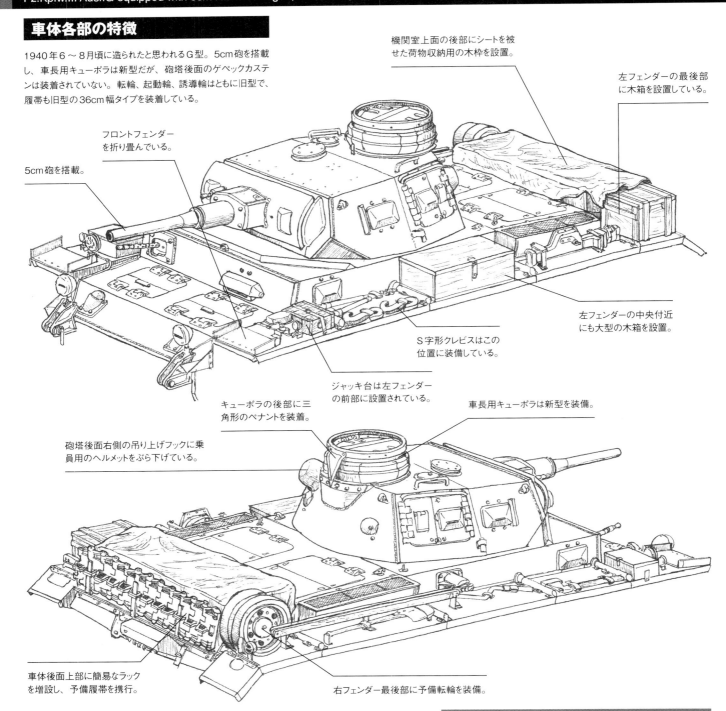

〔図14〕

Ⅲ号戦車G型（5cm砲搭載型）　第5装甲師団第31戦車連隊所属車

Pz.Kpfw.III Ausf.G equipped with 5cm KwK　Pz.Rgt.31, 5.Pz.Div.

車体各部の特徴

1940年6～8月頃に生産されたと思われるG型。5cm砲を搭載し、新型の車長用キューポラを装備。砲塔後面のゲペックカステンは未装着。起動輪、誘導輪は旧型、履帯も36cm幅タイプだが、転輪は新型を使用し、第1上部転輪も前方に移設されている。

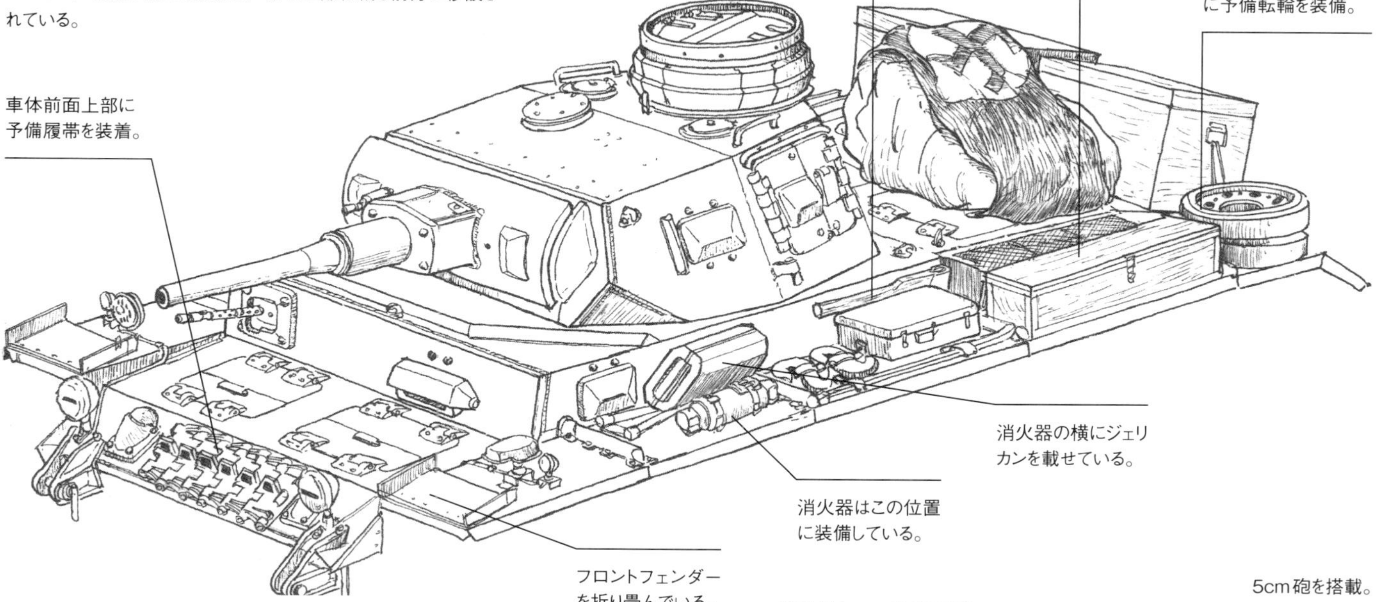
斧はこの位置に
携行している。
左側の吸気口の
横に木箱を設置。
左フェンダーの最後部
に予備転輪を装備。
車体前面上部に
予備履帯を装着。
消火器の横にジェリ
カンを載せている。
消火器はこの位置
に装備している。
フロントフェンダー
を折り畳んでいる。

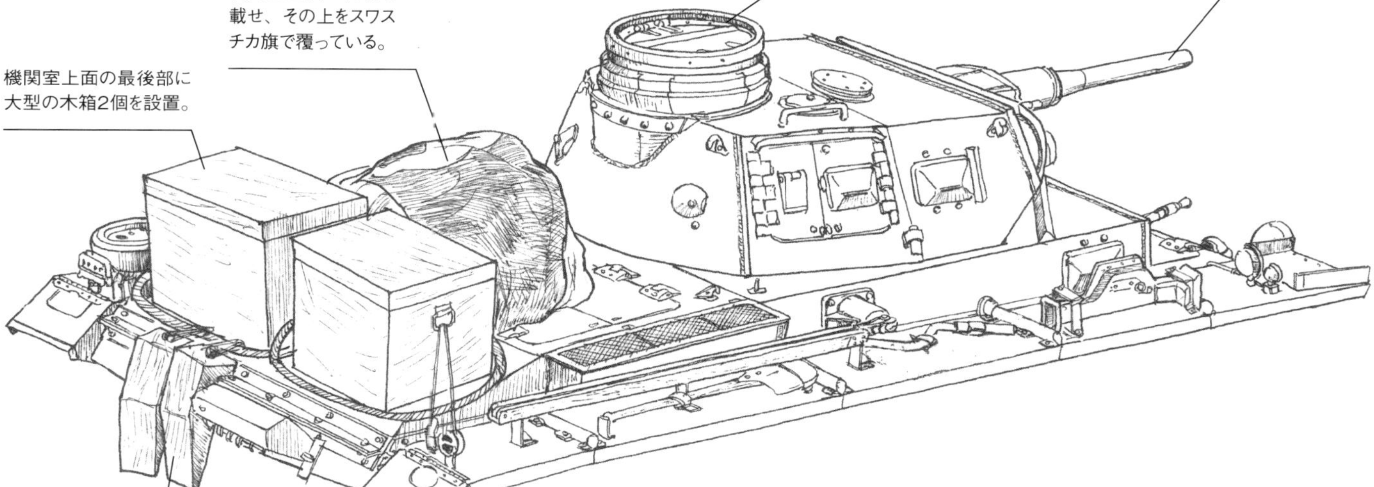
5cm砲を搭載。
車長用キューポラは新型。
機関室上面に荷物を
載せ、その上をスワス
チカ旗で覆っている。
機関室上面の最後部に
大型の木箱2個を設置。
駐車時に履帯にかま
す履帯止めを車体後
部にぶら下げている。

G型の車体前部

基本的にはF型と大差ないが、操縦手用視察バイザーが上下スライド式から回転式に変更されている。

車体下部側面のエスケープハッチ

図はハッチの内側。内側の枠の周囲には水密用のゴムシーリングが張られている。

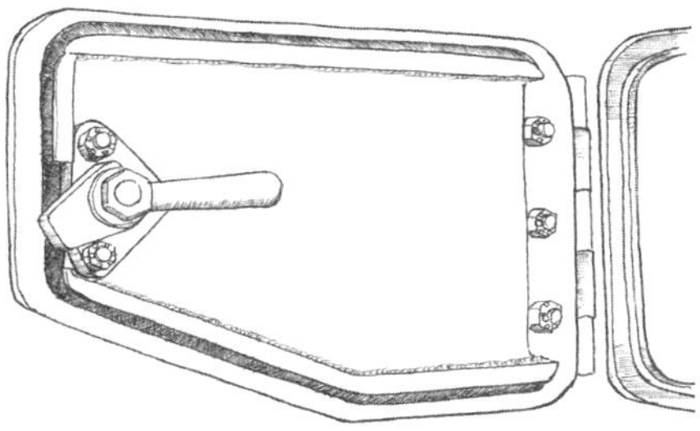

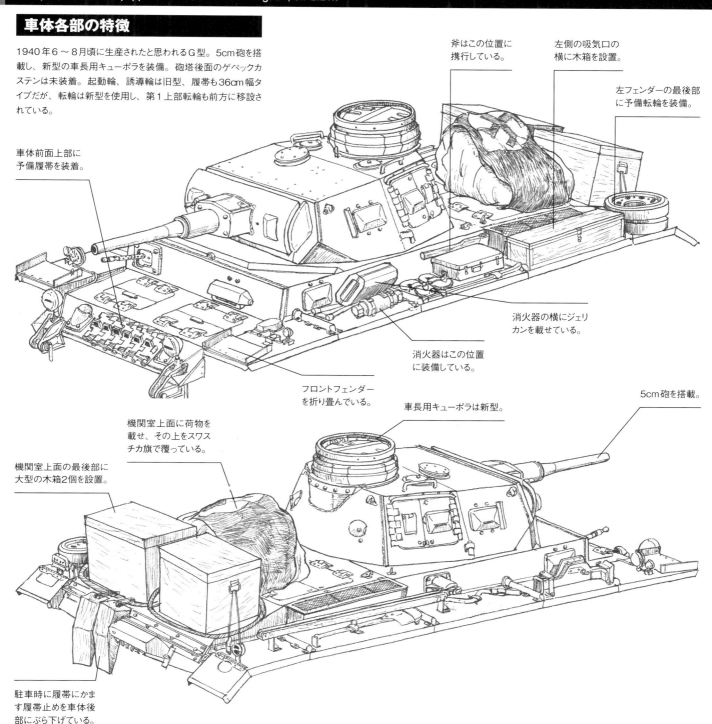

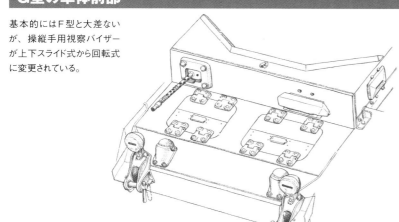

Pz.Kpfw.III Ausf.G (equipped with 5cm KwK)
Panzerregiment 31, 5.Panzerdivision
April 1941 Balkans campaign

〔図15〕

Ⅲ号戦車G型（5cm砲搭載型）

第5装甲師団第31戦車連隊所属車
1941年4月　バルカン半島

この車体もバルカン半島侵攻時の第31戦車連隊車両。RAL7021ドゥンケルグラウの単色塗装で、やはり砲塔番号は未記入である。砲塔側面前部には赤い“悪魔”をモチーフとした連隊マークを描き、車体側面には白縁付き黒十字の国籍標識バルケンクロイツを描いている。

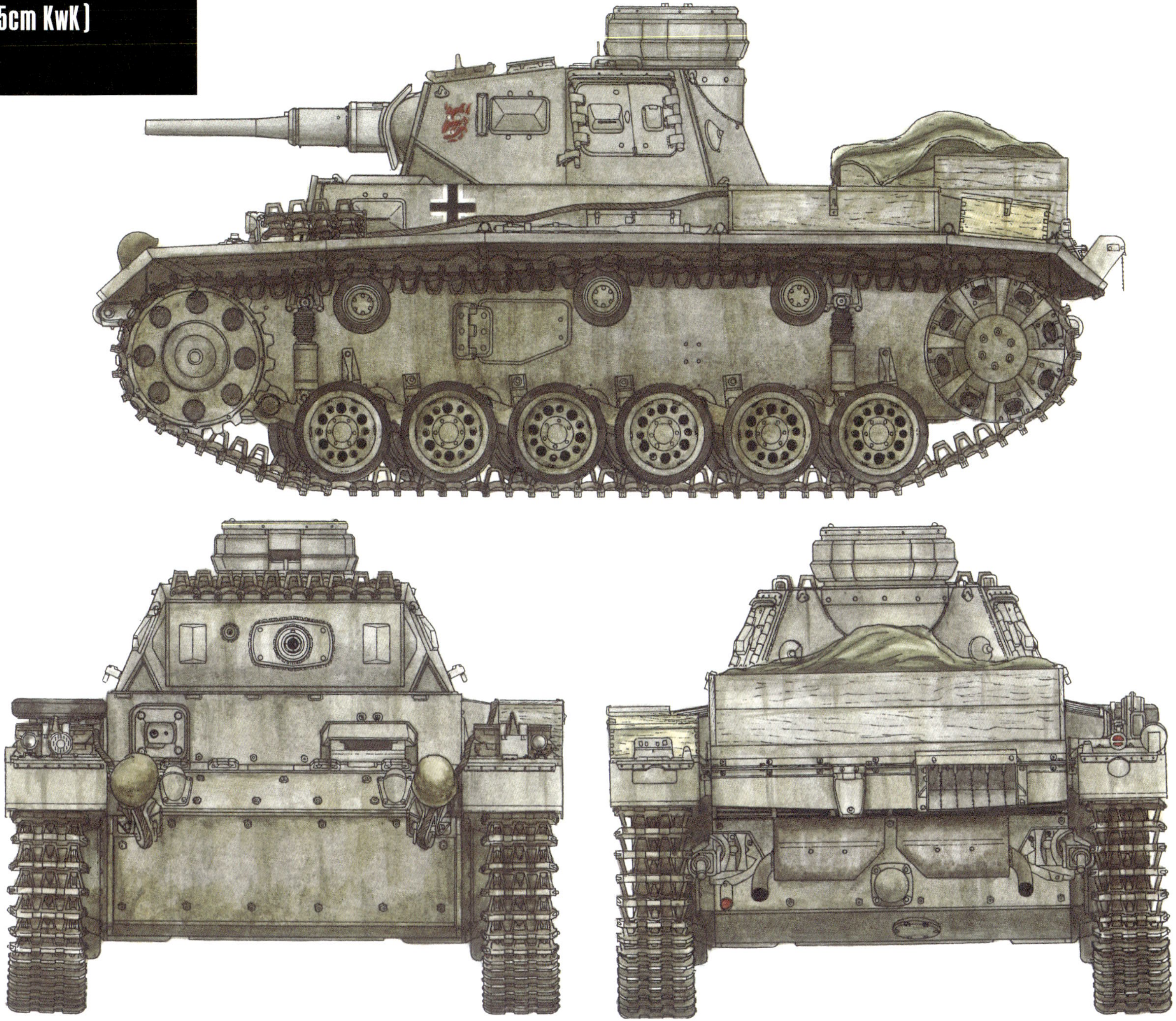

Pz.Kpfw.III Ausf.G (equipped with 5cm KwK)
Panzerregiment 15, 11.Panzerdivision, No.1
July 1941 Eastern Front

〔図16〕

Ⅲ号戦車G型
（5cm砲搭載型）

第 11 装甲師団第 15 戦車連隊 1 号車
1941 年 7 月　東部戦線

基本色 RAL7021 ドゥンケルグラウの単色塗装。砲塔番号は砲塔の側面前部とゲペックカステンの後面に白色で記入しており、側面は“1”とその下側に白色の平行四辺形のマークが、後面は同様の番号とマーク、さらにクライスト装甲集団を示す“K”のマークも描かれている。また、車体上部前面の中央と側面前部には黄色の正規の師団マークを描き、車体側面と後部に積まれた木箱の後面には有名な“幽霊”マークが白色で描かれている。

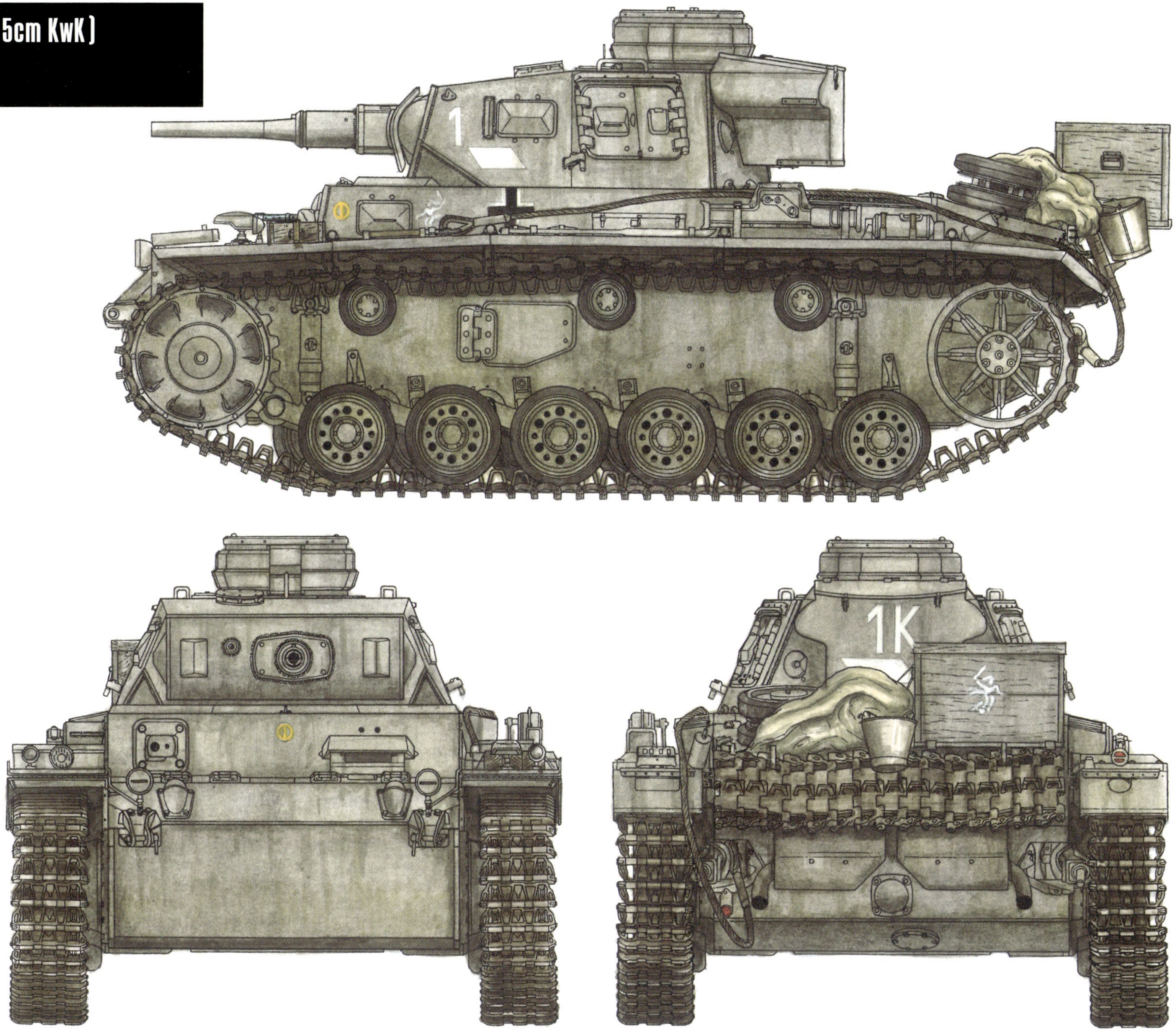

〔図15〕

Ⅲ号戦車G型（5cm砲搭載型）　第5装甲師団第31戦車連隊所属車

Pz.Kpfw.III Ausf.G equipped with 5cm KwK Pz.Rgt.31, 5.Pz.Div.

車体各部の特徴

1940年後期生産のG型。5cm戦車砲を搭載し、車体前面と後面、車体上部（操縦室）前面に30mm厚の増加装甲板を装着。車長用キューポラは新型だが、砲塔後面のゲペックカステンは未装着。起動輪と誘導輪はともに旧型だが、転輪は新型、履帯は40cm幅の初期タイプを装着。第1上部転輪も前方に移設されている

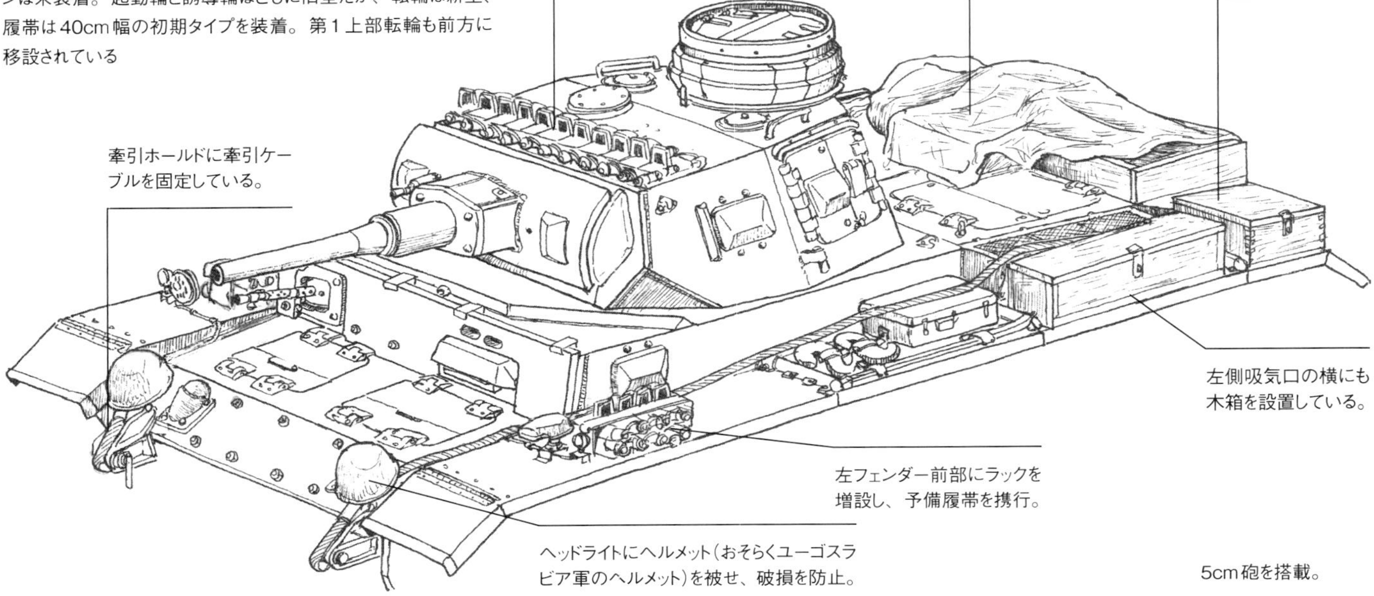

機関室後部に積んだ荷物の上にシートを被せている。
砲塔上面の前部に予備履帯を載せている。
左フェンダーの最後部に木箱を設置。
牽引ホールドに牽引ケーブルを固定している。
左側吸気口の横にも木箱を設置している。
左フェンダー前部にラックを増設し、予備履帯を携行。
ヘッドライトにヘルメット（おそらくユーゴスラビア軍のヘルメット）を被せ、破損を防止。

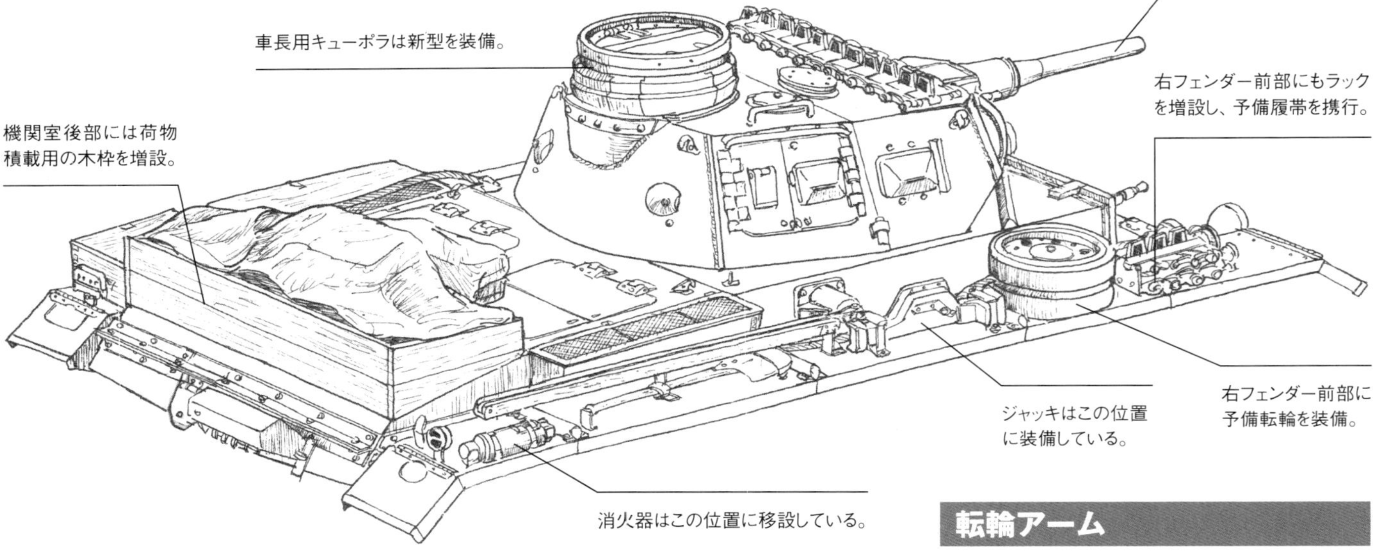

5cm砲を搭載。
車長用キューポラは新型を装備。
右フェンダー前部にもラックを増設し、予備履帯を携行。
機関室後部には荷物積載用の木枠を増設。
右フェンダー前部に予備転輪を装備。
ジャッキはこの位置に装備している。
消火器はこの位置に移設している。

転輪アーム

第2～5転輪の転輪アームには、ガイドプレートを設置。その内側寄りの車体側面にはバンプストッブが設けられている。

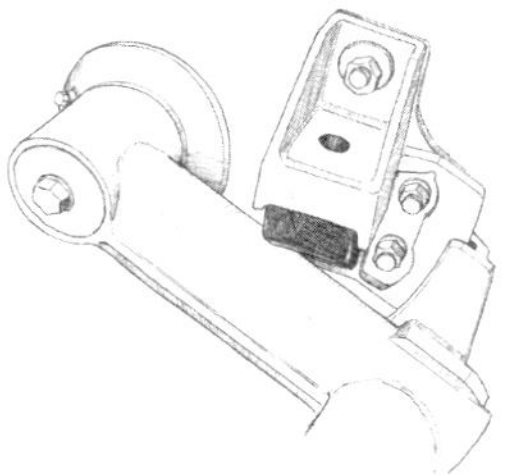

E～G型で使用された起動輪

元々36cm幅の履帯に対応したものだが、後に図のようにスプロケットにスペーサーを挟み込むことで、38cm及び40cm幅の履帯に対応できるように改修されている。

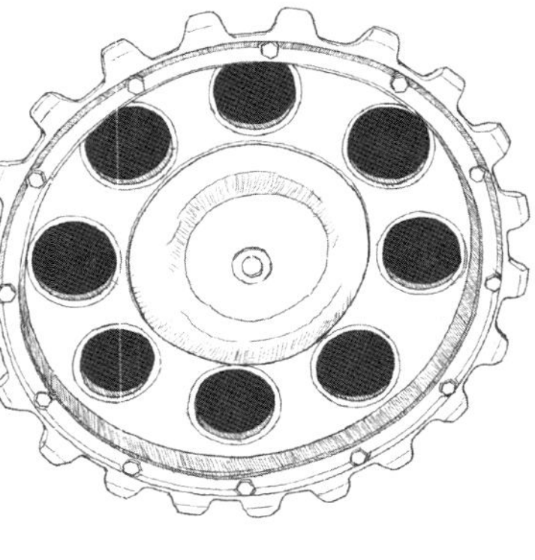

E～G型で使用された誘導輪。

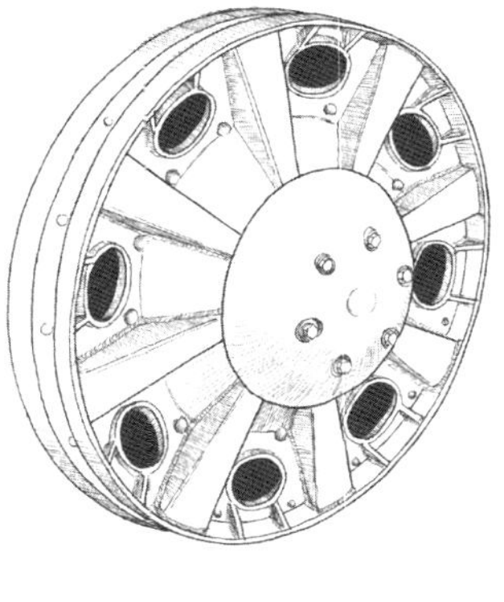

フェンダー上の予備履帯ラック

現地部隊によって左右のフェンダー前部に増設されている。ラックは上下に4枚ずつの履帯を装着可能。

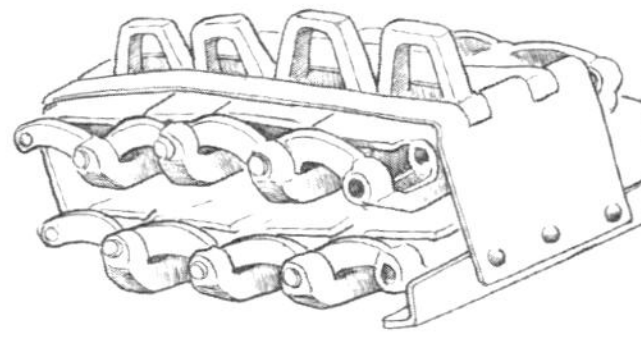

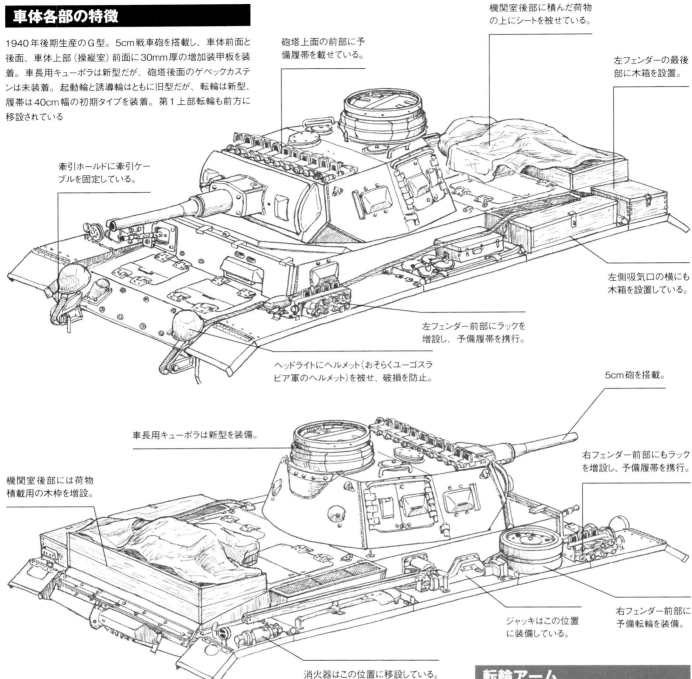

〔図16〕

Ⅲ号戦車G型（5cm砲搭載型）　第11装甲師団第15戦車連隊1号車

Pz.Kpfw.III Ausf.G equipped with 5cm KwK Pz.Rgt.15, 11.Pz.Div., No.1

車体各部の特徴

1941年4月頃のG型後期仕様。5cm砲を搭載し、新型の車長用キューポラを装備。砲塔後面にはゲペックカステンが装着されている。起動輪、誘導輪、転輪はともに新型で、第1上部転輪も前方に移設。履帯は40cm幅タイプを装着している。

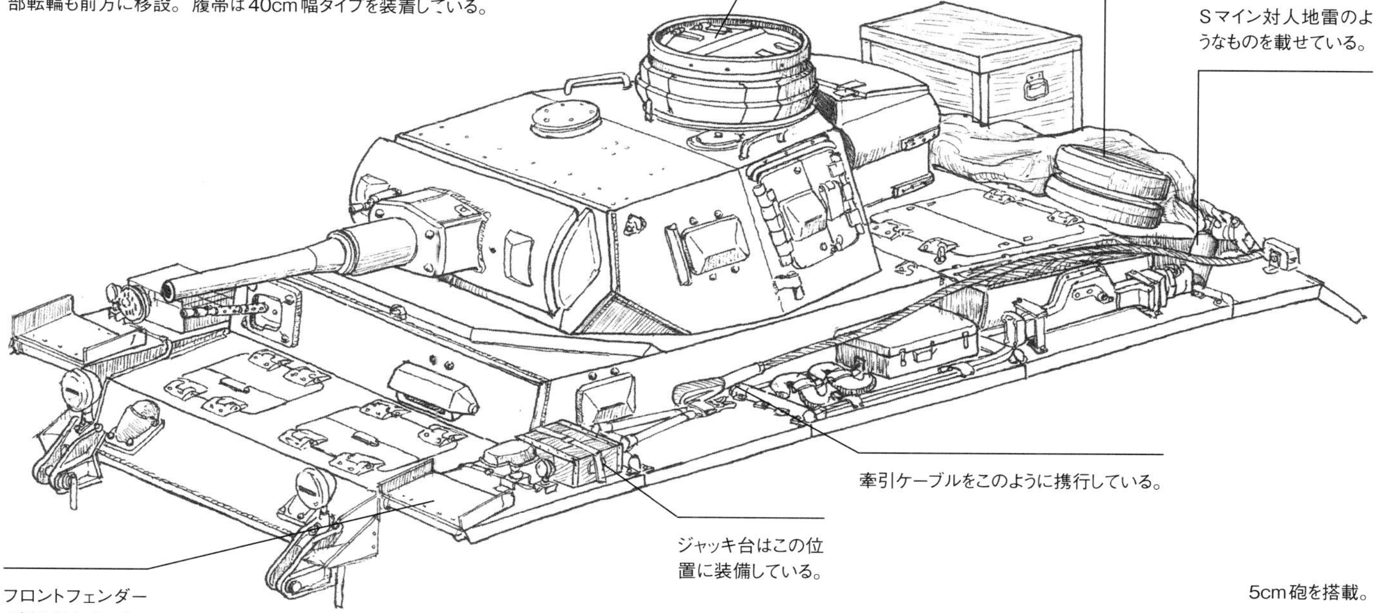

新型の車長用
キューポラを装備。
機関室上面の左後部に
予備転輪を載せている。
Sマイン対人地雷のよ
うなものを載せている。
牽引ケーブルをこのように携行している。
ジャッキ台はこの位
置に装備している。
フロントフェンダー
を折り畳んでいる。

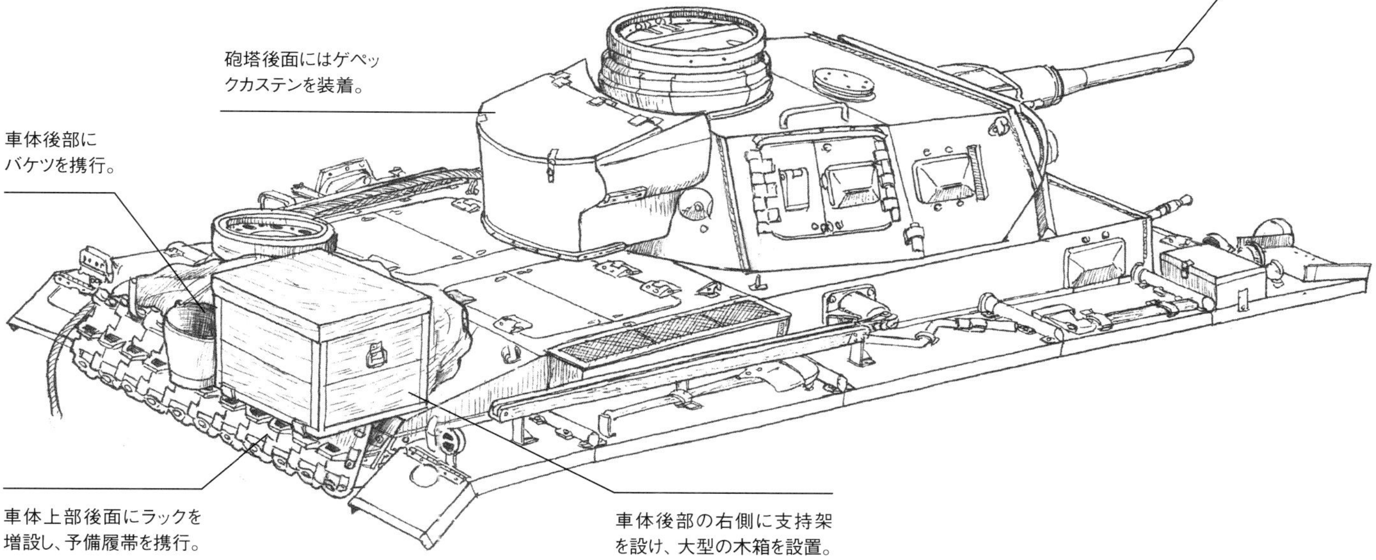

5cm砲を搭載。
砲塔後面にはゲペッ
クカステンを装着。
車体後部に
バケツを携行。
車体上部後面にラックを
増設し、予備履帯を携行。
車体後部の右側に支持架
を設け、大型の木箱を設置。

フェンダー後部の構造

図は、右フェンダー後部の裏側の支持架の様子を示す。台形の板は可動式リアフェンダーの取り付け板、左下の三角の部分がリアフェンダーのストッパー。

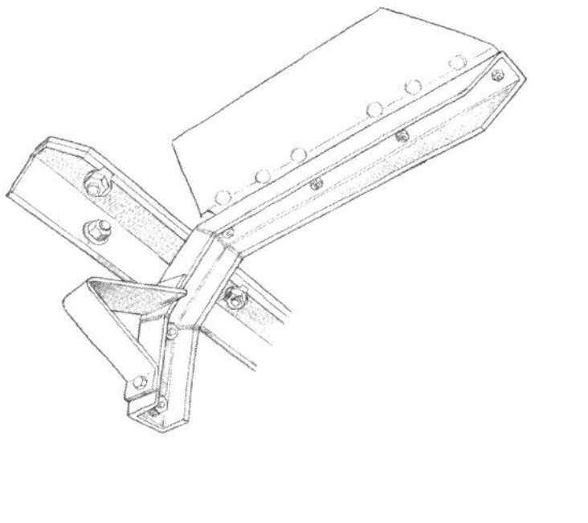

アンテナ基部

図に、車体右側の中央に設置されたアンテナ基部を後方から見たところ。アンテナは起倒式で、未使用時にはアンテナ本体に木製のケースに収納する。

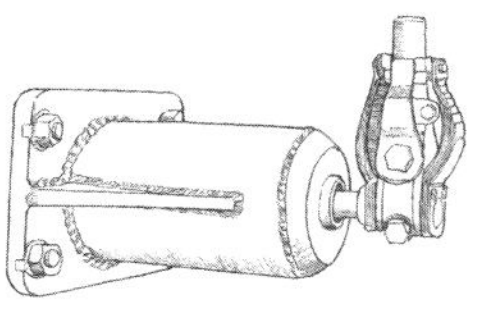

履帯張度調整装置

車体後面の左右両側に設置された履帯張度調整装置。図に、左側の同装置。

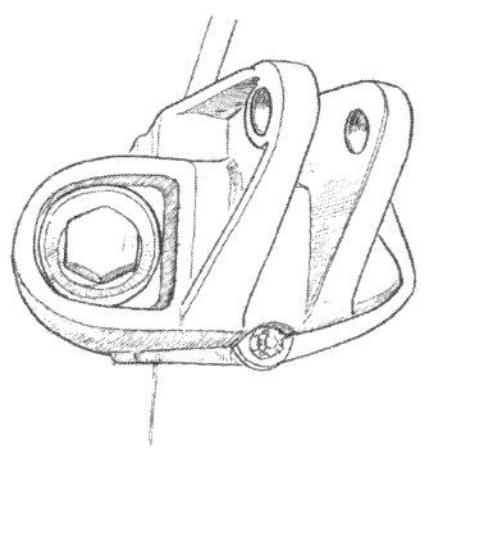

1号車の車体後部

車体上部後面に予備履帯と大型の木箱を取り付けるためのラックが増設（形状及び固定方法は推定）されている。大型の木箱は部隊共通の仕様だが、取り付け方法はいろいろあったようだ。

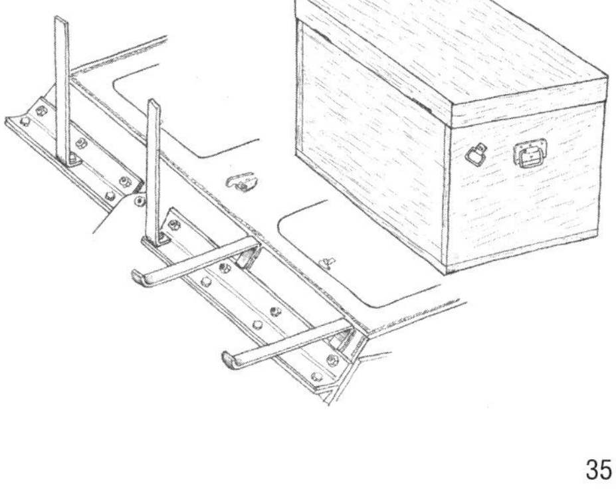

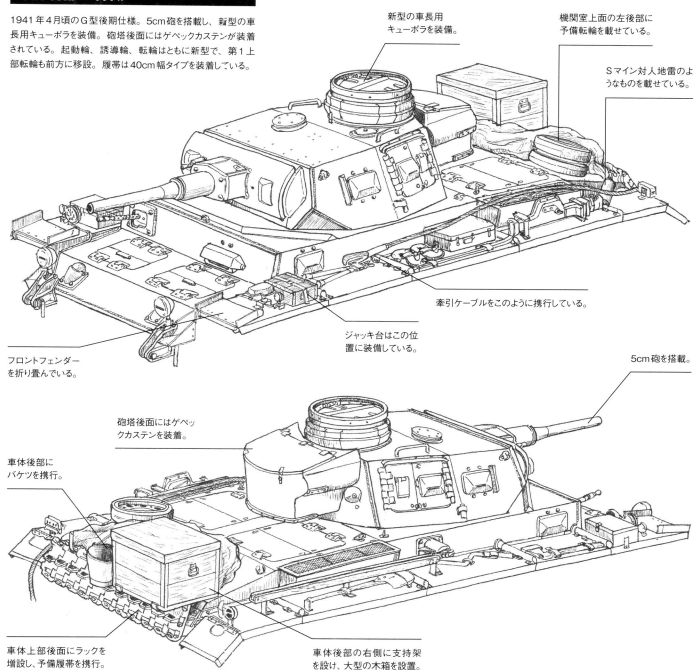

Pz.Kpfw.III Ausf.G (equipped with 5cm KwK)

7./Panzerregiment 3, 2.Panzerdivision, No.731
Winter of 1941-42 Eastern Front

〔図17〕

Ⅲ号戦車G型
（5cm砲搭載型）

第 2 装甲師団第 3 戦車連隊 731 号車
1941 ～ 1942 年冬　東部戦線

基本色 RAL7021 ドゥンケルグラウの単色塗装。砲塔側面前部に連隊マークを描き、砲塔番号“731”は車体上部側面に白色で記入している。車体上部前面左側と側面の中央付近、さらに車体後面左側には黄色の師団マークを、側面前部の視察クラッペには戦車中隊を示す平行四辺形のマークと中隊番号の“7”を描き、側面の師団マークの後方にはこの車両の製造番号も記されている。

Pz.Kpfw.III Ausf.G (equipped with 5cm KwK)
2./Panzerregiment 5, 5.Leichterdivision, No.221
1941 North African Front/ Libya

〔図18〕

Ⅲ号戦車G型
(5cm砲搭載型)

第 5 軽師団第 5 戦車連隊 221 号車
1941 年　北アフリカ戦線 / リビア

車体は、基本色 RAL7021 ドゥンケルグラウの単色塗装の上に現地の砂あるいはサンド系色の塗料を上塗りしていると推定。砲塔側面とゲペックカステンに白縁のみの砲塔番号（“221” は推定）が大きく描かれている。

〔図17〕

Ⅲ号戦車G型（5cm砲搭載型）　第2装甲師団第3戦車連隊731号車

Pz.Kpfw.III Ausf.G equipped with 5cm KwK　7./Pz.Rgt. 3, 2.Pz.Div., No.731

車体各部の特徴

G型初期生産車の改修型と思われる。砲塔本体は上面左側にもシグナルポートを設置した旧型だが、5cm砲を搭載し、車長用キューポラは新型を装備。さらに砲塔後面にはゲペックカステンが装着されている。また、起動輪、誘導輪は旧型、履帯も36cm幅タイプだが、転輪は新型を装着し、第１上部転輪も前方に移設されている。

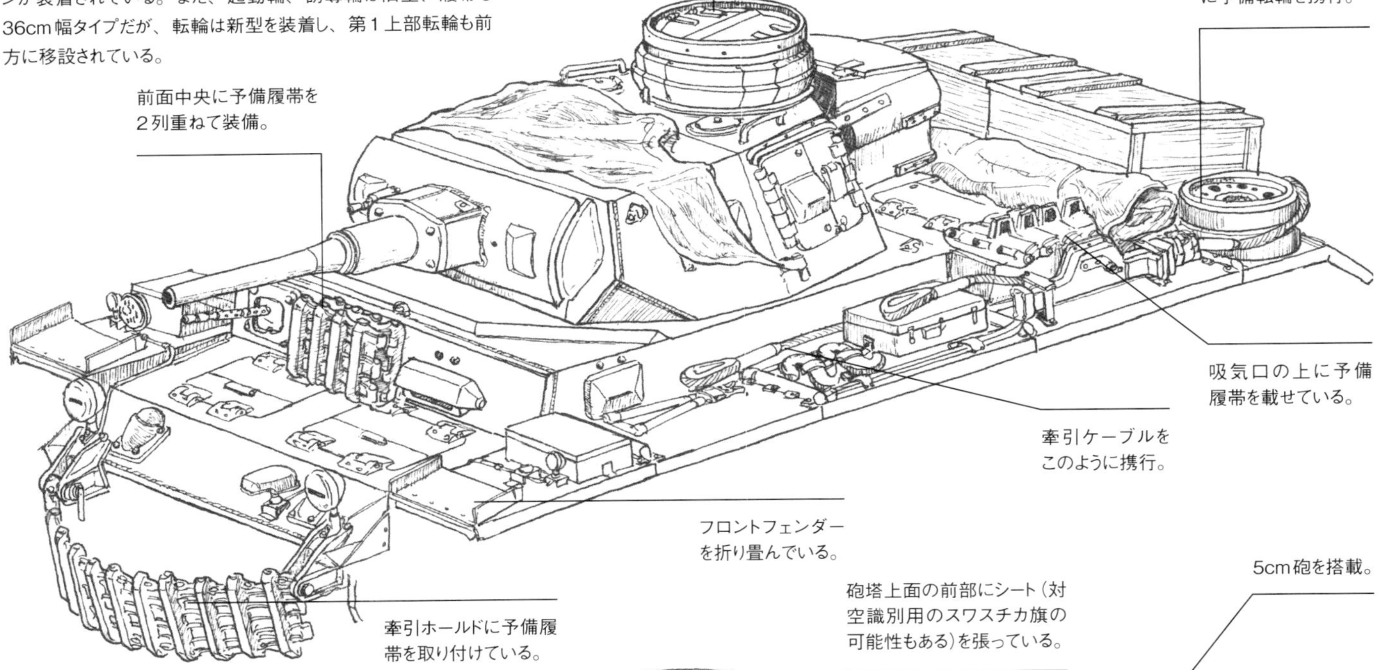

新型の車長用
キューポラを装備。
左フェンダーの最後部
に予備転輪を携行。
前面中央に予備履帯を
２列重ねて装備。
吸気口の上に予備
履帯を載せている。
牽引ケーブルを
このように携行。
フロントフェンダー
を折り畳んでいる。
牽引ホールドに予備履
帯を取り付けている。

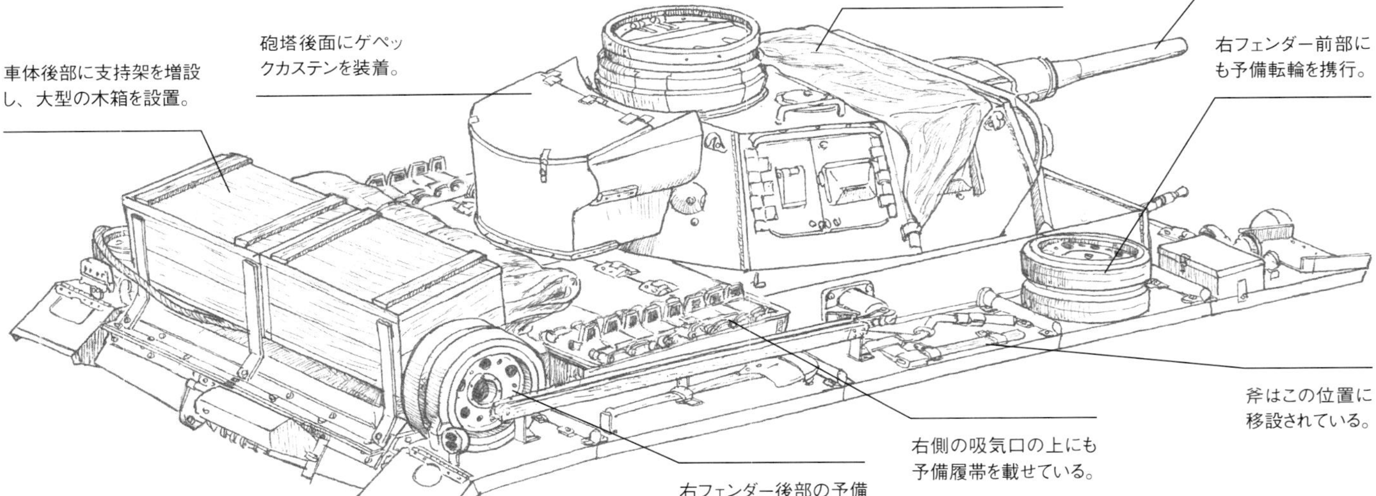

5cm砲を搭載。
砲塔上面の前部にシート（対
空識別用のスワスチカ旗の
可能性もある）を張っている。
砲塔後面にゲペッ
クカステンを装着。
右フェンダー前部に
も予備転輪を携行。
車体後部に支持架を増設
し、大型の木箱を設置。
斧はこの位置に
移設されている。
右側の吸気口の上にも
予備履帯を載せている。
右フェンダー後部の予備
転輪はこのように携行。

731号車の車体後部

車体後部に大型の木箱を設置するための支持架を増設している。

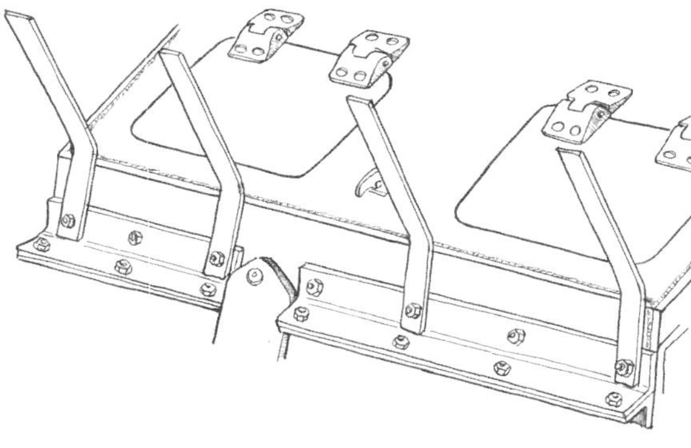

G型の車体後面

G型から始動クランク差し込み口カバーの形状を変更し、上開き式となった。また、車体下部の半球状カバーのプレート形状も逆三角形から四角形に変更されている。

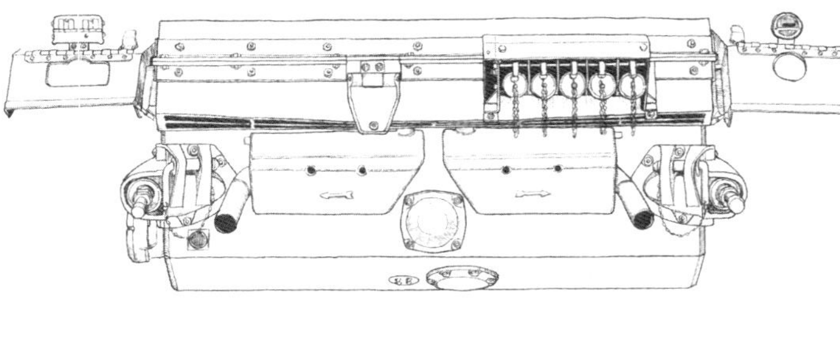

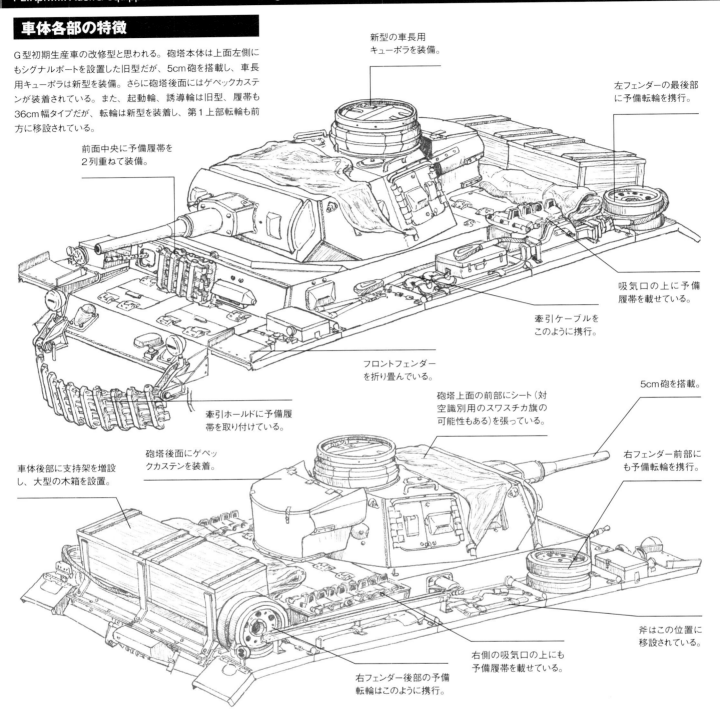

〔図18〕

Ⅲ号戦車G型（5cm砲搭載型）　第5軽師団第5戦車連隊221号車

Pz.Kpfw.III Ausf.G equipped with 5cm KwK 2./Pz.Rgt.5, 5.le Div., No.221

車体各部の特徴

機関室上面の点検ハッチに通気口を設け、その上に装甲カバーを取り付けた熱帯地仕様のG型で、初期生産車の改修型と思われる。砲塔本体は上面左側にもシグナルポートを備えた旧型だが、5cm砲を搭載し、新型の車長用キューポラを装備、砲塔後面にはゲペックカステンも装着している。起動輪、誘導輪、転輪はともに旧型で、履帯も36cm幅タイプを装着。第1上部転輪は移設されていない。

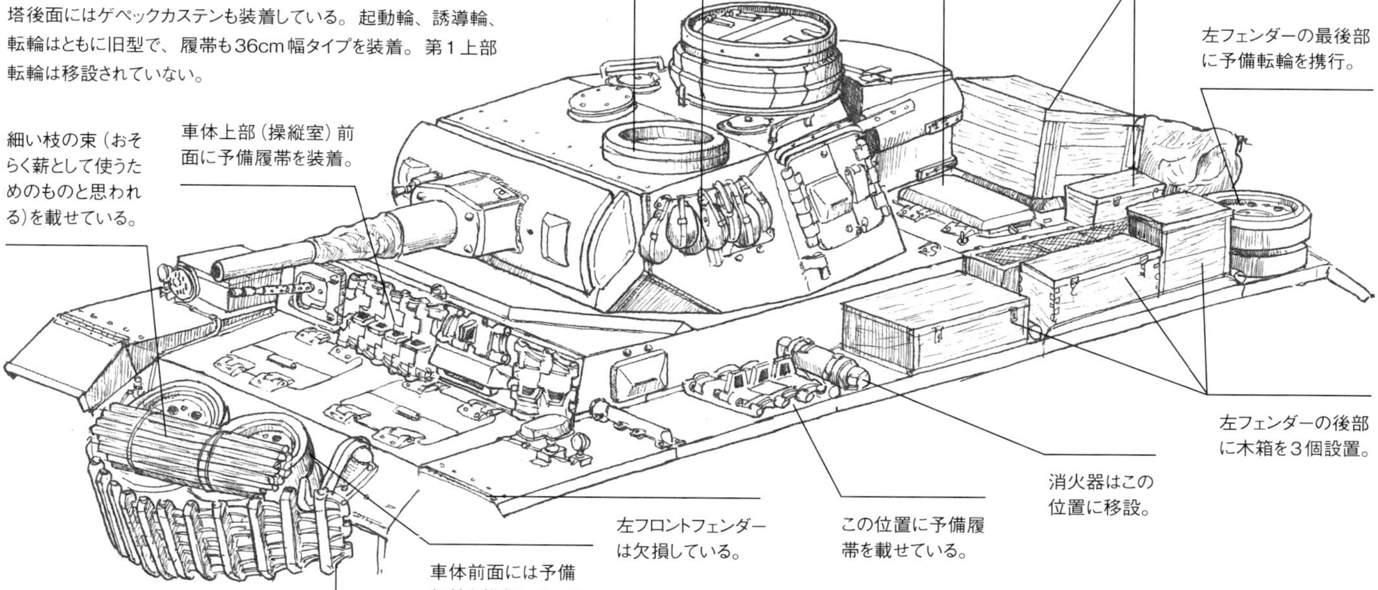
砲塔上面前部に予備の転輪ゴムリムを載せている。
砲塔の左側面に多数の水筒を吊り下げている。
点検ハッチに通気口を設け、その上に装甲カバーを設置。
機関室上面の左側には大小2個の木箱を載せている。
左フェンダーの最後部に予備転輪を携行。
細い枝の束（おそらく薪として使うためのものと思われる）を載せている。
車体上部（操縦室）前面に予備履帯を装着。
左フェンダーの後部に木箱を3個設置。
消火器はこの位置に移設。
左フロントフェンダーは欠損している。
この位置に予備履帯を載せている。
車体前面には予備転輪も携行している。
予備履帯の右側は牽引ホールドに取り付けているが、左側は牽引ホールドが欠損しているためにブレーキ冷却用吸気口カバーにS字形クレビスを引っ掛けて固定している。

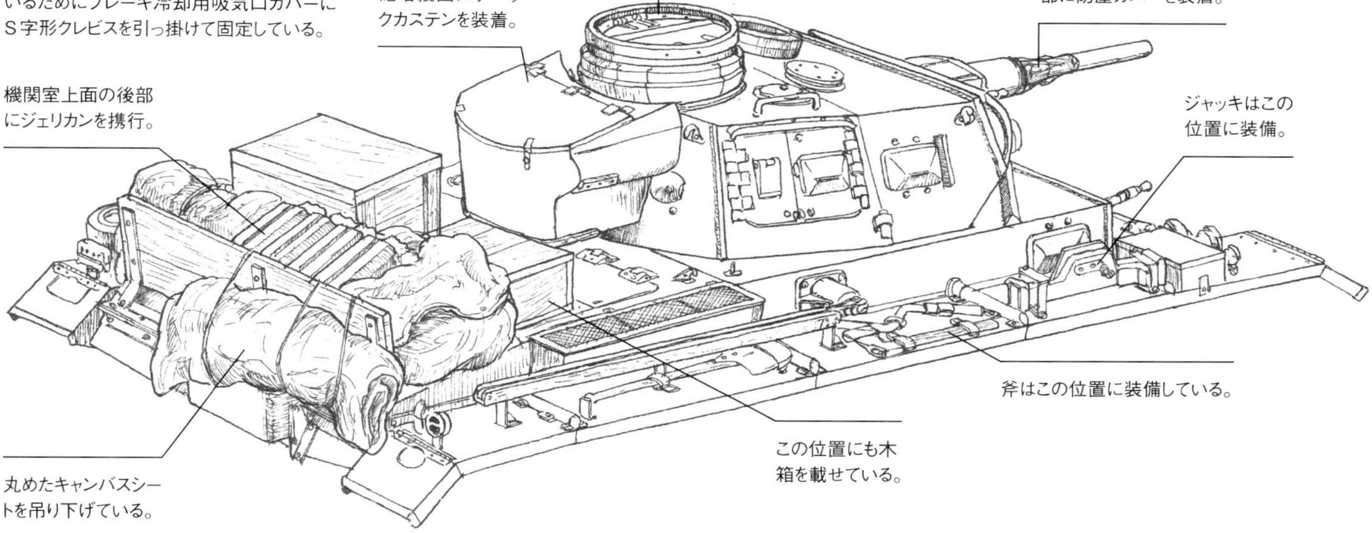
車長用キューポラは新型を装備。
砲塔後面にゲペックカステンを装着。
5cm砲を搭載。砲身基部に防塵カバーを装着。
機関室上面の後部にジェリカンを携行。
ジャッキはこの位置に装備。
斧はこの位置に装備している。
この位置にも木箱を載せている。
丸めたキャンバスシートを吊り下げている。

熱帯地仕様の機関室上面

前部右側の点検ハッチに1カ所、前部左側点検ハッチには2カ所、さらに後部点検ハッチにも通気口を設け、その上に装甲カバーを取り付けている。

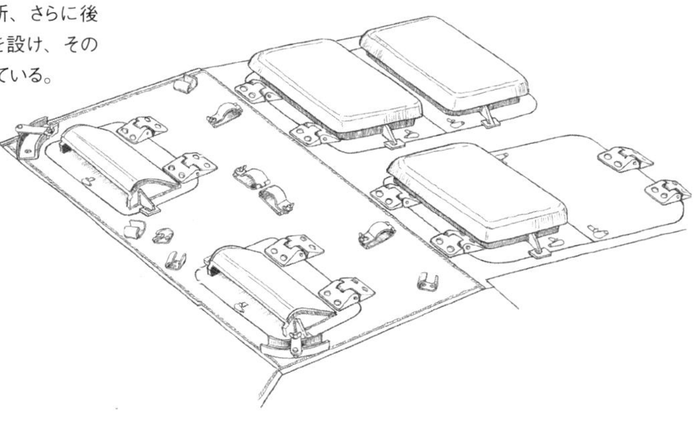

機関室前部右側の点検ハッチを開けた状態

ハッチに設けられた通気口の内側部分は図のような構造になっている。

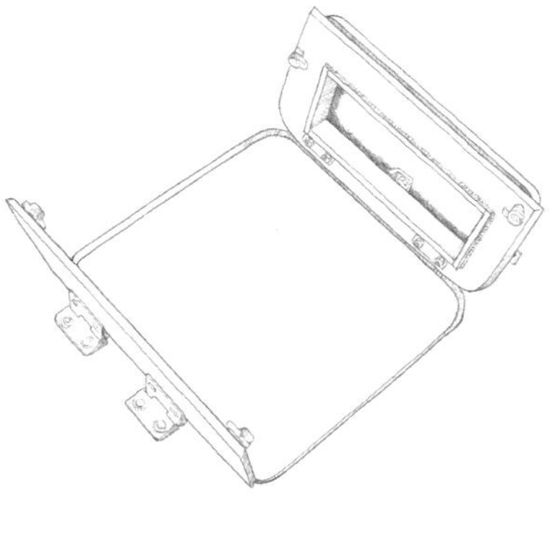

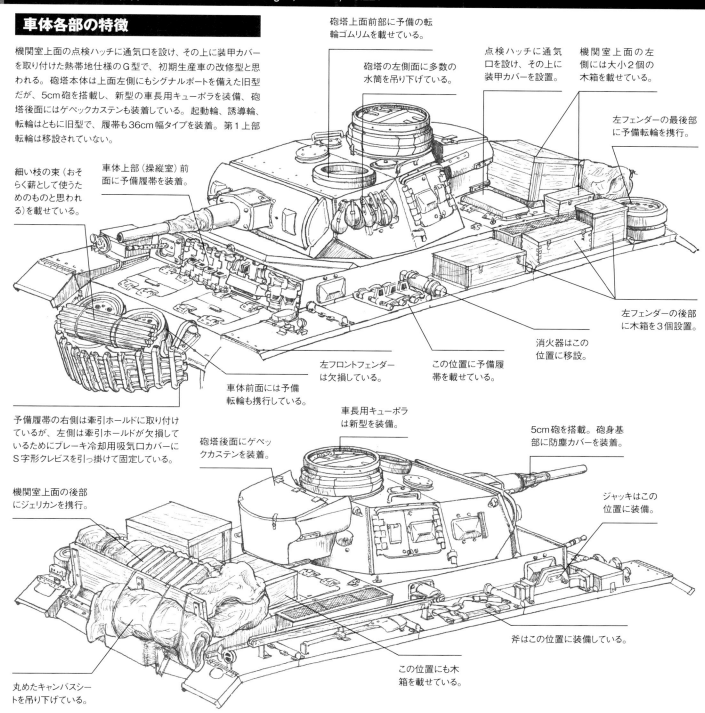

Pz.Kpfw.III Ausf.G (equipped with 5cm KwK)

5./Panzerregiment 5, 5.Leichterdivision, No.523
May-June 1941 North African Front/ Libya

〔図19〕

Ⅲ号戦車G型
（5cm砲搭載型）

第５軽師団第５戦車連隊523号車
1941年５～６月　北アフリカ戦線／リビア

この車両も基本色RAL7021ドゥンケルグラウの単色塗装の上に現地の砂あるいはサンド系色の塗料を上塗りしていると思われるが、上塗りした塗料の剥離が激しく、下地のドゥンケルグラウがところどころ露出している。砲塔側面の砲塔番号は黒もしくはダークグレイで描かれているが、ゲペックカステン後面のものは白縁のみ。

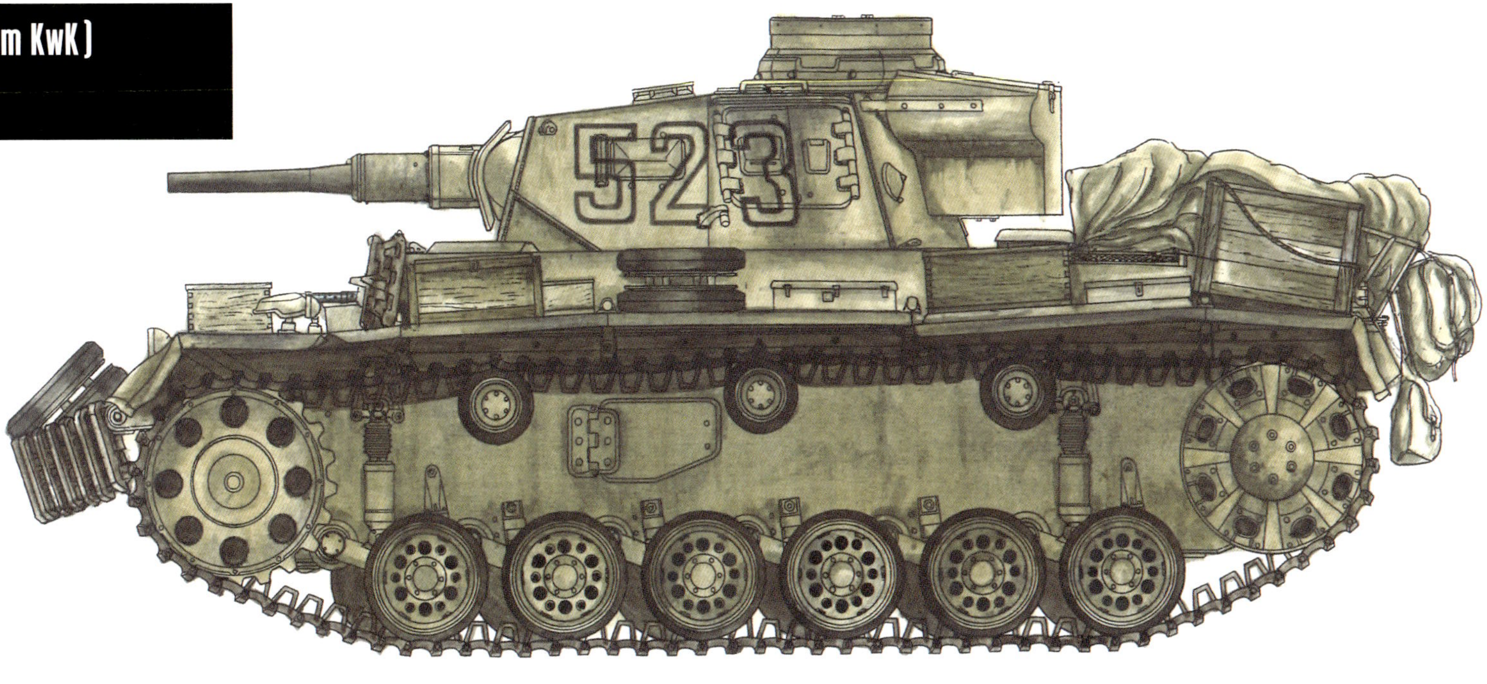

Pz.Kpfw.III Ausf.G (equipped with 5cm KwK)
6./Panzerregiment 8, 15.Panzerdivision, No.632
1941 North African Front/ Libya

〔図20〕

Ⅲ号戦車G型（5cm砲搭載型）

第 15 装甲師団第 8 戦車連隊 632 号車
1941 年　北アフリカ戦線 / リビア

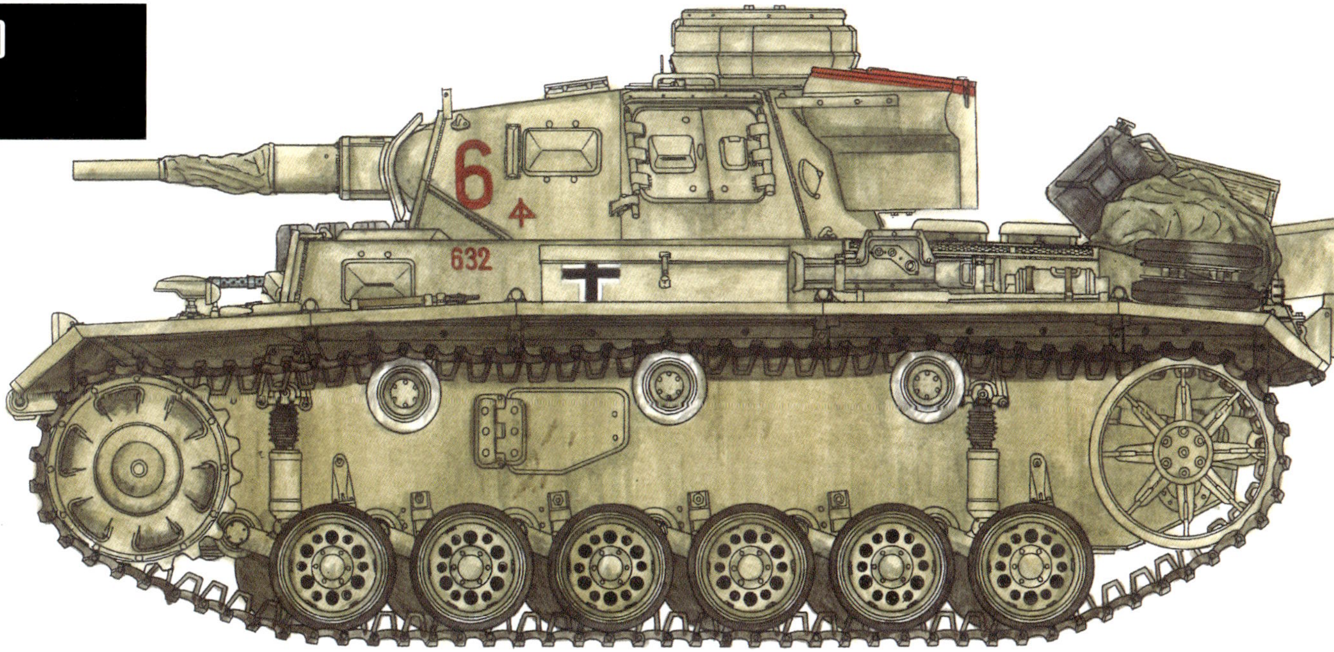

車体は、北アフリカ戦線向け塗装として新たに制定された RAL8000 ゲルプブラウンを基本色としており、写真でははっきりしないが、同制定の迷彩色 RAL7008 グラウグリュンで迷彩が施されている可能性が高い。砲塔側面前部に中隊番号を示す“6”と師団マークを赤色で、また、ゲペックカステンの後面にも中隊番号を赤色で大きく記入。車体上部前面左側にはドイツ・アフリカ軍団のシンボルマーク“椰子の木”を描き、車体側面の前部に赤色で砲塔番号“632”、その後方には白縁付き黒十字の国籍標識バルケンクロイツを描いている。ゲペックカステン上縁の帯は所属小隊を示すものといわれており、第 3 中隊は黄色を使っていたとされているが、写真では黄色より色調が濃く見えるので、図では赤帯とした。

〔図19〕

Ⅲ号戦車G型（5cm砲搭載型）　第5軽師団第5戦車連隊523号車

Pz.Kpfw.III Ausf.G equipped with 5cm KwK 5./Pz.Rgt.5, 5.le Div., No.523

車体各部の特徴

機関室上面の点検ハッチに通気口を設け、その上に装甲カバーを設置した熱帯地仕様のG型。初期生産車の改修型で、旧型の車長用キューポラを装備し、その左前方にはシグナルポートが設置されているが、5cm砲を搭載し、砲塔後面にはゲペックカステンを装着。第１上部転輪はまだ移設されておらず、起動輪、誘導輪は旧型、履帯は36cm幅タイプを装着。転輪は新型を使用している。

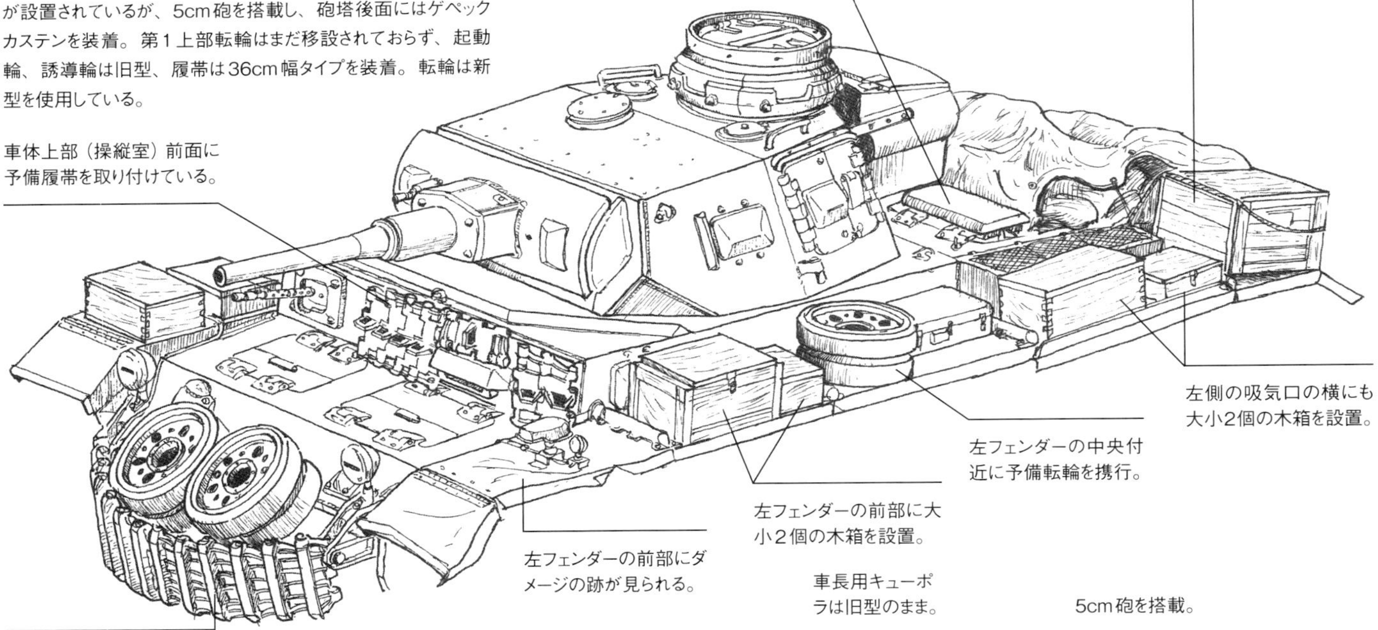

車体上部（操縦室）前面に予備履帯を取り付けている。
点検ハッチに通気口を設け、その上に装甲カバーを設置。
左フェンダーの最後部には木箱を載せている。
左側の吸気口の横にも大小2個の木箱を設置。
左フェンダーの中央付近に予備転輪を携行。
左フェンダーの前部に大小２個の木箱を設置。
左フェンダーの前部にダメージの跡が見られる。
牽引ホールドに予備履帯を装着し、予備転輪も携行。

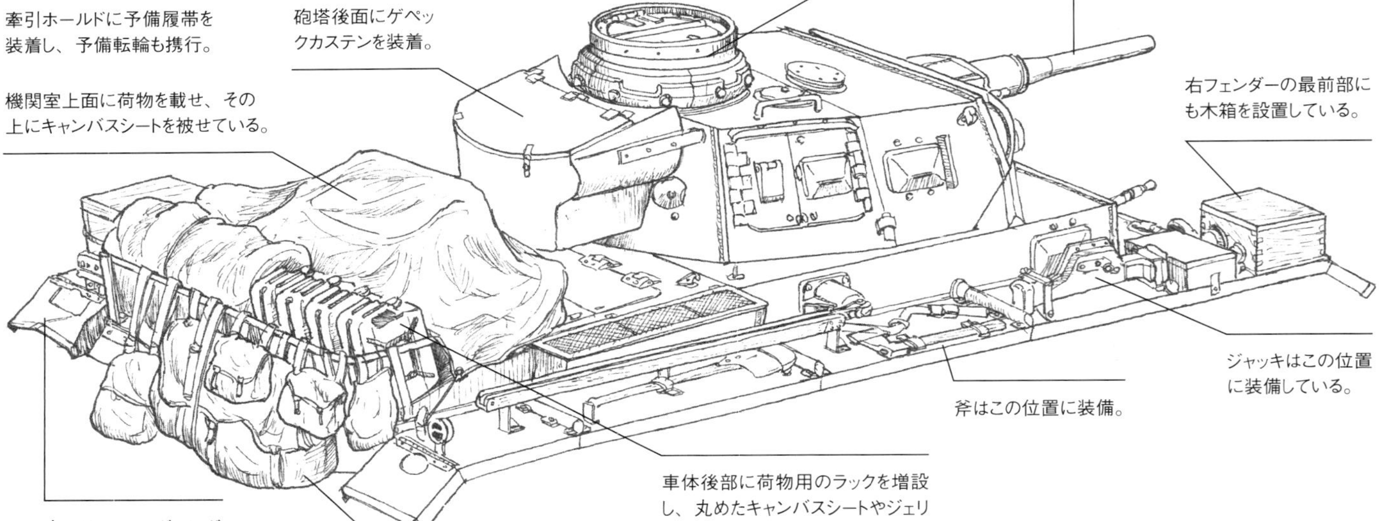

砲塔後面にゲペックカステンを装着。
車長用キューポラは旧型のまま。
5cm砲を搭載。
機関室上面に荷物を載せ、その上にキャンバスシートを被せている。
右フェンダーの最前部にも木箱を設置している。
ジャッキはこの位置に装備している。
斧はこの位置に装備。
車体後部に荷物用のラックを増設し、丸めたキャンバスシートやジェリカンなどを積んでいる。
左のリアフェンダーにダメージの跡が見られる。
ラックにダッフルバッグなどを吊り下げている。

砲塔後面のゲペックカステン

上図は、ゲペックカステンの後面。上部の張り出し部分が左右で形状が異なっている。下図は上蓋を開けた状態。

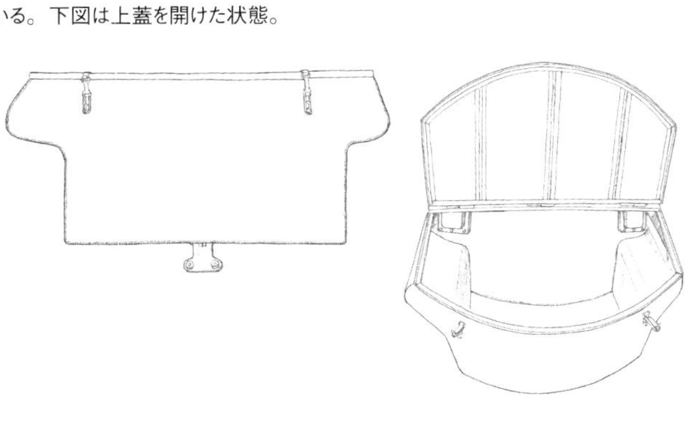

523号車の車体後部

後部に増設された積み荷用のラックは、こんな造りだったと推定される。

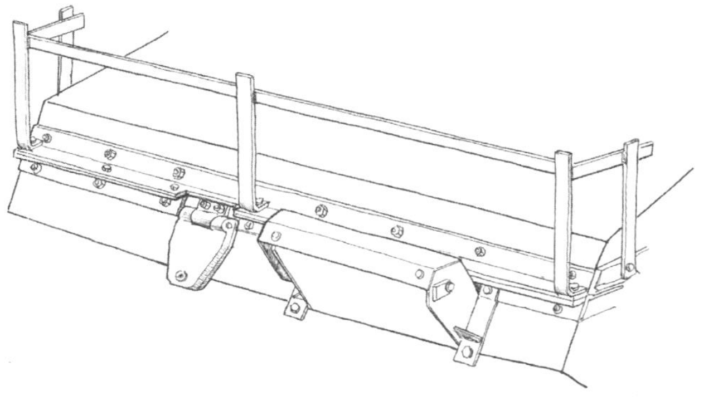

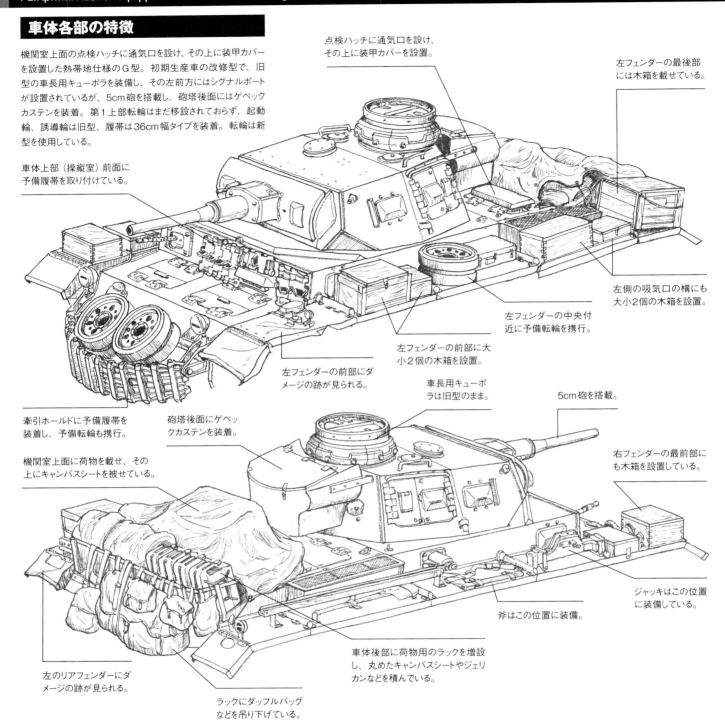

〔図20〕

Ⅲ号戦車G型（5cm砲搭載型）　第15装甲師団第8戦車連隊632号車

Pz.Kpfw.III Ausf.G equipped with 5cm KwK　6./Pz.Rgt.8, 15.Pz.Div., No.632

車体各部の特徴

機関室上面の点検ハッチに通気口を設け、その上に装甲カバーを設置した熱帯地仕様のG型。初期生産車の改修型で、砲塔上面の左側にシグナルポートが残っているが、5cm砲を搭載し、車長用キューポラは新型、砲塔後面にはゲペックカステンを装着。さらに車体前面と後面、車体上部（操縦室）前面に30mm厚の増加装甲板を装着している。起動輪、誘導輪、転輪はともに新型だが、第1上部転輪は移設されていない。履帯は40cm幅の初期タイプを装着している。

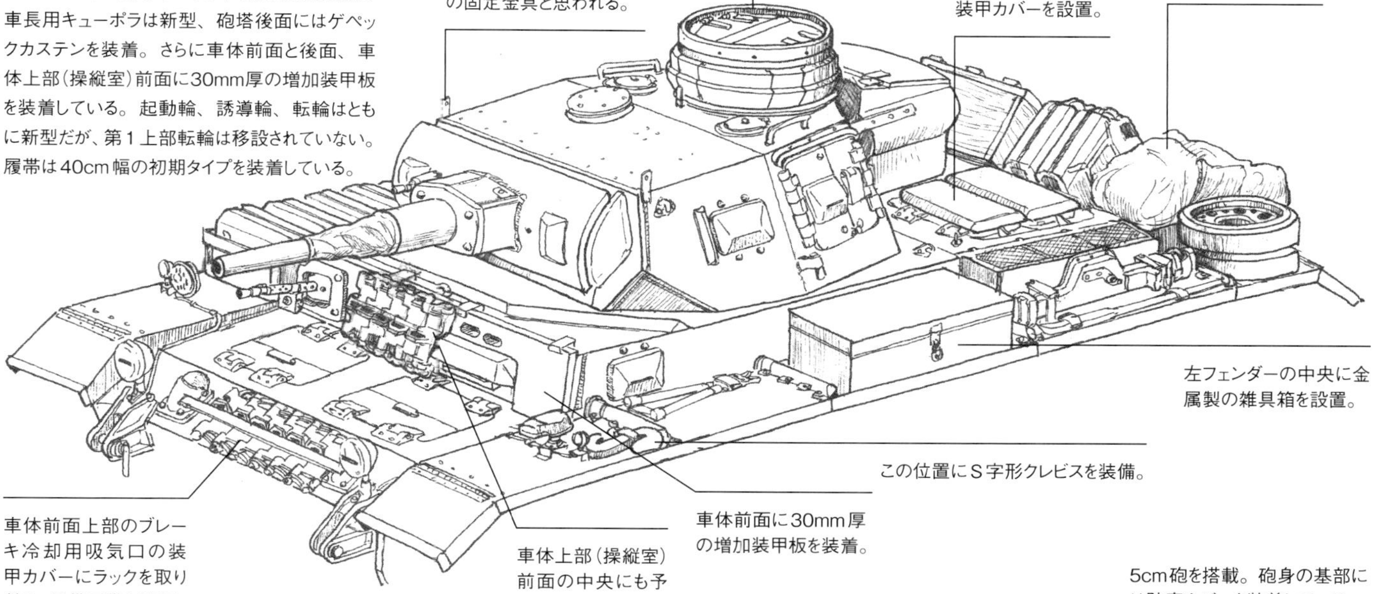

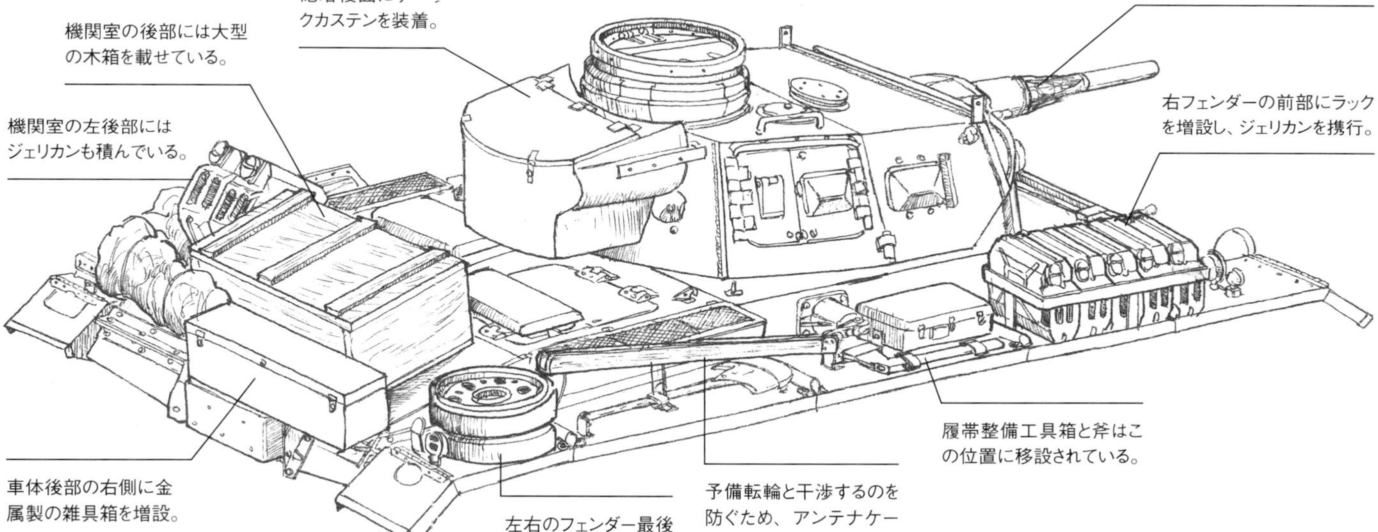

632号車の砲塔

砲塔上面最前部の左右両端には、上端に穴が開いた長方形の金具が増設されている。

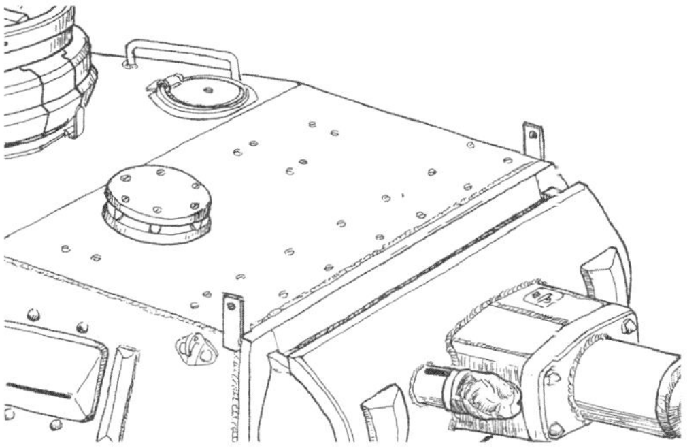

砲塔上面のジェリカン・ラック

632号車と同じ部隊の他車両の例。同じように増設された金具はジェリカン・ラックの固定に使用されている。ただし、632号車では、金具の取り付け位置がかなり前寄りなので、同様に使用されたのかどうかは確かではない。

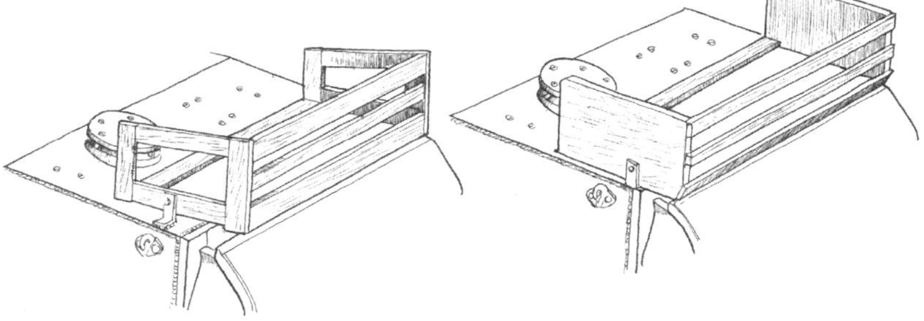

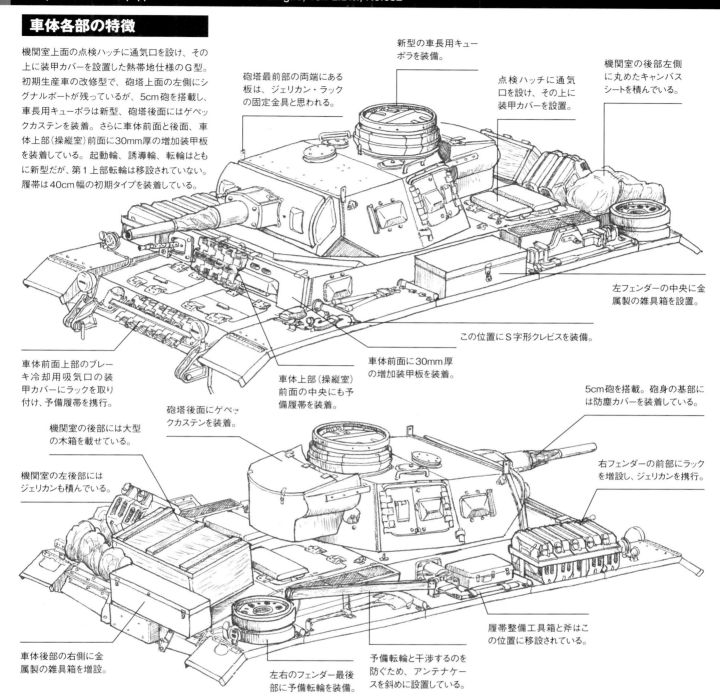

Pz.Kpfw.III Ausf.H
3./Panzerabteilung z.b.V 40, No.332
Summer of 1941 Finland

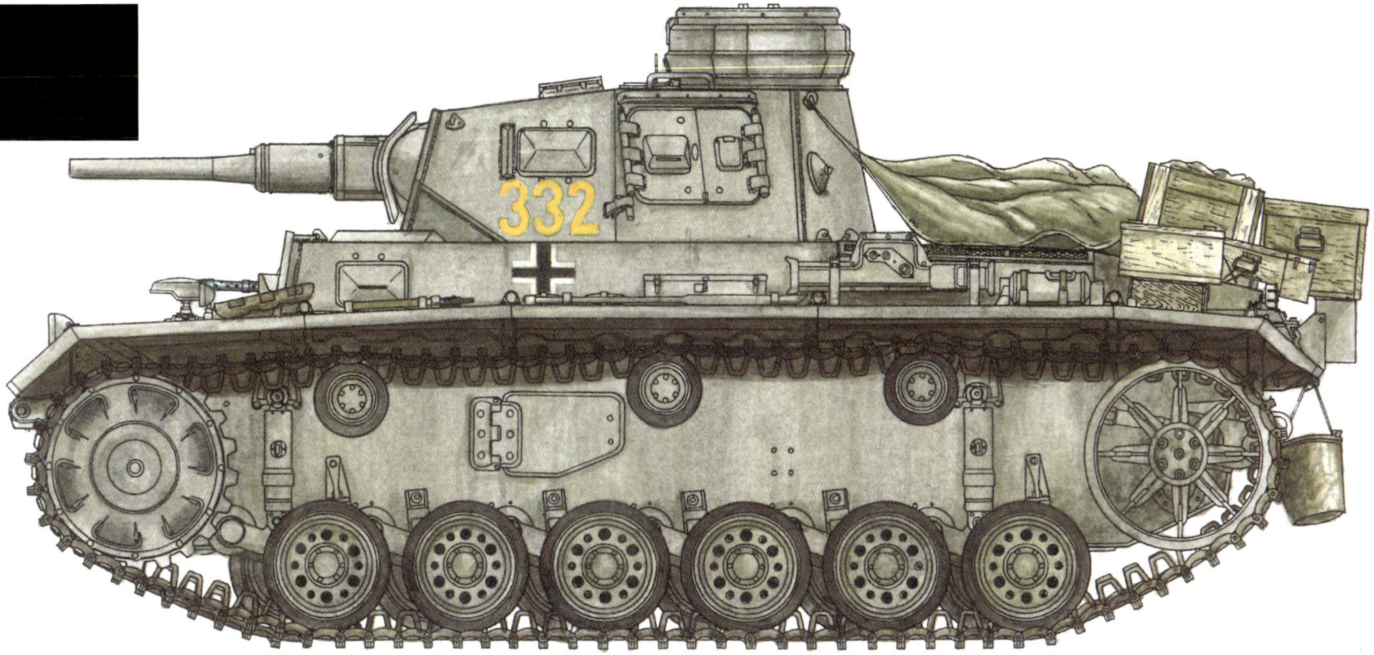

〔図21〕

Ⅲ号戦車H型

第 40 特別任務戦車大隊 332 号車
1941 年夏　フィンランド

車体は、基本色 RAL7021 ドゥンケルグラウの単色塗装。砲塔側面の前部とゲペックカステンの後面に黄色で砲塔番号の“332”を描いている。車体側面と車体後面左側に描かれた国籍標識バルケンクロイツは白縁付き黒十字の標準タイプ。

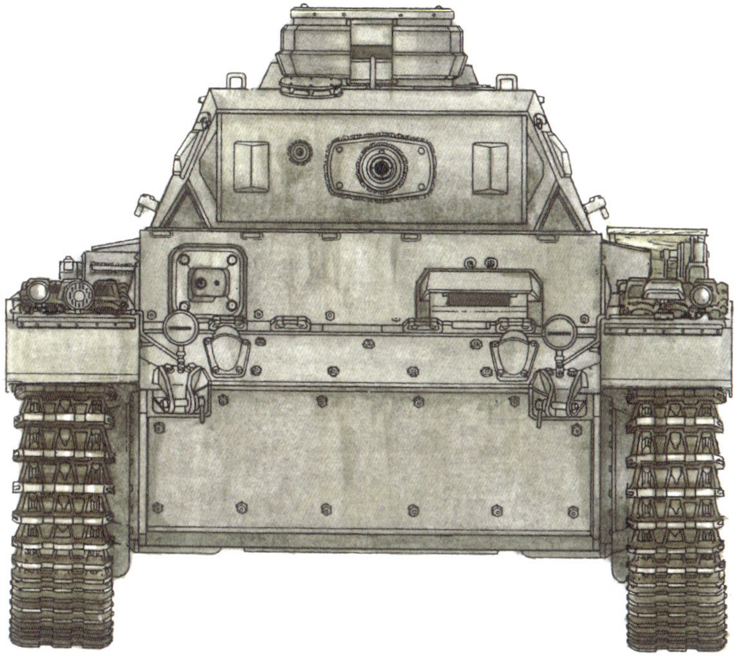

Pz.Kpfw.III Ausf.H
Panzerregiment 3, 2.Panzerdivision
April 1941 Balkans campaign

〔図22〕

Ⅲ号戦車H型

第２装甲師団第３戦車連隊所属車
1941年４月　バルカン半島

基本色RAL7021ドゥンケルグラウの単色塗装で、砲塔番号はなく、砲塔側面とゲペックカステンの側面には白縁付き黒十字の国籍標識バルケンクロイツが描かれている。また、車体上部前面左側と車体後面左側には黄色の師団マーク、側面の木箱にはニックネーム（写真では“LIESL”のように見える）が白色で描かれている。この連隊車両の通例として車体の製造番号も表記されており、車体側面のみならず、ジャッキやジャッキ台といった車載装備品類にも記されている。

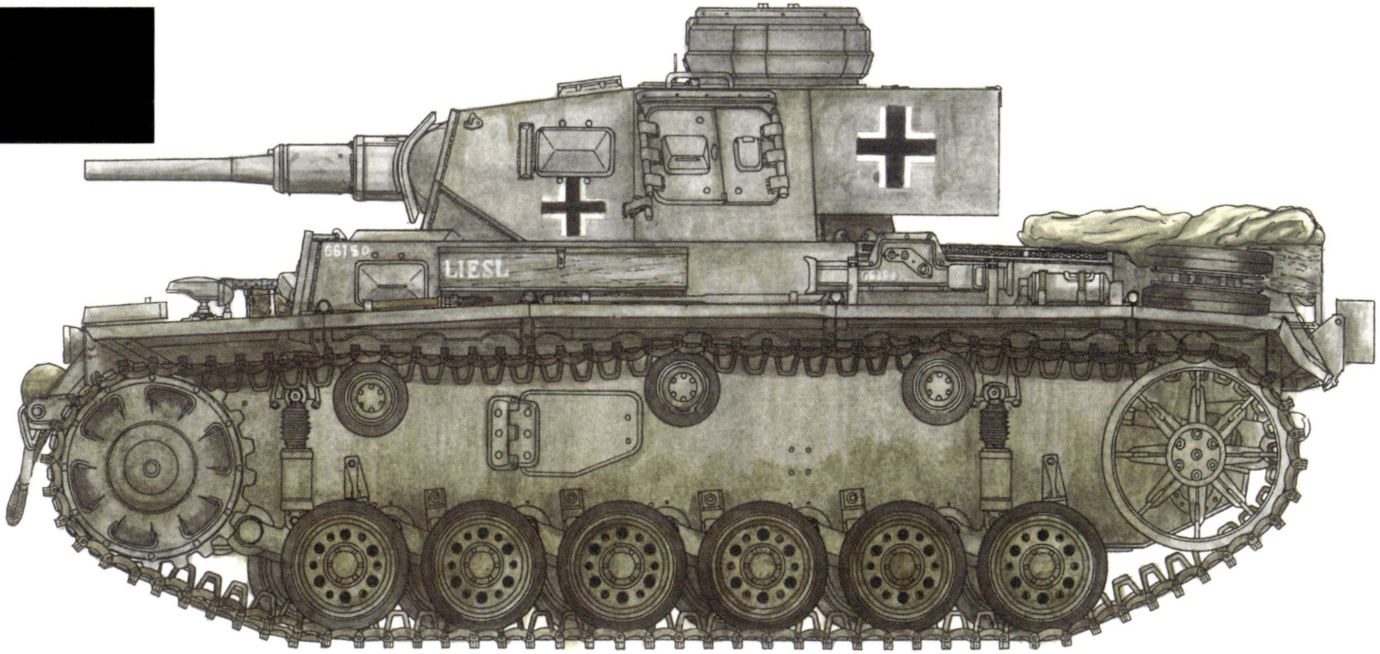

〔図21〕

Ⅲ号戦車H型　第40特別任務戦車大隊332号車

Pz.Kpfw.III Ausf.H　3./Pz.Abt.z.b.V 40, No.332

車体各部の特徴

1940年10月～1941年4月まで生産された標準的なH型。車体前面と後面、車体上部（操縦室）前面の30mm厚増加装甲板を標準装備。砲塔は新設計で、当初より5cm砲を搭載し、車長用キューポラも新型。足回りはショックアブソーバーを含めてすべて新型で、第1上部転輪も生産当初から前方に移設されている。履帯は、40cm幅の初期タイプを装着。

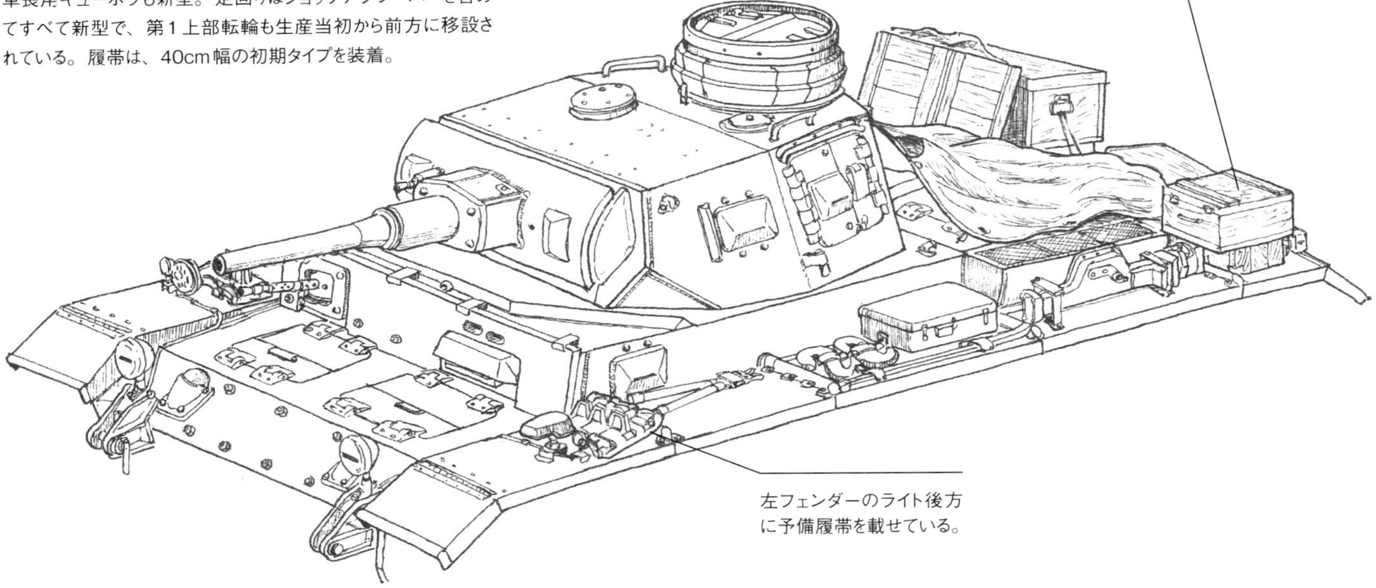
左フェンダーの最後部、ジャッキ台の上に木箱を載せている。
左フェンダーのライト後方に予備履帯を載せている。

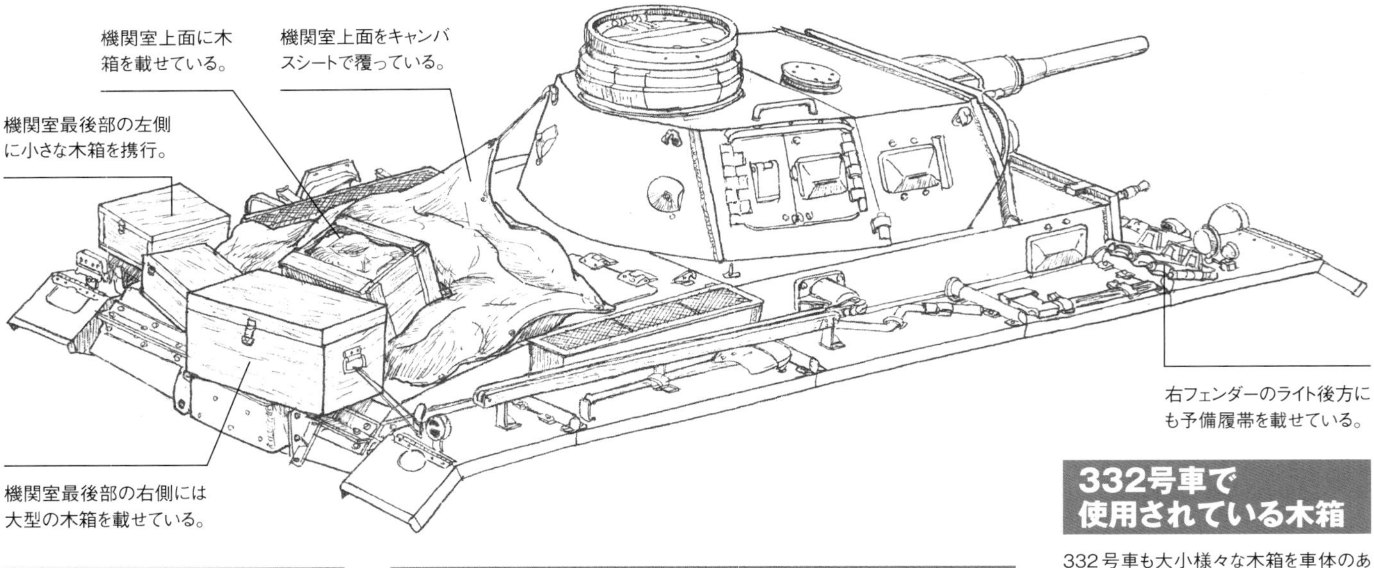
機関室上面に木箱を載せている。
機関室上面をキャンバスシートで覆っている。
機関室最後部の左側に小さな木箱を携行。
右フェンダーのライト後方にも予備履帯を載せている。
機関室最後部の右側には大型の木箱を載せている。

332号車で使用されている木箱

332号車も大小様々な木箱を車体のあちこちに載せている。これらは、乗員の装備や携行品、工具、機銃弾などを入れる雑具入れとして使用。

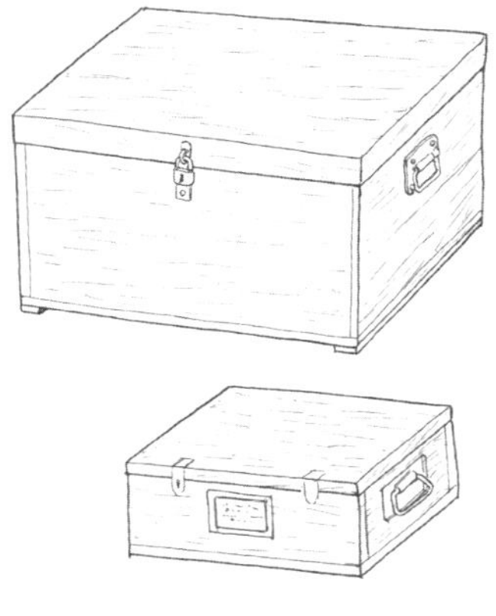

H型の砲塔後面

H型から砲塔後部内のスペースを拡大するため後部の張り出しが大きく（なだらかに）なった。左右にピストルポートが配置されているのは前量産型砲塔と同じ。

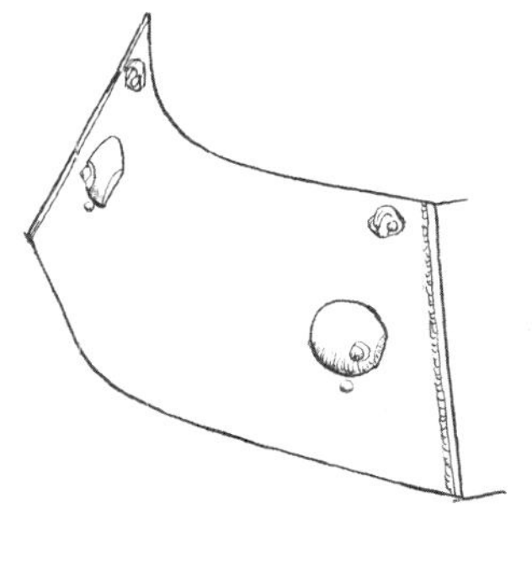

332号車の車体後面

マフラーは、凹みや歪みが激しく、排気管も前端部に割れが生じるなどかなりの損傷が見られる。

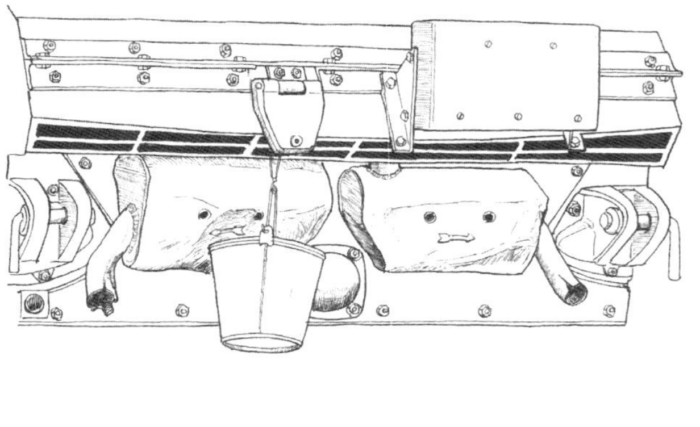

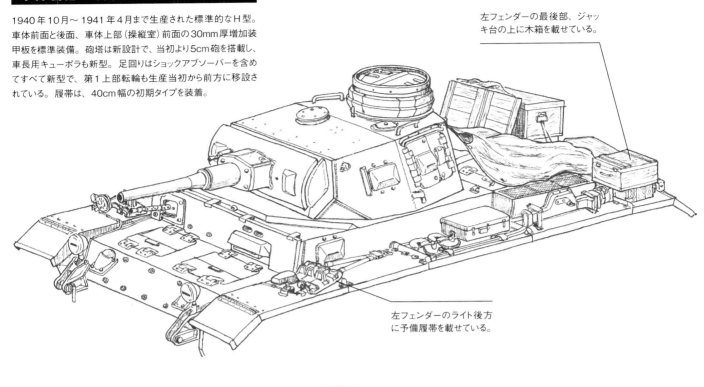

〔図22〕

Ⅲ号戦車H型　第2装甲師団第3戦車連隊所属車

Pz.Kpfw.III Ausf.H　Pz.Rgt.3, 2.Pz.Div.

車体各部の特徴

1940年10月～1941年4月まで生産されたH型。車体前面と後面、車体上部（操縦室）前面には標準化された30mm厚増加装甲板を装着。砲塔後面には現地部隊が作製した変わった形のゲペックカステンを装着している。起動輪、誘導輪、転輪ともに新型で、第1上部転輪も前方に移設されているが、ショックアブソーバーは旧型を装備。履帯は40cm幅タイプを装着している。

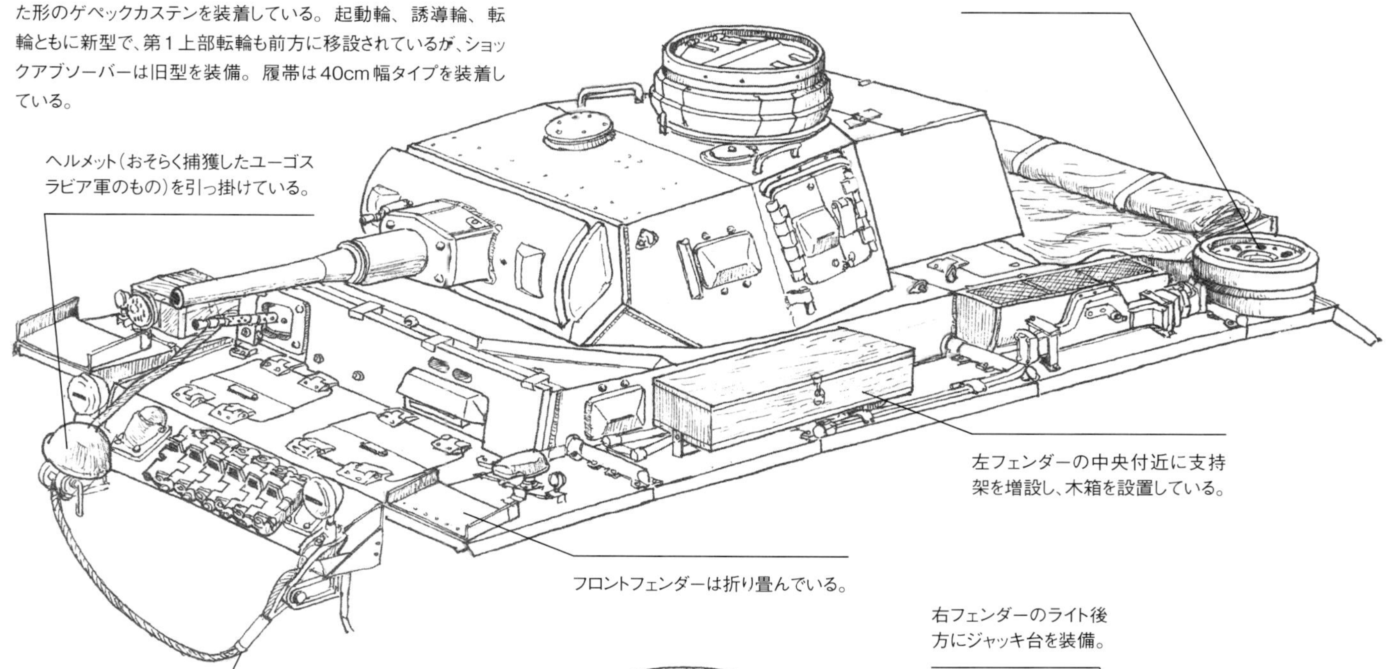
左フェンダーの最後部に予備転輪を携行。
ヘルメット（おそらく捕獲したユーゴスラビア軍のもの）を引っ掛けている。
左フェンダーの中央付近に支持架を増設し、木箱を設置している。
フロントフェンダーは折り畳んでいる。
左側の牽引ホールドに牽引ケーブルを固定している。

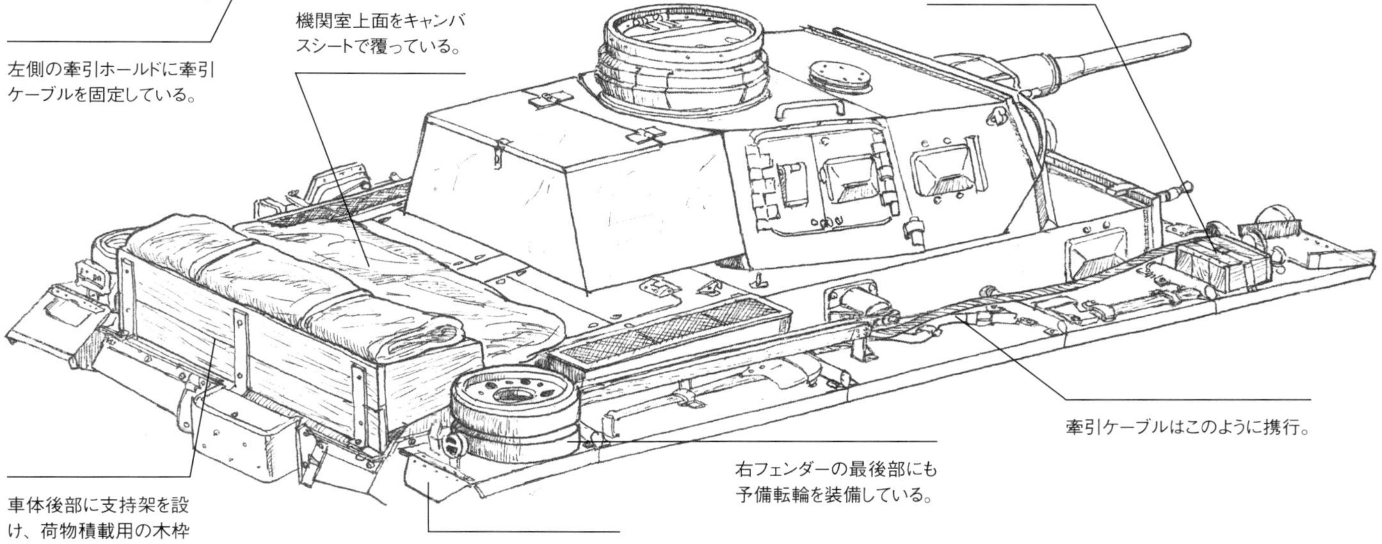
右フェンダーのライト後方にジャッキ台を装備。
機関室上面をキャンバスシートで覆っている。
牽引ケーブルはこのように携行。
右フェンダーの最後部にも予備転輪を装備している。
車体後部に支持架を設け、荷物積載用の木枠を増設している。
右側の可動式リアフェンダーは欠損している。

H型のショックアブソーバー

可動部が下になり、全体を金属製の筒で構成した新型に改められている。J～N型も同型。

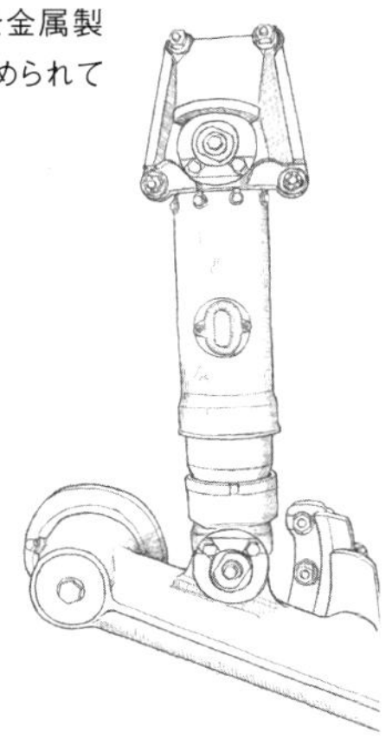

H型の車体前部

車体前面と車体上部（操縦室）前面には30mm厚の増加装甲板が標準的に装着されるようになった。操縦手用視察バイザーが回転式になったため、増加装甲板は前面装甲板に密着して取り付けられている。

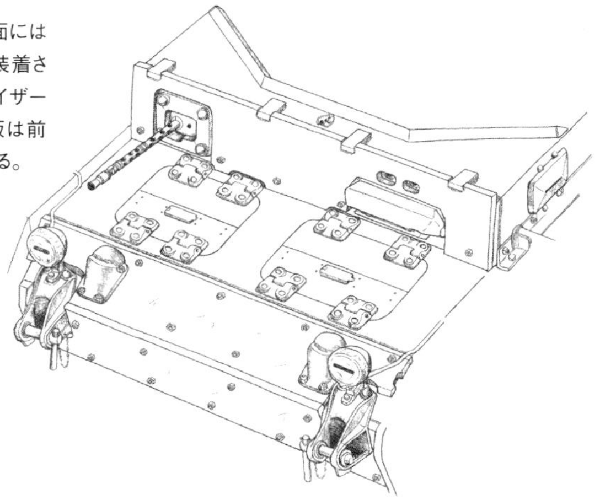

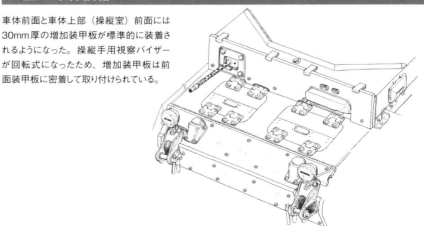

Pz.Kpfw.III Ausf.H

5./Panzerregiment 33, 9.Panzerdivision, No.521
Summer of 1941 Eastern Front

〔図23〕

Ⅲ号戦車H型

第 9 装甲師団第 33 戦車連隊 521 号車
1941 年夏　東部戦線

車体は、基本色 RAL7021 ドゥンケルグラウの単色塗装。砲塔番号（“521” は推定）は白色で、砲塔側面の前部とゲペックカステンの後面に描かれている。車体側面には、標準的な白縁付き黒十字の国籍標識バルケンクロイツを記入。また、車体上部前面の左側と車体後面左側には黄色の師団マークも描かれている。

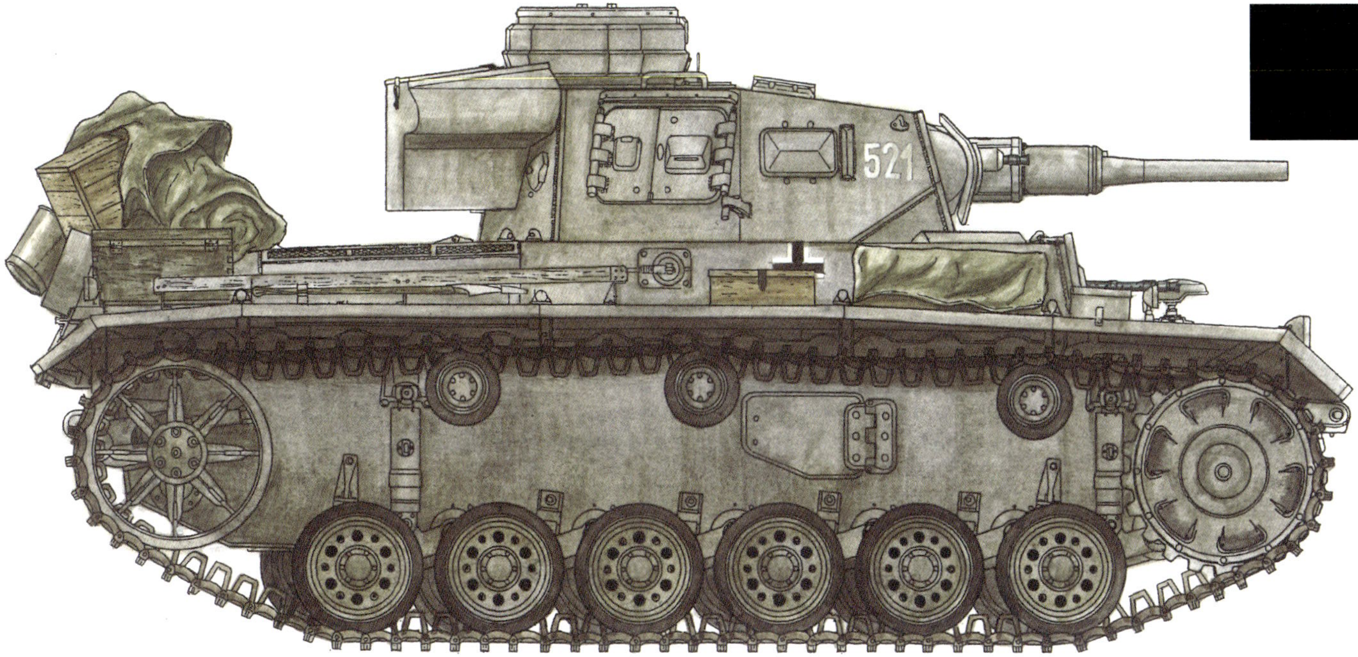

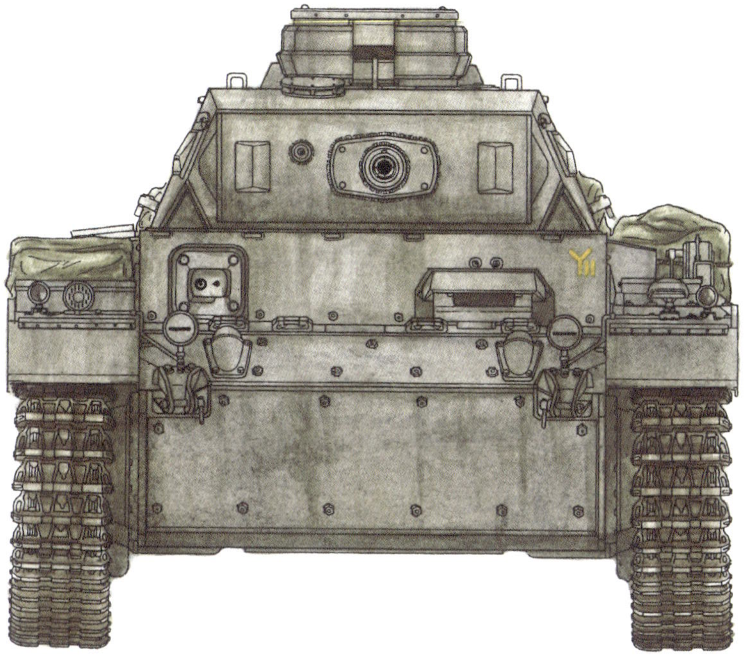

Pz.Kpfw.III Ausf.H
2./Panzerregiment 31, 5.Panzerdivision, No.221
Autumn of 1941 Eastern Front

〔図24〕

Ⅲ号戦車H型

第 5 装甲師団第 31 戦車連隊 221 号車
1941 年秋　東部戦線

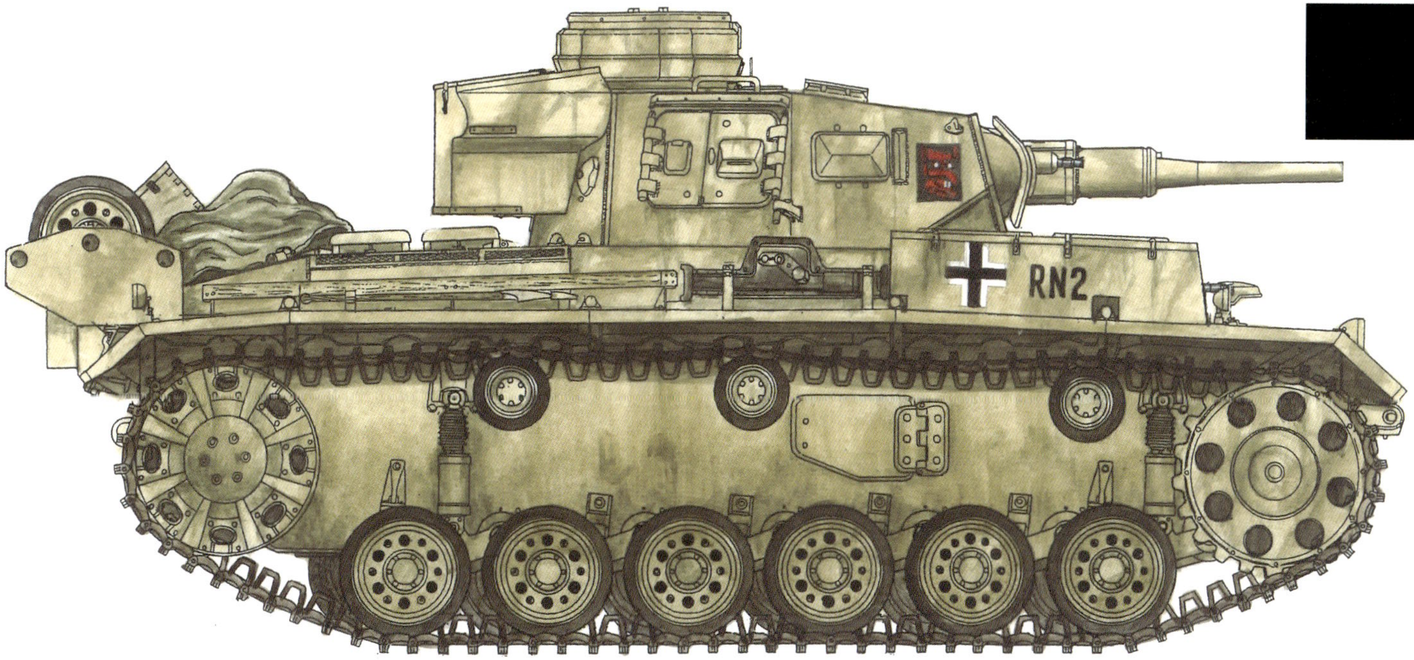

この車両は、当初、北アフリカ戦線に送られる予定だったが、急遽、東部戦線へと派遣先が変更になったため、塗装変更が間に合わず、RAL8000 ゲルプブラウンの基本色の上に RAL7008 グラウグリュンで迷彩を施した北アフリカ戦線向け塗装が施されている。砲塔側面前部の連隊マークは下地色（元の基本色だった）RAL7021 ドゥンケルグラウを四角く塗り残し、その中に描いている。右側フェンダーに増設されたⅡ号戦車の雑具箱には“RN2”（連隊本部 2 号車、“N”は連絡将校車両であることを示す）の文字を記入。ゲペックカステンの後面には十字のマークが描かれているが、全体形がはっきりせず、図は推定である。

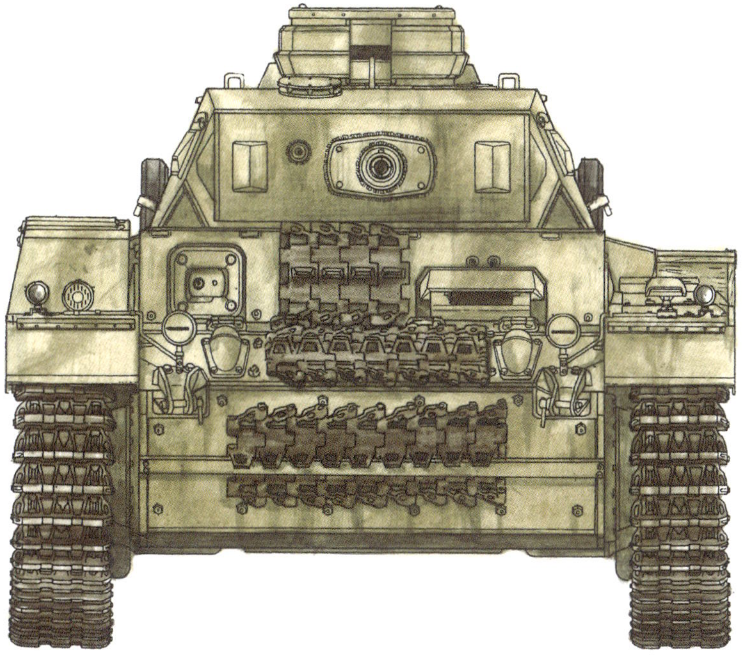

〔図23〕

Ⅲ号戦車H型　第9装甲師団第33戦車連隊521号車

Pz.Kpfw.III Ausf.H　5./Pz.Rgt.33, 9.Pz.Div., No.521

車体各部の特徴

車体、砲塔、足回りともに1940年10月～1941年4月までに造られたH型の標準仕様。砲塔後面にゲペックカステンを装着し、右フェンダーの前部に履帯整備用工具箱も設置されているので、1941年4月頃に造られた最後期生産車と思われる。

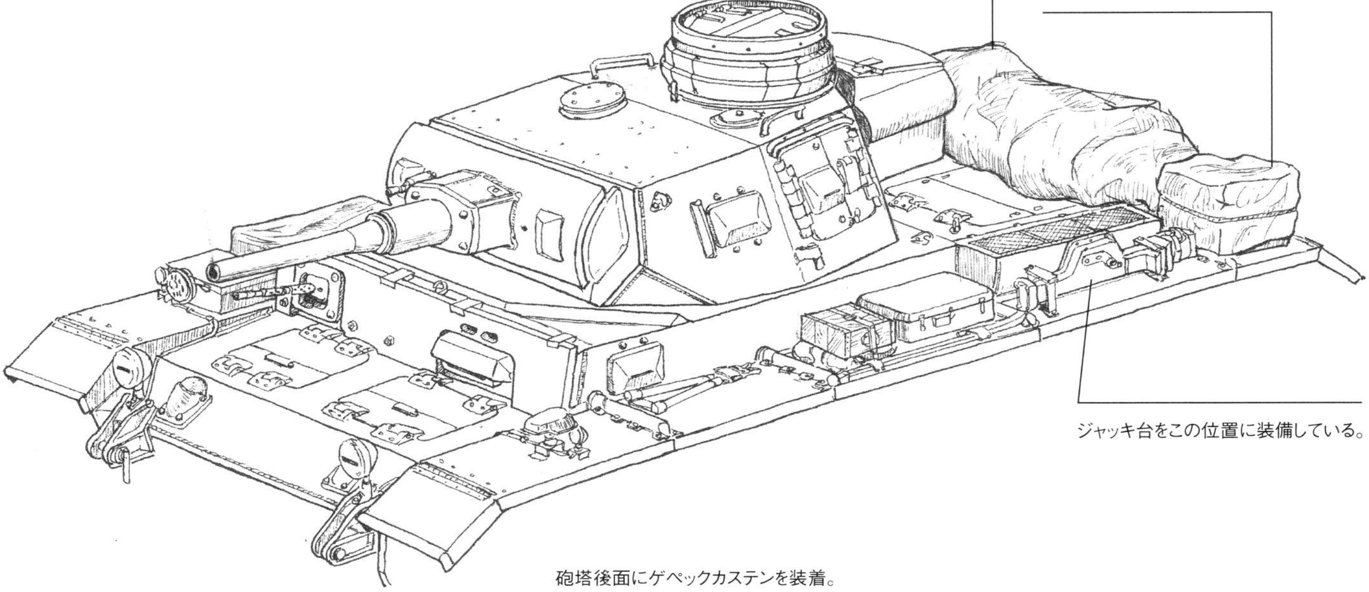
機関室上面後部の積み荷に丸めたキャンバスシートを被せている。
左フェンダーの最後部にシートで包んだ木箱を載せている。
ジャッキ台をこの位置に装備している。

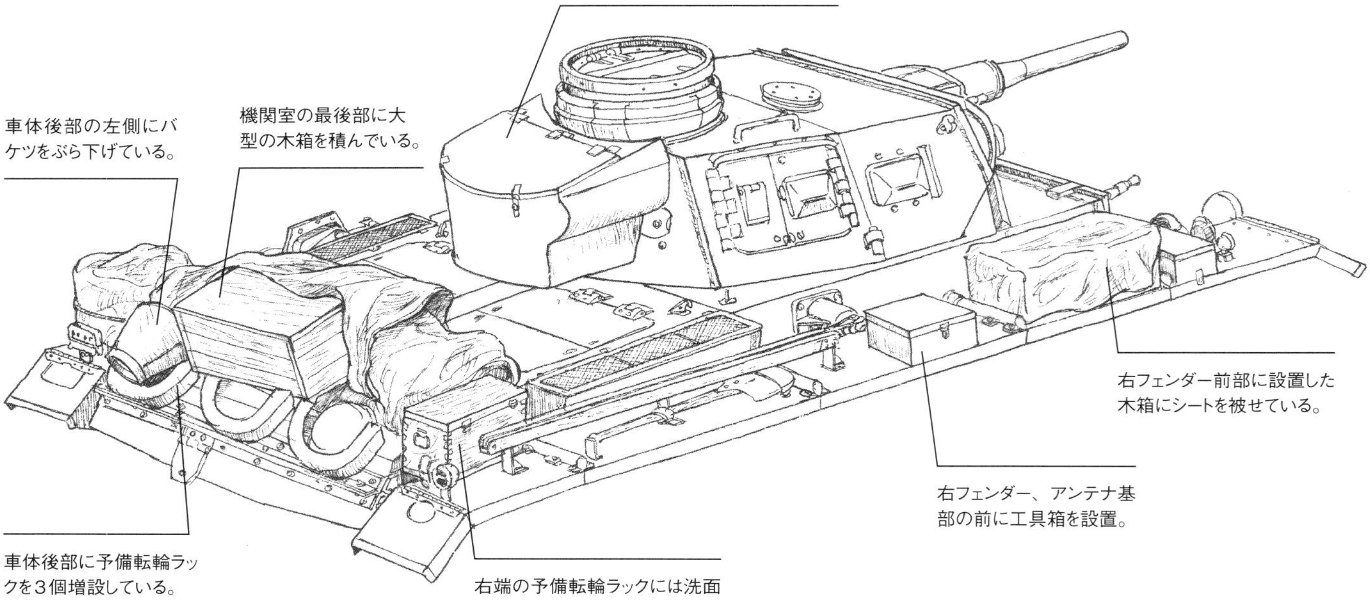
砲塔後面にゲペックカステンを装着。
車体後部の左側にバケツをぶら下げている。
機関室の最後部に大型の木箱を積んでいる。
右フェンダー前部に設置した木箱にシートを被せている。
右フェンダー、アンテナ基部の前に工具箱を設置。
車体後部に予備転輪ラックを3個増設している。
右端の予備転輪ラックには洗面器のような容器を載せている。

H型の砲塔

H型から砲塔後部の容積を拡大した新型砲塔を採用。また、1941年4月からは、砲塔後面にゲペックカステンの装着が始まる。

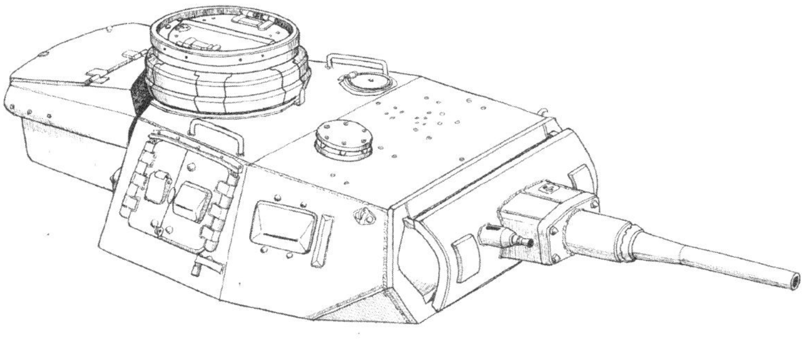

521号車の車体後部

車体後面には、現地部隊により予備転輪ラックが増設されている。ラックは、金属板を曲げ加工し、溶接留めした手の込んだ造りで、転輪の内側1枚をここに挟み込む方式。

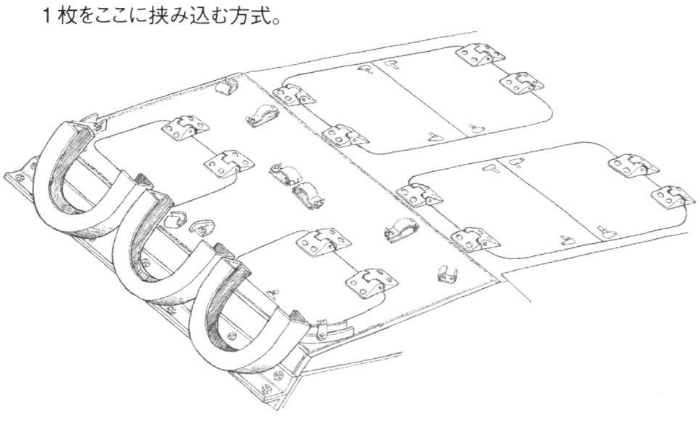

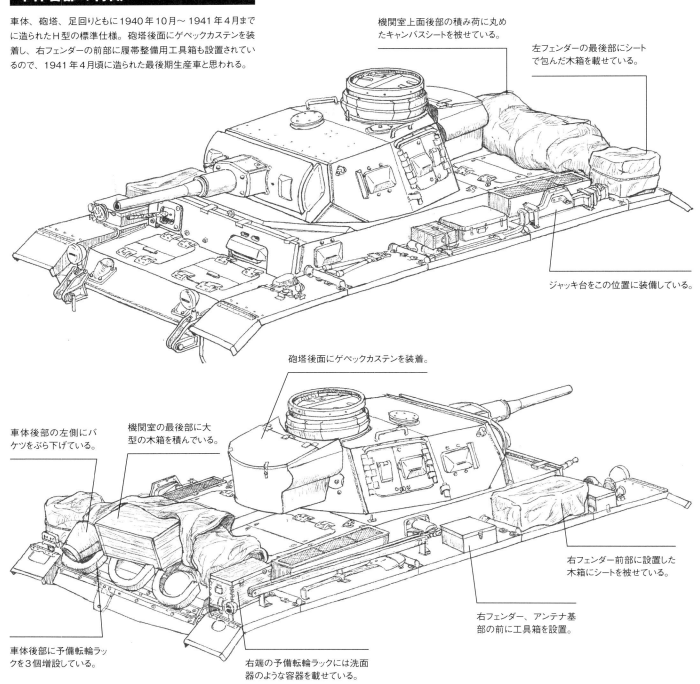

〔図24〕

Ⅲ号戦車H型　第5装甲師団第31戦車連隊221号車

Pz.Kpfw.III Ausf.H　2./Pz.Agt.31, 5.Pz.Div., No.221

車体各部の特徴

機関室上面の点検ハッチに通気口を設け、その上に装甲カバーを取り付けたH型の熱帯地仕様。新型の転輪、40cm幅タイプの履帯を装着しているが、起動輪、誘導輪、ショックアブソーバーは旧型を使用している。この車両は、生産後の1941年3月頃に熱帯地仕様に改修され、さらに4月以降に砲塔後面にゲペックカステンを装着したものと思われる。

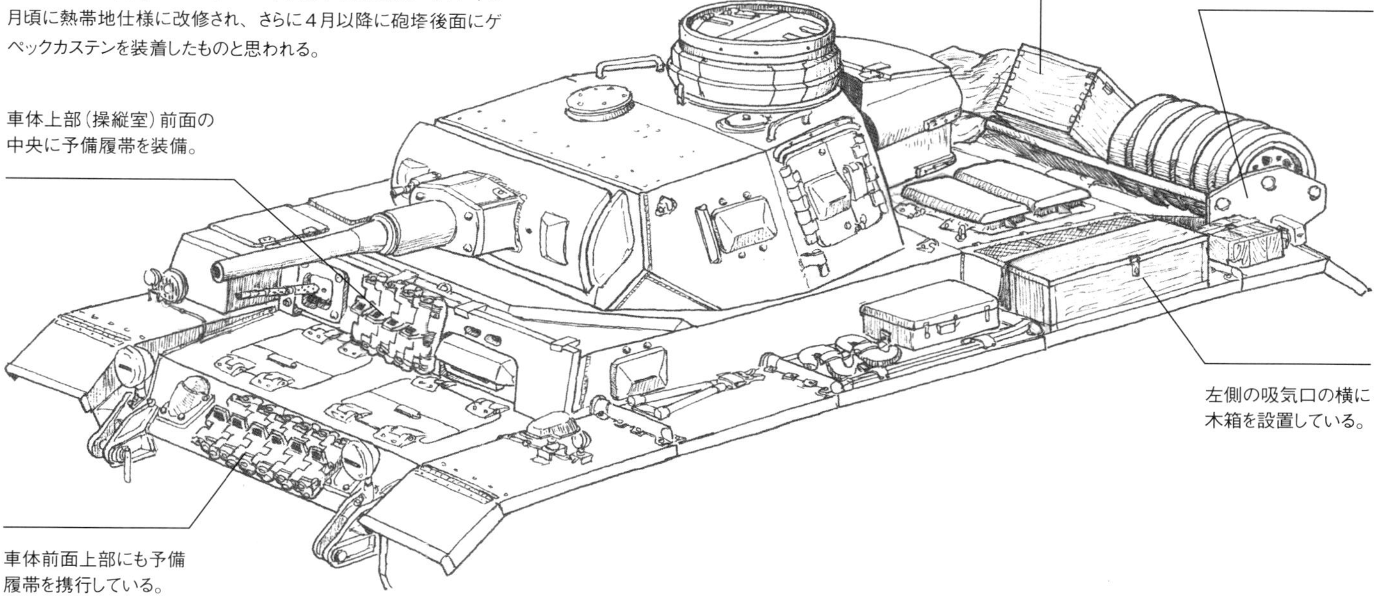
予備転輪ラックの中央に木箱を積んでいる。
車体後部に予備転輪ラックを増設している。
車体上部（操縦室）前面の中央に予備履帯を装備。
左側の吸気口の横に木箱を設置している。
車体前面上部にも予備履帯を携行している。

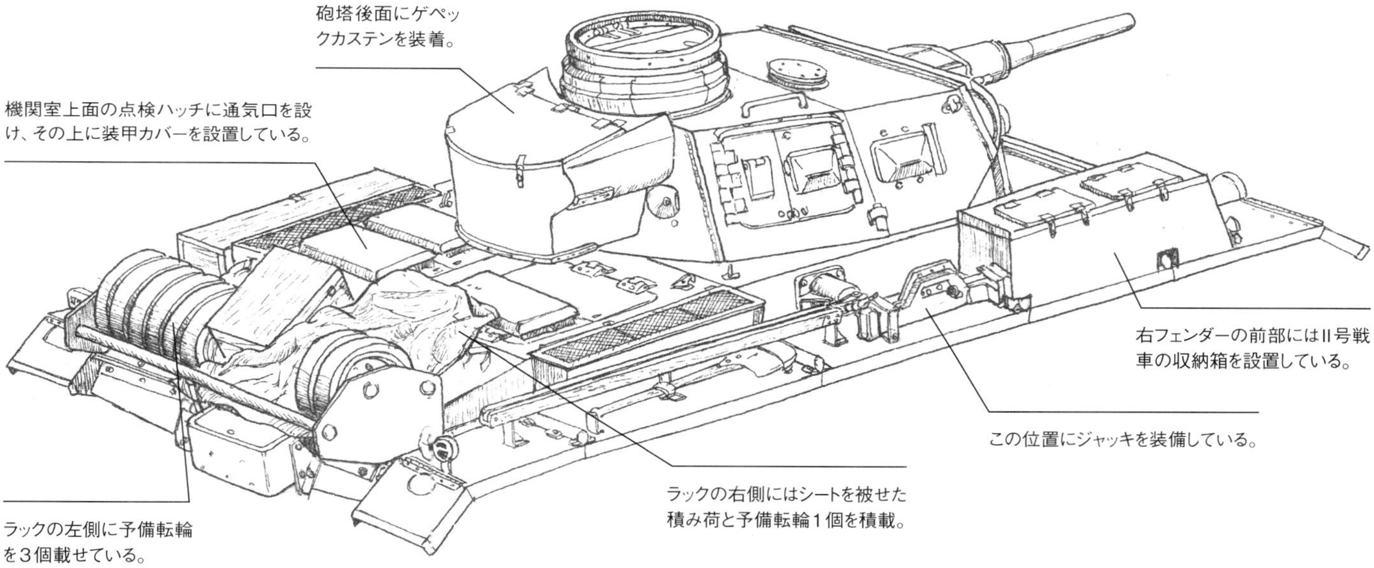
砲塔後面にゲペックカステンを装着。
機関室上面の点検ハッチに通気口を設け、その上に装甲カバーを設置している。
右フェンダーの前部にはII号戦車の収納箱を設置している。
この位置にジャッキを装備している。
ラックの右側にはシートを被せた積み荷と予備転輪1個を積載。
ラックの左側に予備転輪を3個載せている。

H型から使用され始めた新型の起動輪と誘導輪

1940年10月から生産が始まったH型で導入された新型の起動輪と誘導輪。以後、最後の量産型となったN型まで使用された。

221号車の車体後部

車体後部には、部隊で作製した予備転輪ラックを増設している。ラックは非常に手の込んだ造りで、転輪の着脱は中央のパイプを抜き出して行なうものと思われる。このラックは、221号車のみならず、同じ部隊の一部の車両に見られる。

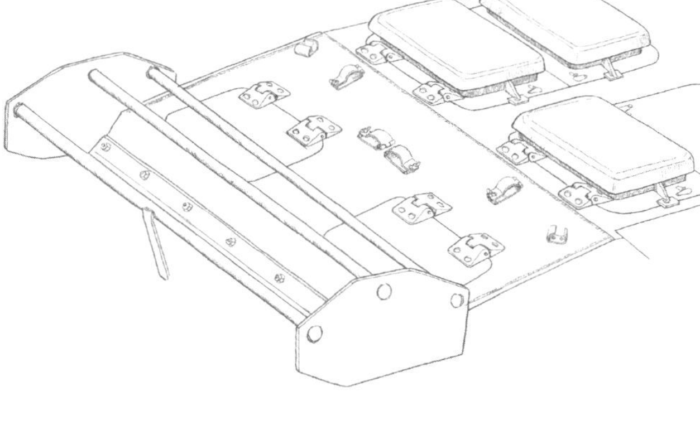

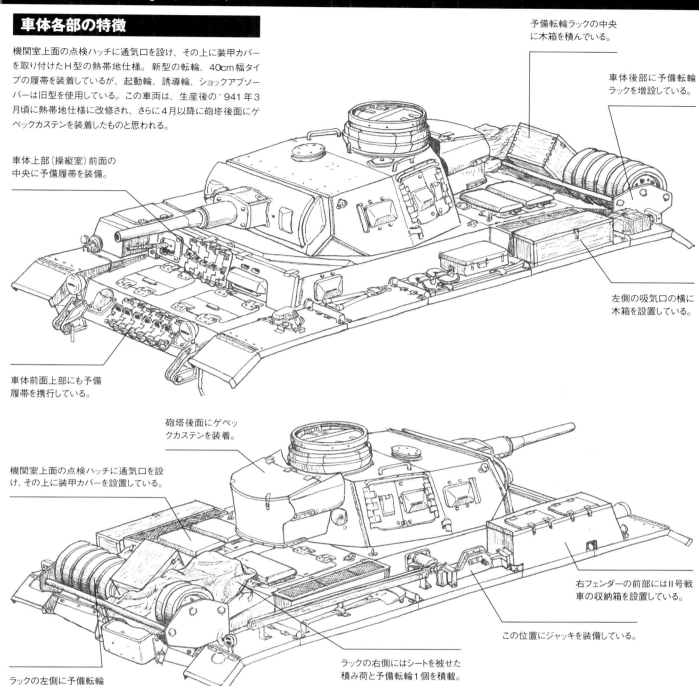

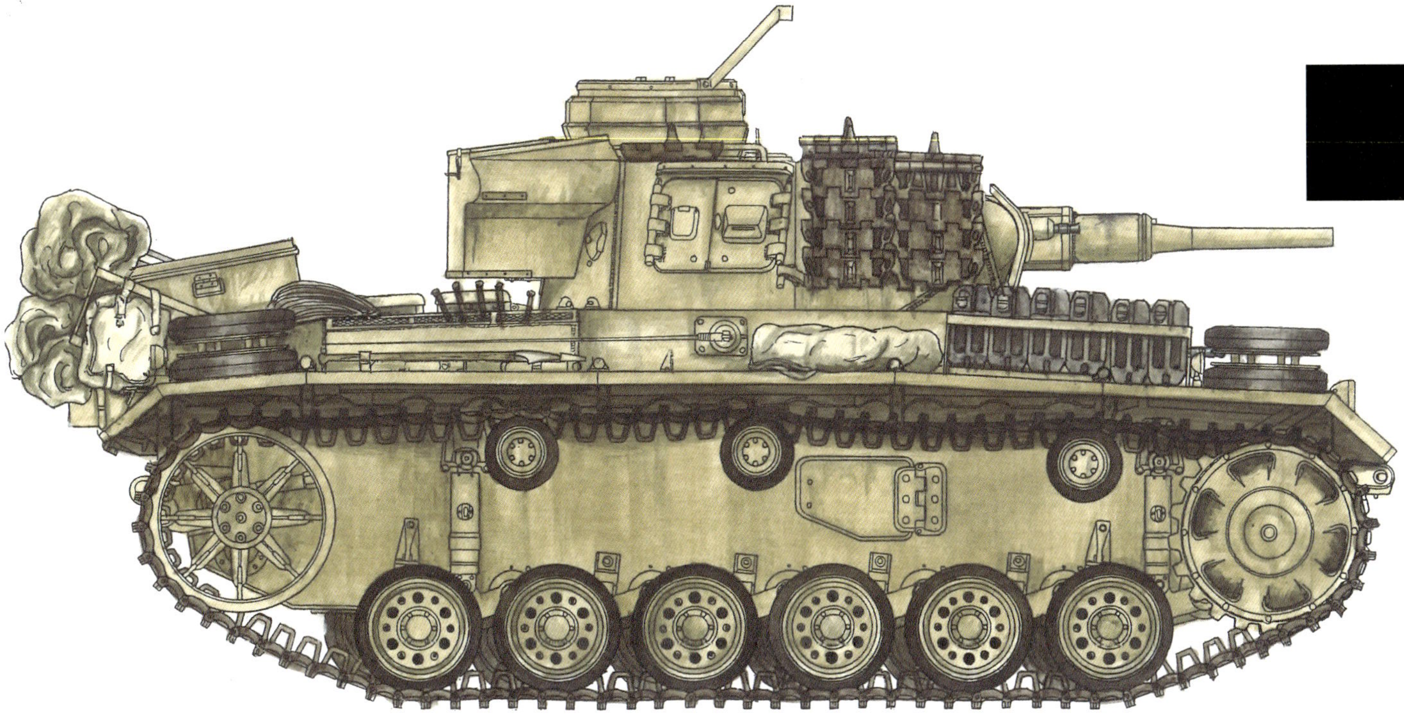

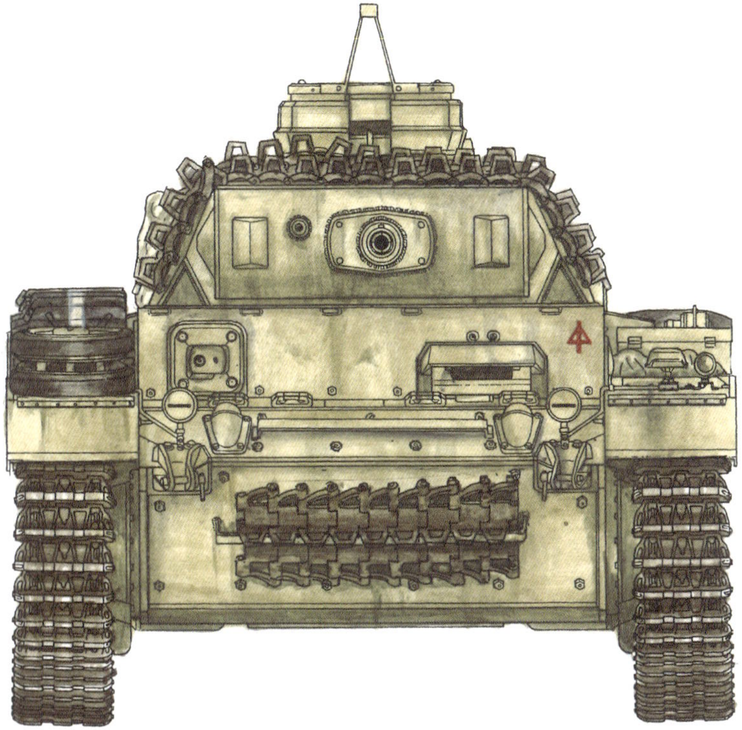

Pz.Kpfw.III Ausf.H

Stab./Panzerregiment 8, 15.Panzerdivision, No.R
1941 North African Front/ Libya

〔図25〕

Ⅲ号戦車H型

第 15 装甲師団第 8 戦車連隊本部 R 号車
1941 年　北アフリカ戦線 / リビア

基本色 RAL8000 ゲルブブラウンの北アフリカ戦線向けの塗装が施されており、写真でははっきりしないが、おそらく RAL7008 グラウグリュンで迷彩が施されている可能性が高い。車体上部前面の左側に赤色の師団マークを記入。ゲペックカステンの後面には連隊本部車両を示す“R”が白縁付き赤文字で描かれており、その左側にはドイツ・アフリカ軍団のシンボルマーク“椰子の木”も描かれている。

ゲペックカステン後面のマーキング

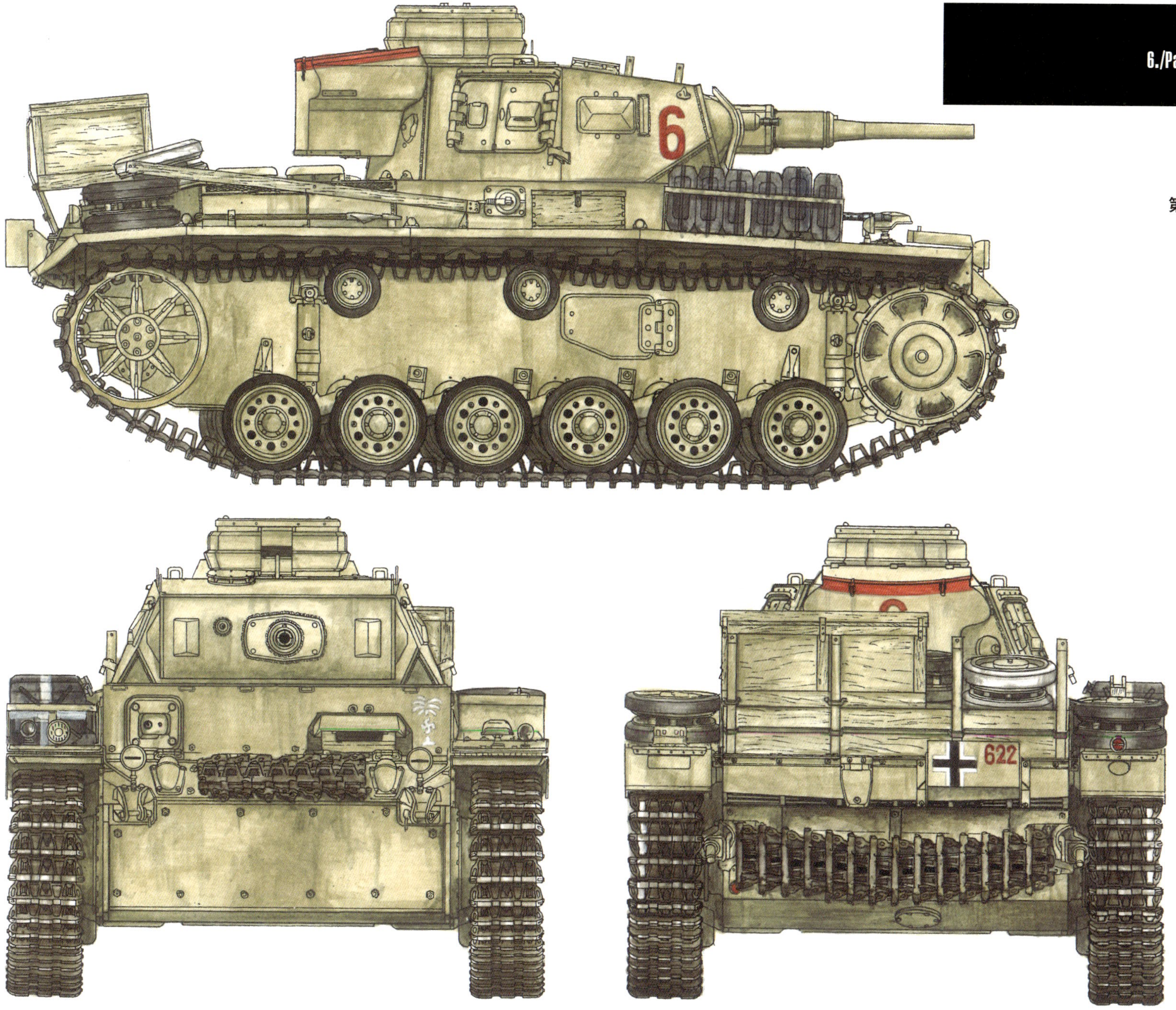

Pz.Kpfw.III Ausf.H

6./Panzerregiment 8, 15.Panzerdivision, No.622
1941 North African Front/ Libya

〔図26〕

Ⅲ号戦車H型

第 15 装甲師団第 8 戦車連隊 622 号車
1941 年　北アフリカ戦線 / リビア

この車両も北アフリカ戦線向けのRAL8000ゲルブブラウンを基本色とし、その上にRAL7008グラウグリュンで迷彩を施しているものと思われる。車体上部前面の左側にはお馴染みの“椰子の木”マークを記入。砲塔側面の前部とゲペックカステン後面には中隊番号の“6”を赤色で大きく描き、車体後面の発煙筒ラック装甲カバーには白縁付き黒十字の国籍標識バルケンクロイツと赤色の砲塔番号（“622”は推定）を描いている。

〔図25〕

Ⅲ号戦車H型　第15装甲師団第8戦車連隊本部R号車

Pz.Kpfw.III Ausf.H　Stab./Pz.Rgt.8, 15.Pz.Div., No.R

車体各部の特徴

機関室上面の点検ハッチに通気口を設け、その上に装甲カバーを設置したH型の熱帯地仕様で、車体、砲塔、足回りともにH型の標準的な仕様。砲塔後面にゲペックカステンを装着し、キューポラには対空機銃架が取り付けられている。

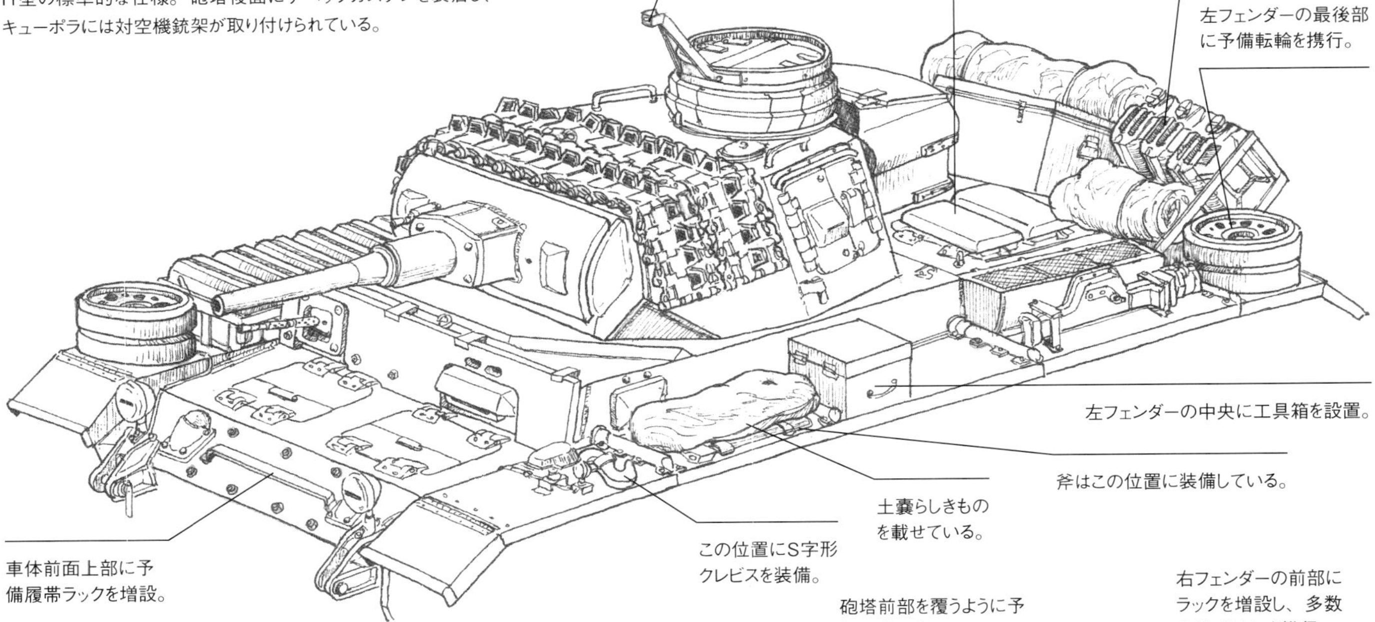
対空機銃架を設置している。
点検ハッチに通気口及び装甲カバーを設置。
増設したラックの左側にジェリカンを積んでいる。
左フェンダーの最後部に予備転輪を携行。
左フェンダーの中央に工具箱を設置。
斧はこの位置に装備している。
土嚢らしきものを載せている。
この位置にS字形クレビスを装備。
車体前面上部に予備履帯ラックを増設。

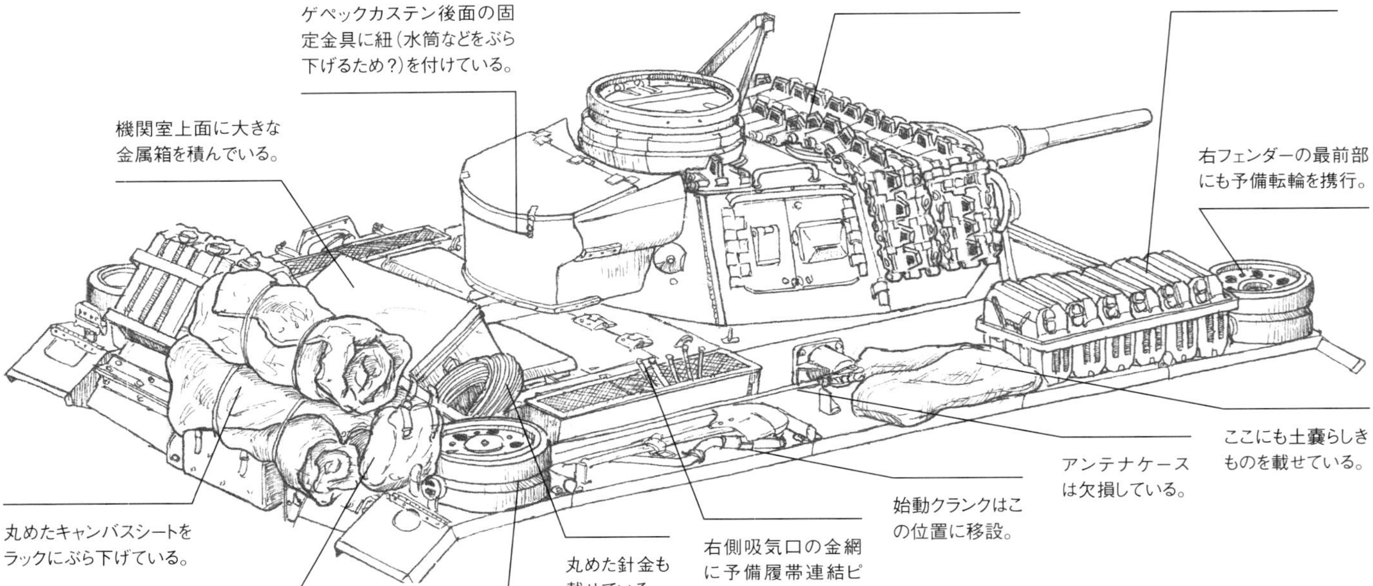
砲塔前部を覆うように予備履帯を載せている。
右フェンダーの前部にラックを増設し、多数のジェリカンを携行。
ゲペックカステン後面の固定金具に紐（水筒などをぶら下げるため？）を付けている。
機関室上面に大きな金属箱を積んでいる。
右フェンダーの最前部にも予備転輪を携行。
ここにも土嚢らしきものを載せている。
アンテナケースは欠損している。
始動クランクはこの位置に移設。
丸めたキャンバスシートをラックにぶら下げている。
右側吸気口の金網に予備履帯連結ピンを差し込んでいる。
丸めた針金も載せている。
背嚢らしきものをぶら下げている。
右フェンダーの最後部にも予備転輪を携行。

R号車のキューポラ

車長用キューポラの前部に対空機銃架を設置。対空機銃架は、キューポラ上縁の水抜き穴を使ってボルト留めされている。

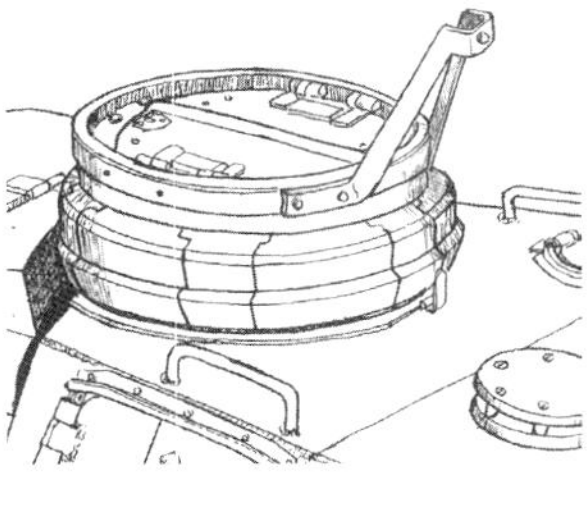

R号車のジェリカン・ラック

図は、右フェンダーの前部に増設されたジェリカン・ラック。このような増設ラックは、第3戦車連隊車両に共通した特徴である。R号車は図のような造りと思われるが、ラックには様々なバリエーションが見られる。

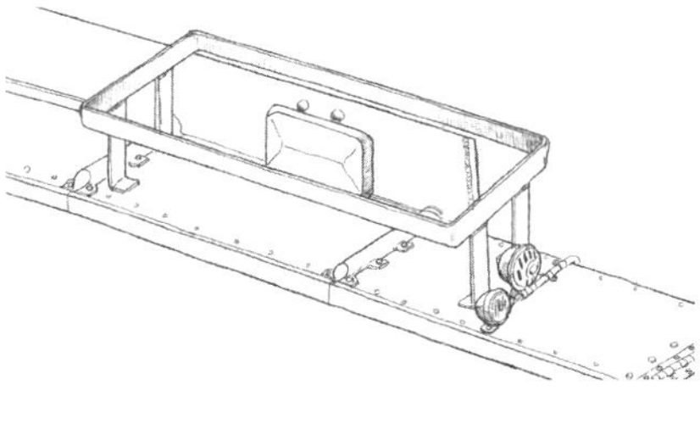

R号車の車体後部

車体後部に荷物積載用ラックを増設。こうした部隊作製のラックは多くの場合、各車両ごとに現物合わせで造られているので、ラックの造りは千差万別だ。図のラックは写真から一部を推測している。

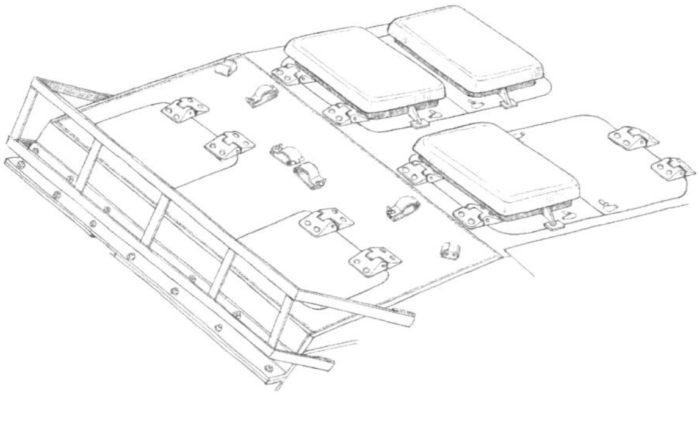

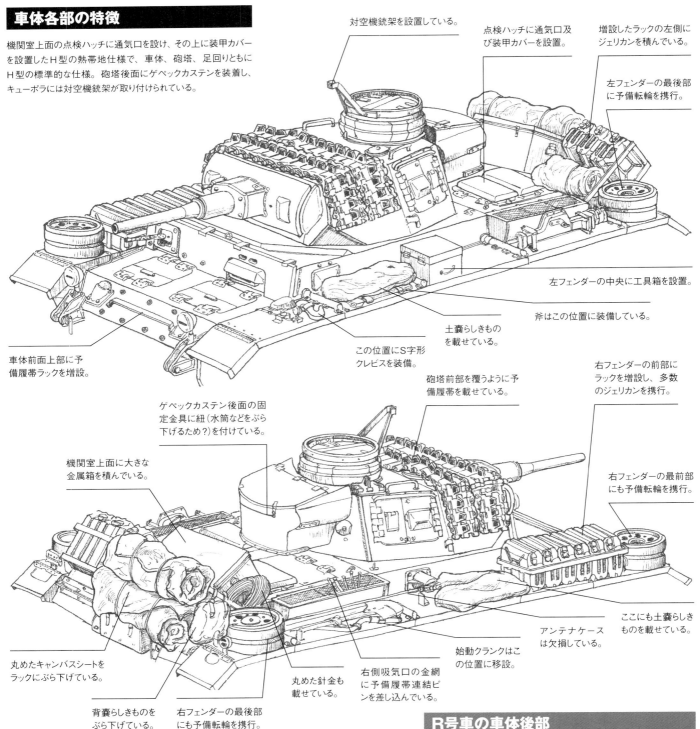

〔図26〕

Ⅲ号戦車H型　第15装甲師団第8戦車連隊622号車

Pz.Kpfw.III Ausf.H　6./Pz.Agt.8, 15.Pz.Div., No.622

車体各部の特徴

機関室上面の点検ハッチに通気口を設け、その上に装甲カバーを取り付けたH型の熱帯地仕様。車体、砲塔、足回りともにH型の標準的な仕様で、砲塔後面にはゲペックカステンが装着されている。

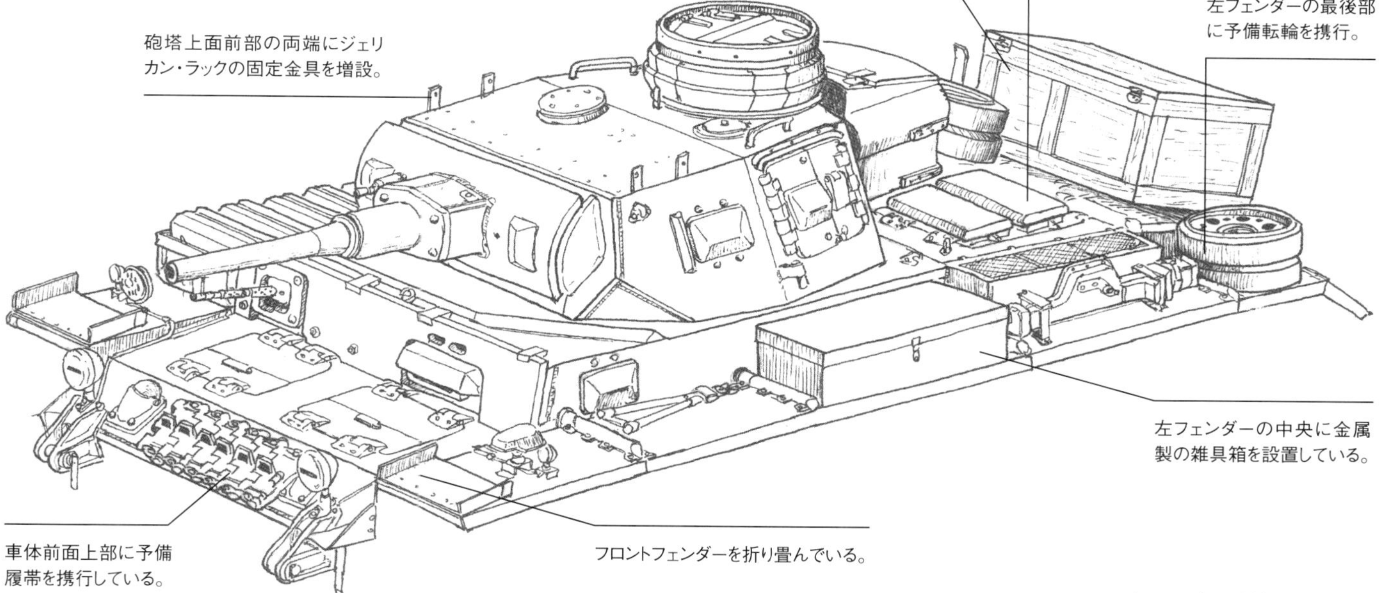
機関室の後部に大型の木箱を積んでいる。
点検ハッチに通気口を設け、その上に装甲カバーを設置。
左フェンダーの最後部に予備転輪を携行。
砲塔上面前部の両端にジェリカン・ラックの固定金具を増設。
左フェンダーの中央に金属製の雑具箱を設置している。
車体前面上部に予備履帯を携行している。
フロントフェンダーを折り畳んでいる。

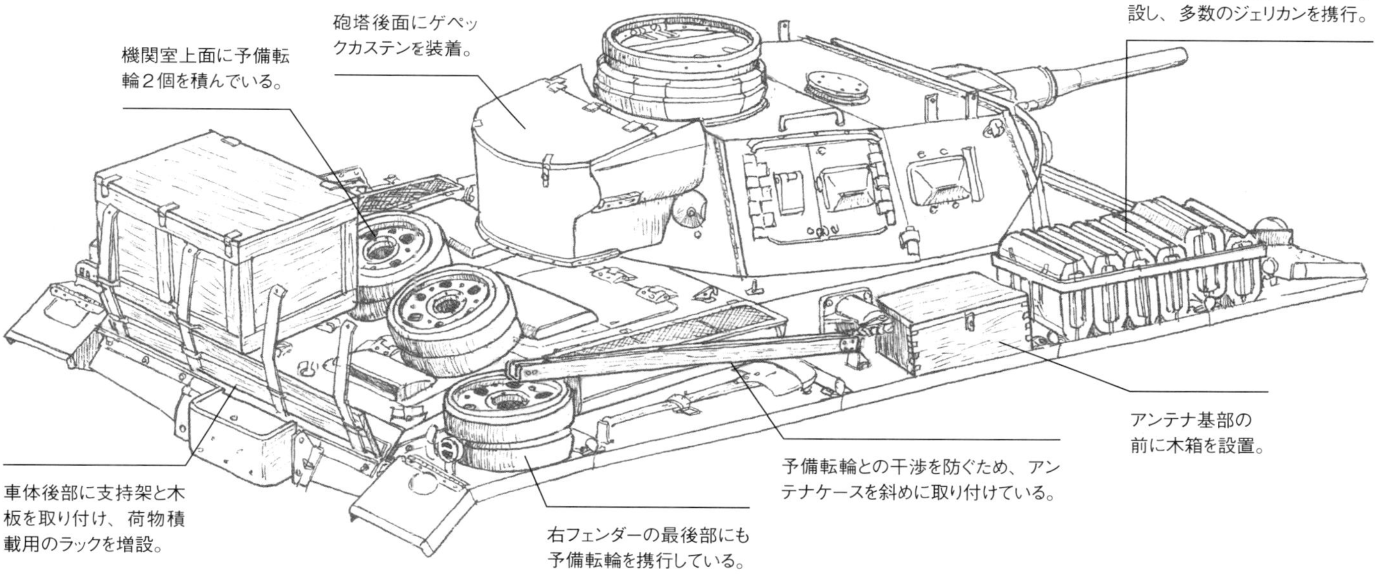
機関室上面に予備転輪2個を積んでいる。
砲塔後面にゲペックカステンを装着。
右フェンダーの前部にラックを増設し、多数のジェリカンを携行。
アンテナ基部の前に木箱を設置。
予備転輪との干渉を防ぐため、アンテナケースを斜めに取り付けている。
車体後部に支持架と木板を取り付け、荷物積載用のラックを増設。
右フェンダーの最後部にも予備転輪を携行している。

砲塔上面の固定金具

砲塔上面前部の左右両端2カ所に取り付けられた金属板は、ジェリカン・ラックを固定するためのものと思われるが、固定金具の穴に針金を通して、このように予備履帯を携行している車両も見られる。

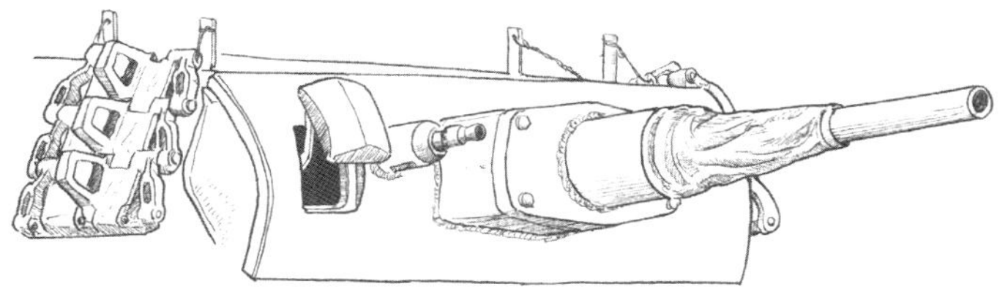

622号車の車体後部

車体後部上面に金属板と木の板で作製した荷物積載用のラックが増設されている。大型の木箱もラックの板と同様に帯金を使って固定されている。

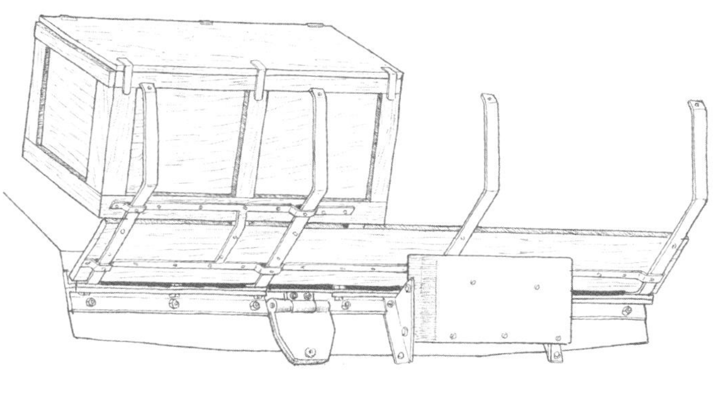

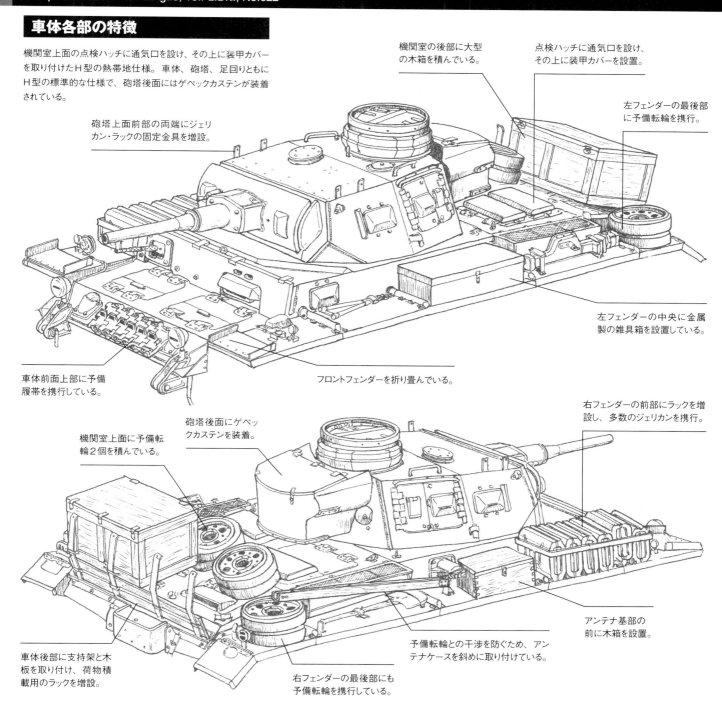

Pz.Kpfw.III Ausf.J

2./Panzerregiment 36, 14.Panzerdivision, No.212
Autumn of 1941 Eastern Front/ Southern sector

〔図27〕

Ⅲ号戦車J型

第 14 装甲師団第 36 戦車連隊 212 号車
1941 年秋　東部戦線 / 南部戦区

基本色 RAL7021 ドゥンケルグラウの単色塗装。砲塔側面の前部とゲペックカステンの後面に黄色の砲塔番号“212”と師団マークを描いている。また、車体側面に描かれている国籍標識バルケンクロイツは標準的な白縁付き黒十字。

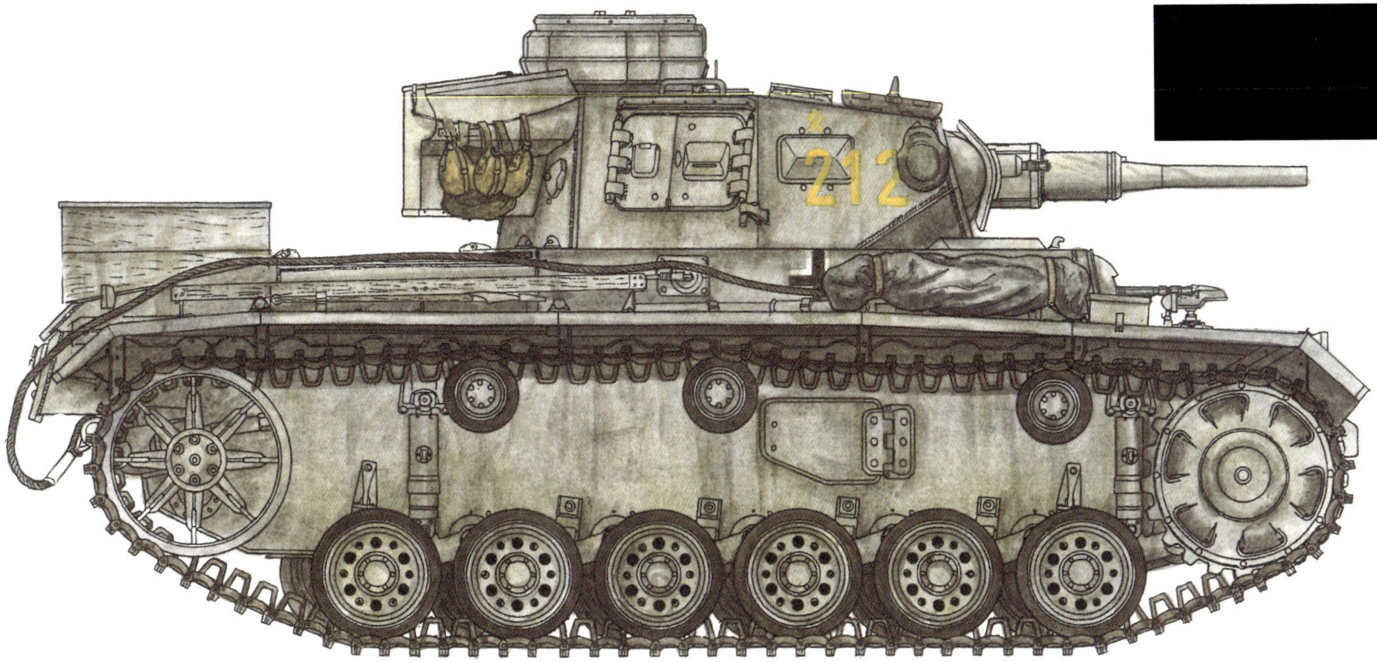

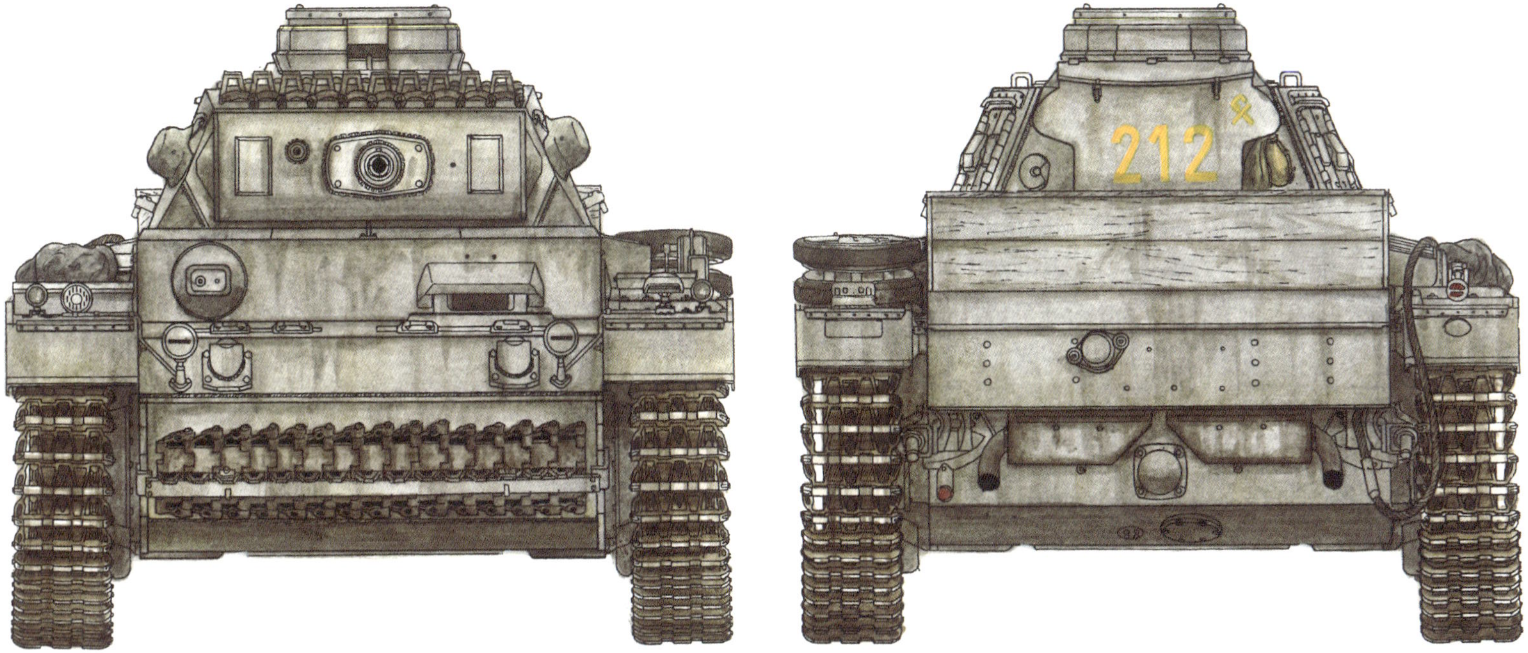

Pz.Kpfw.III Ausf.J
6./Panzerregiment 3, 2.Panzerdivision, No.631
Autumn of 1941 Eastern Front/ Central sector

〔図28〕

Ⅲ号戦車J型

第 2 装甲師団第 3 戦車連隊 631 号車
1941 年秋　東部戦線 / 中央戦区

RAL7021 ドゥンケルグラウの単色塗装。車体上部前面左側と車体側面の中央付近、さらに車体後面に黄色の師団マーク、車体側面の視察クラッペと車体後面には赤色で戦車中隊を示す平行四辺形のマークと中隊番号の“6”が描かれている。砲塔番号“631”は白色で車体側面の前部と車体後面右側に記しており、砲塔側面には中隊マークを描いている。車体側面の国籍標識バルケンクロイツは標準的な白縁付きの黒十字。

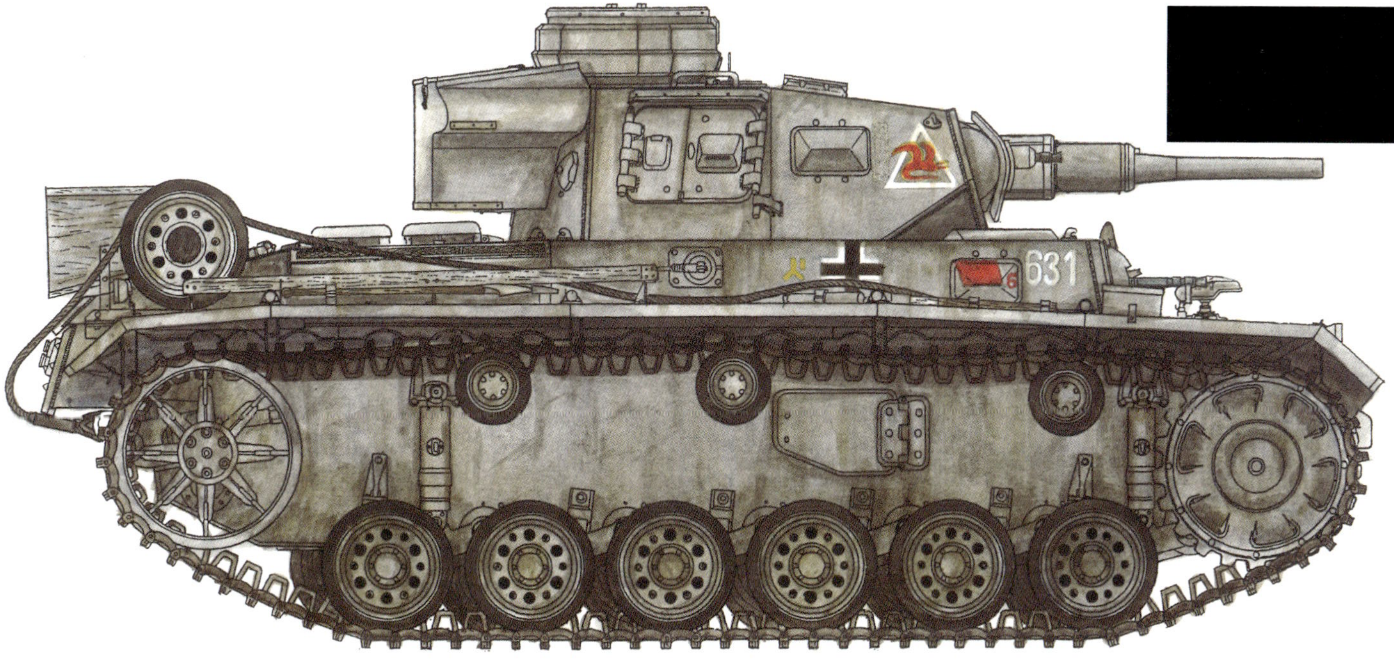

〔図27〕

Ⅲ号戦車J型　第14装甲師団第36戦車連隊212号車

Pz.Kpfw.III Ausf.J 2./Pz.Rgt.36, 14.Pz.Div., No.212

車体各部の特徴

砲塔前面の装甲厚が50mmとなった標準的なJ型。熱帯地仕様の通気口カバーは設けられていないが、砲塔後面のゲペックカステンや右フェンダー上の履帯整備工具箱を設置（1941年4月より装備）。さらに左フェンダー後部に予備転輪を装備（1941年9月頃より標準化）している。履帯は標準的な40cm幅タイプを装着。

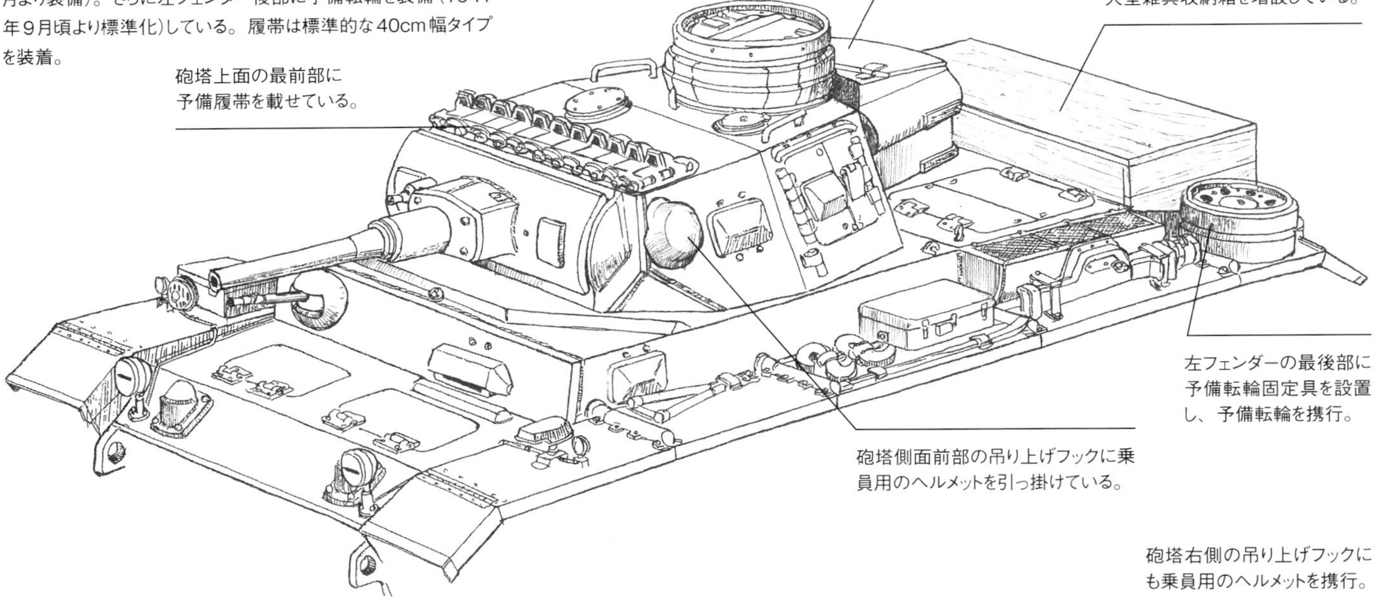

砲塔上面の最前部に予備履帯を載せている。
砲塔後面にゲペックカステン（1941年4月から装備開始）を装着。
機関室上面の最後部に木製の大型雑具収納箱を増設している。
左フェンダーの最後部に予備転輪固定具を設置し、予備転輪を携行。
砲塔側面前部の吊り上げフックに乗員用のヘルメットを引っ掛けている。

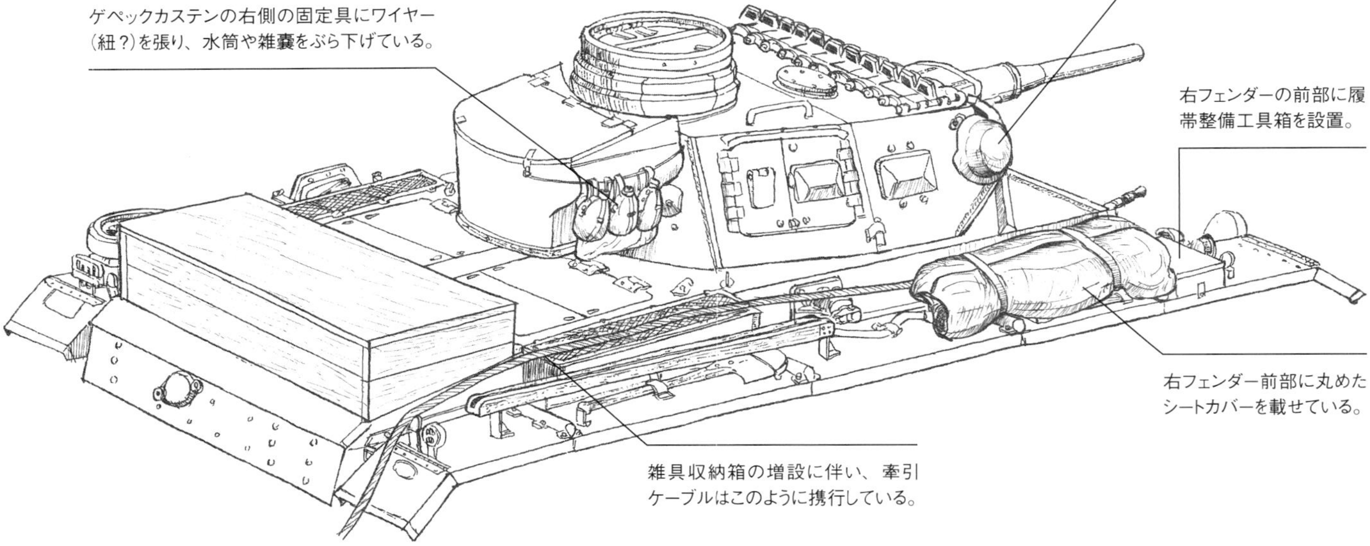

ゲペックカステンの右側の固定具にワイヤー（紐？）を張り、水筒や雑嚢をぶら下げている。
砲塔右側の吊り上げフックにも乗員用のヘルメットを携行。
右フェンダーの前部に履帯整備工具箱を設置。
右フェンダー前部に丸めたシートカバーを載せている。
雑具収納箱の増設に伴い、牽引ケーブルはこのように携行している。

5cm砲搭載型の砲架部

後座ガードの内側には後座量を示す計測器を設置。また、後座ガードの下には空薬莢の収納バッグが取り付けられている。

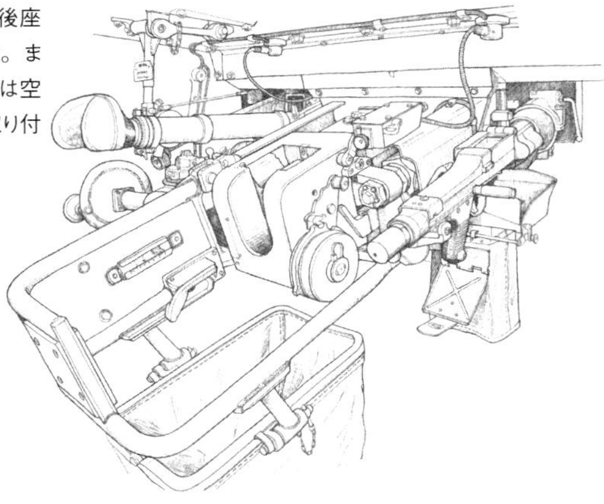

J型以降の機関室内部

エンジン後方（図では下側）には2基の冷却ファンが配置され、その前方にラジエター、さらにその前方の右側に燃料タンク、左側にバッテリーボックスが収められている。

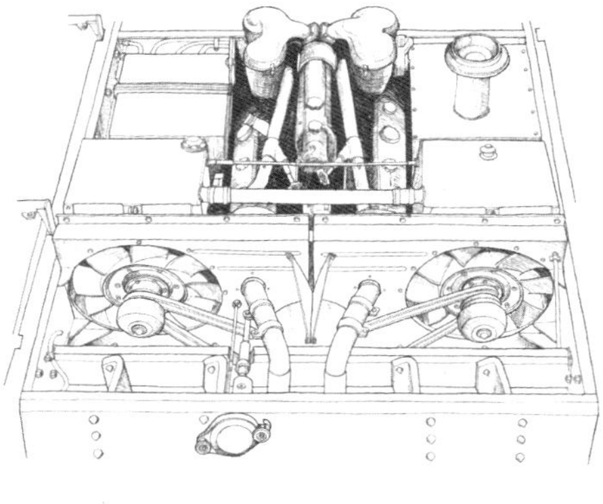

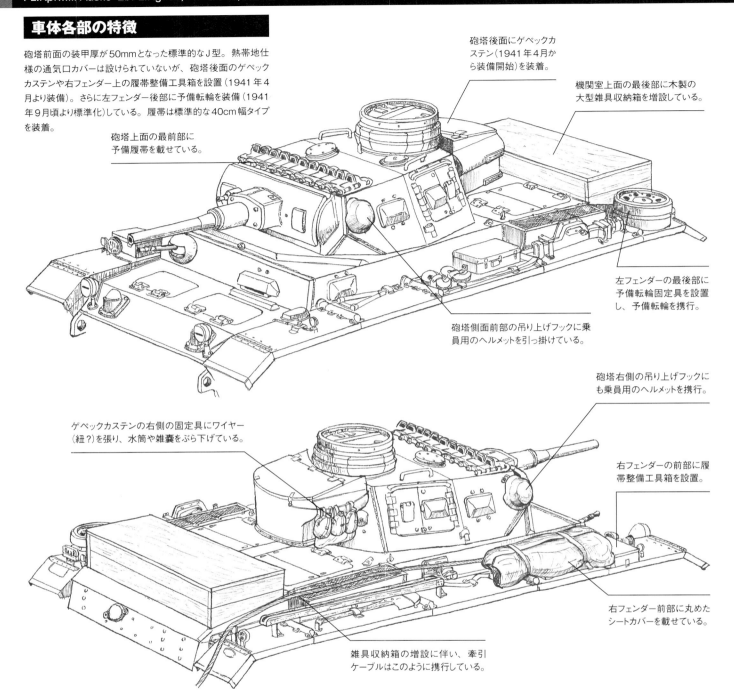

〔図28〕

Ⅲ号戦車J型　第2装甲師団第3戦車連隊631号車

Pz.Kpfw.III Ausf.J 6./Pz.Rgt.3, 2.Pz.Div., No.631

車体各部の特徴

砲塔前面の装甲厚が50mmになった標準的なJ型。この車両は熱帯地仕様で、機関室上面の点検ハッチに通気口を設け、その上に装甲カバーが設置されている。砲塔後面のゲペックカステン、右フェンダー前部の履帯整備工具箱、左フェンダー後部の予備転輪固定具も設置。履帯は標準的な40cm幅タイプを装着している。

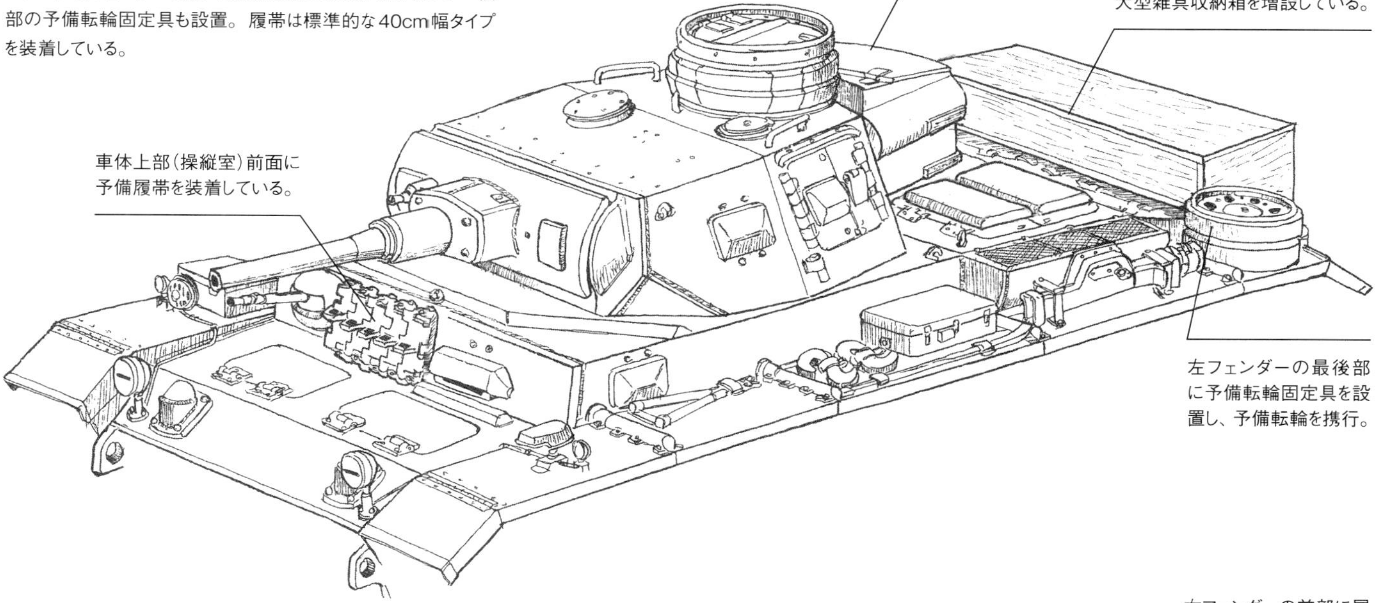
砲塔後面にゲペックカステンを装着。
機関室上面の最後部に木製の大型雑具収納箱を増設している。
車体上部（操縦室）前面に予備履帯を装着している。
左フェンダーの最後部に予備転輪固定具を設置し、予備転輪を携行。

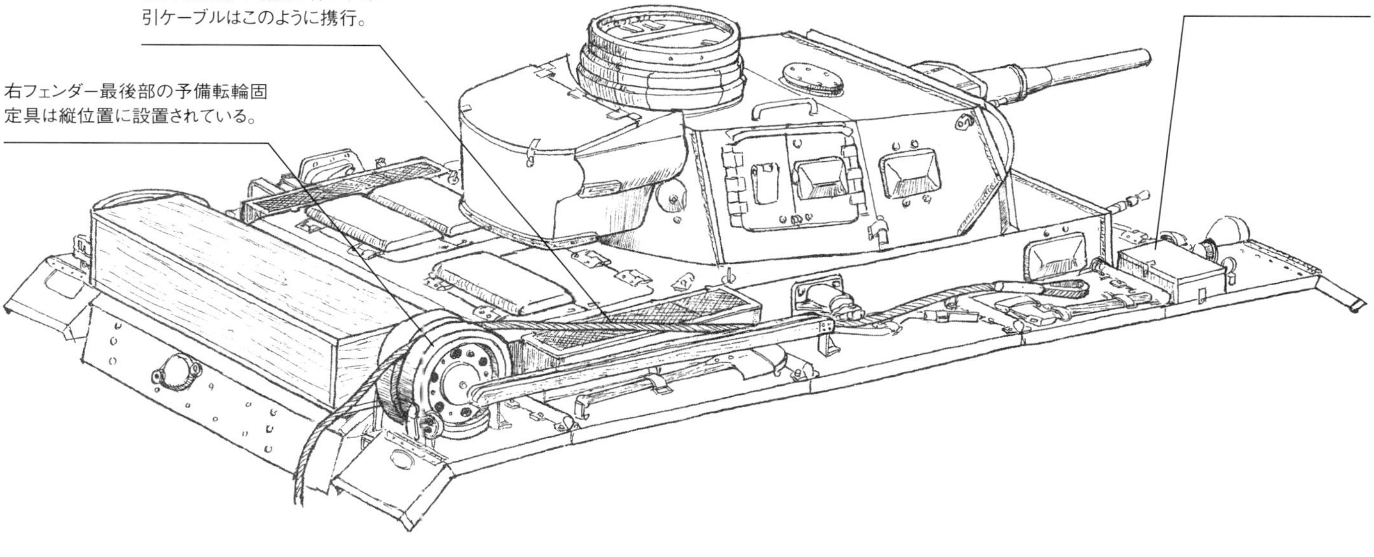
雑具収納箱の増設に伴い、牽引ケーブルはこのように携行。
右フェンダーの前部に履帯整備工具箱を設置。
右フェンダー最後部の予備転輪固定具は縦位置に設置されている。

631号車の機関室上面

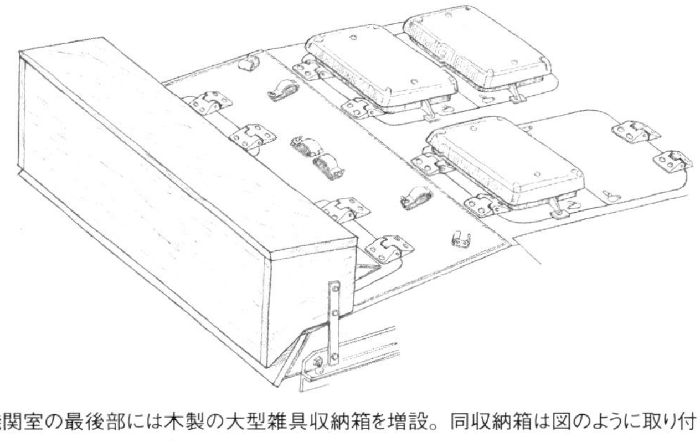

機関室の最後部には木製の大型雑具収納箱を増設。同収納箱は図のように取り付けられていたものと推定される。

631号車の右フェンダー後部

631号車の右フェンダー後部は後に図のように大きく変形している。

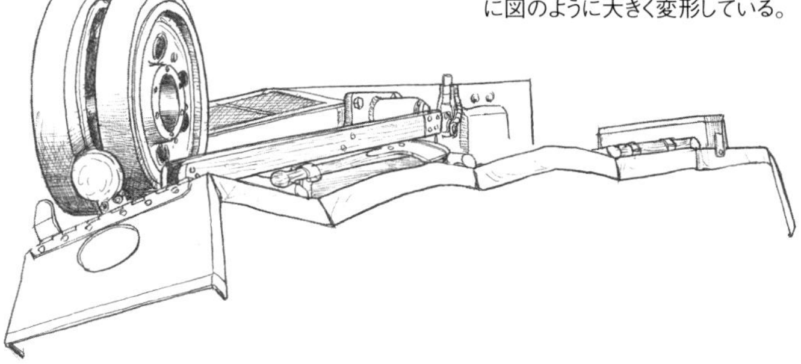

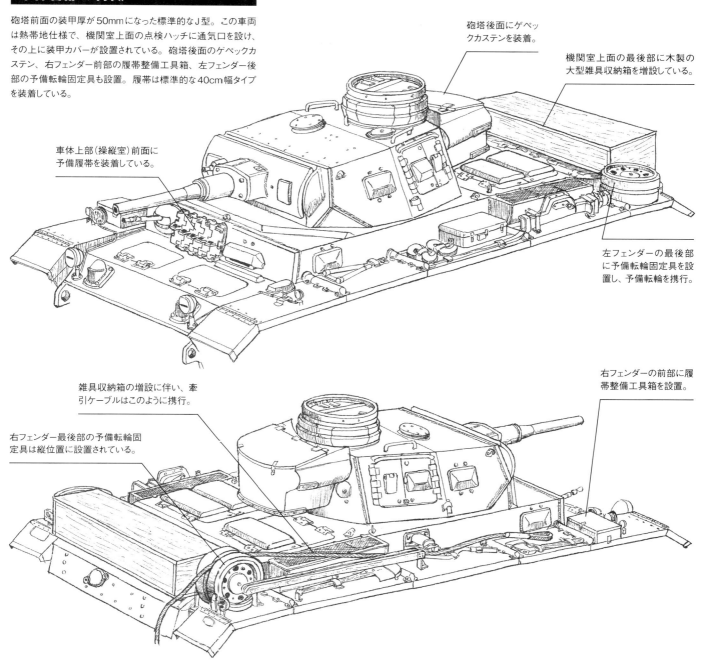

Pz.Kpfw.III Ausf.J

Panzerregiment 15, 11.Panzerdivision, No.21
Early winter of 1941 Eastern Front/ Central sector

〔図29〕

Ⅲ号戦車J型

第 11 装甲師団第 15 戦車連隊 21 号車
1941 年初冬　東部戦線 / 中央戦区

基本色 RAL7021 ドゥンケルグラウの単色塗装。砲塔側面前部とゲペックカステンの後面に白色で砲塔番号“21”とその下に平行四辺形のマークが描かれている。車体側面前部の視察クラッペ前方に第 11 装甲師団車両を示す白い“幽霊”マーク、その後方には黄色で正規の師団マークを記入。収納箱と車体後面の中央にも“幽霊”マークを描き、さらに車体後面右側に師団マーク、左側には国籍標識バルケンクロイツも描かれている。

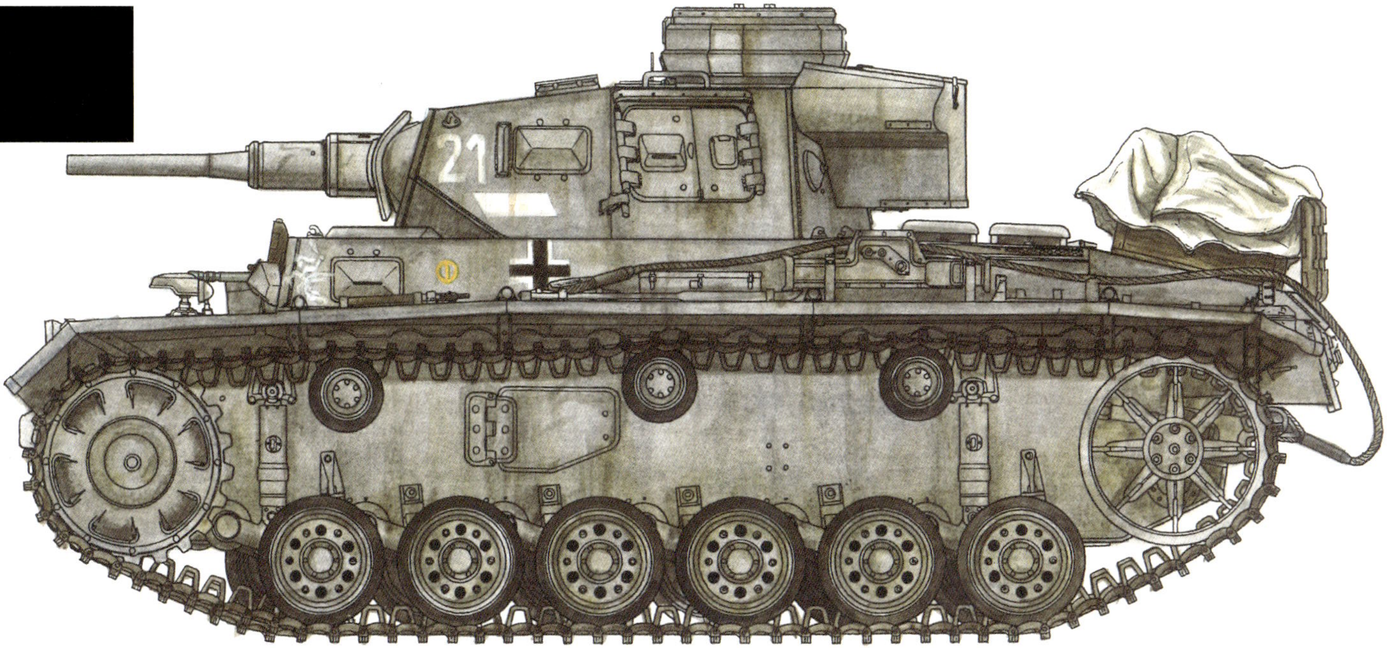

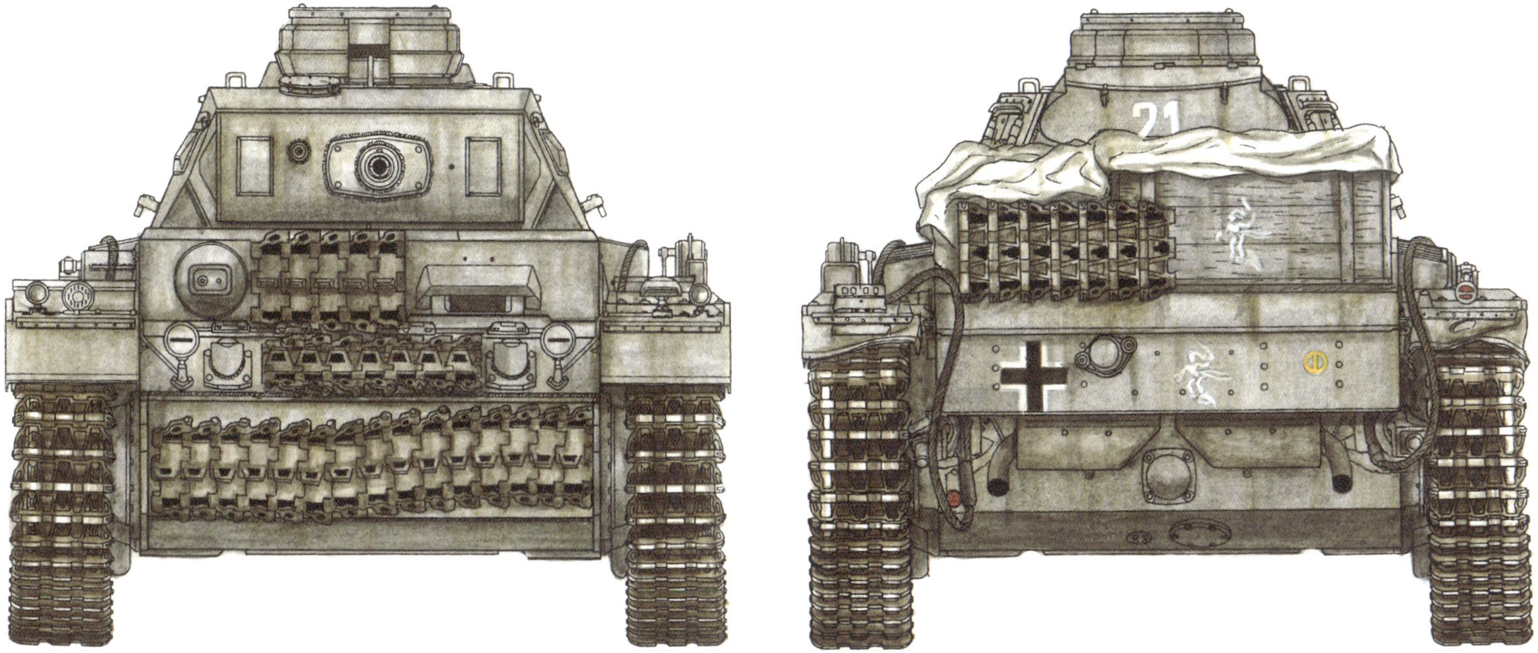

Pz.Kpfw.III Ausf.J

Panzerregiment 15, 11.Panzerdivision, No.1
Winter of 1941-42 Eastern Front/ Central sector

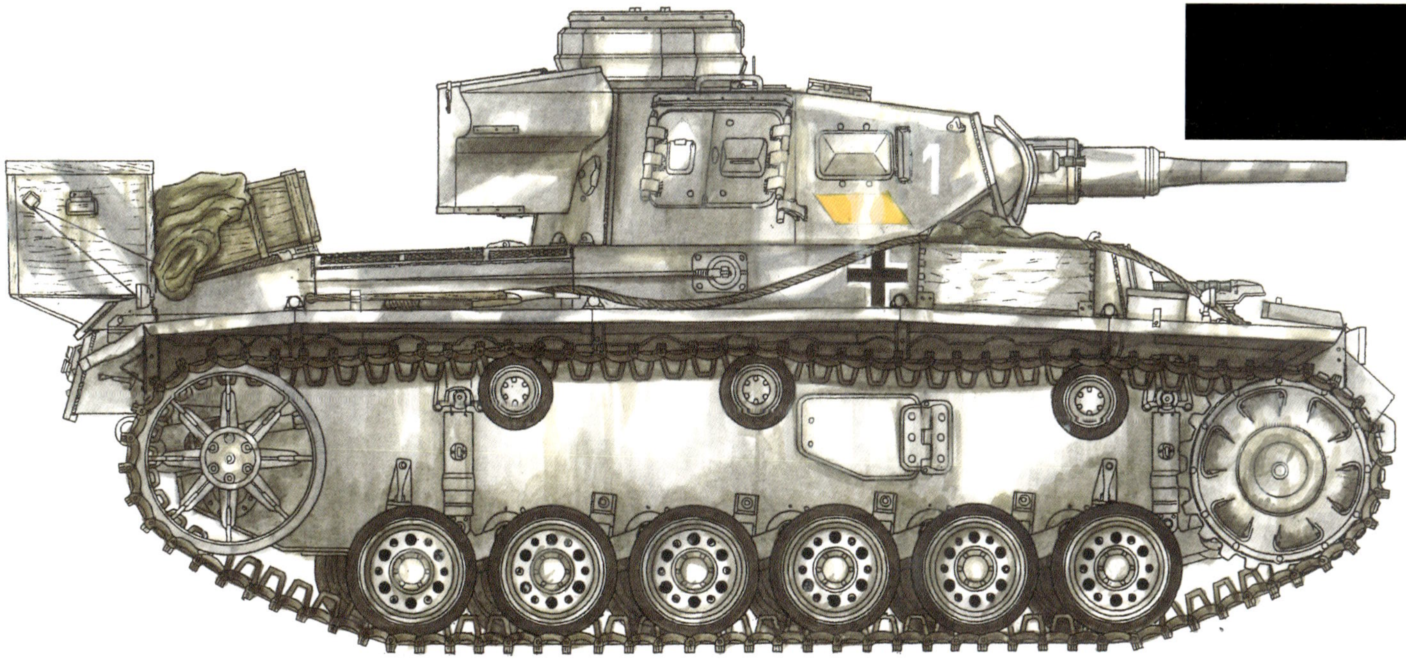

〔図30〕

Ⅲ号戦車J型

第 11 装甲師団第 15 戦車連隊 1 号車
1941 ～ 1942 年冬　東部戦線 / 中央戦区

RAL7021 ドゥンケルグラウの単色塗装の上に刷毛を用いて白色塗料を塗りたくったような冬季迷彩が施されている。砲塔側面前部に描かれた白色の砲塔番号“1”の下には平行四辺形のマーク（黄色は推定）も描かれている。写真では、ゲペックカステンの後面は確認できないが、おそらく同部隊の他の車両と同じようにそこにも砲塔番号と平行四辺形が描かれているものと思われる。

〔図29〕

Ⅲ号戦車J型　第11装甲師団第15戦車連隊21号車

Pz.Kpfw.III Ausf.J Pz.Rgt.15, 11.Pz.Div., No.21

車体各部の特徴

砲塔前面がH型と同じ30mm厚のJ型初期生産車で、機関室上面の点検ハッチには熱帯地仕様の通気口とその装甲カバーを設置。また、1941年4月から標準化される砲塔後面のゲペックカステン、右フェンダー前部の履帯整備工具箱も設置されている。履帯は標準的な40cm幅タイプを装着。

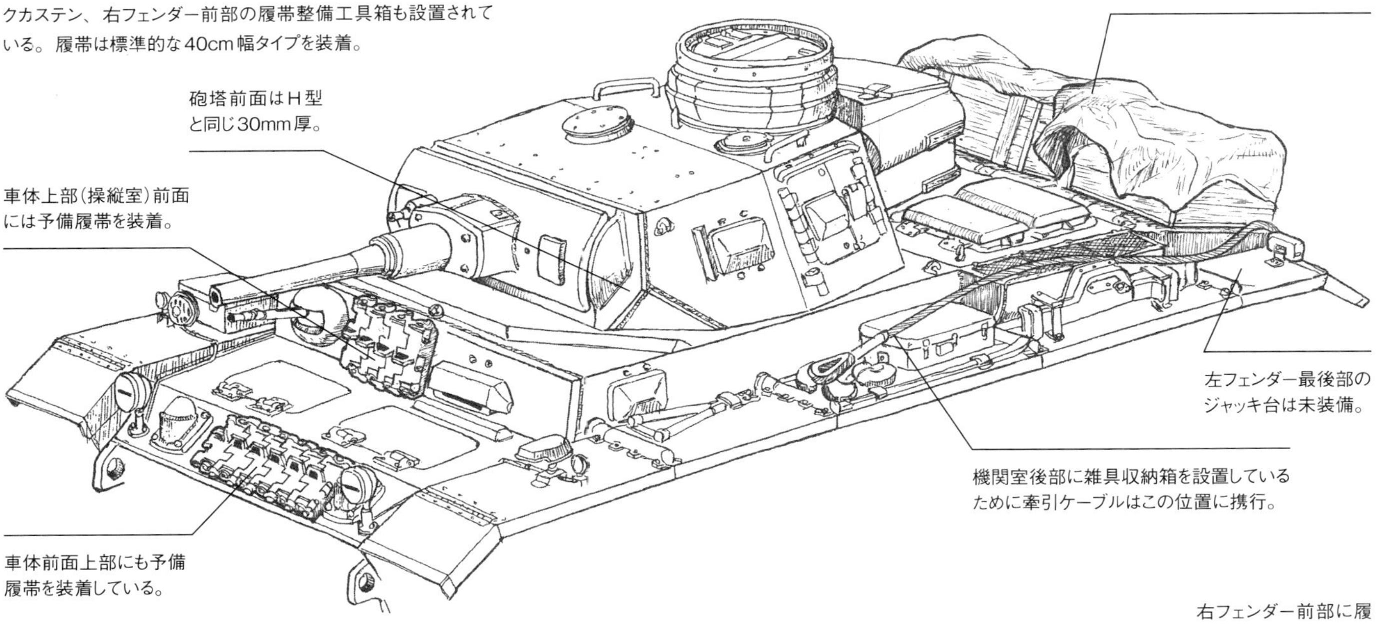
機関室上面の最後部に木製の大型雑具収納箱を増設。収納箱の上にはシートが被せられている。
砲塔前面はH型と同じ30mm厚。
車体上部(操縦室)前面には予備履帯を装着。
左フェンダー最後部のジャッキ台は未装備。
機関室後部に雑具収納箱を設置しているために牽引ケーブルはこの位置に携行。
車体前面上部にも予備履帯を装着している。

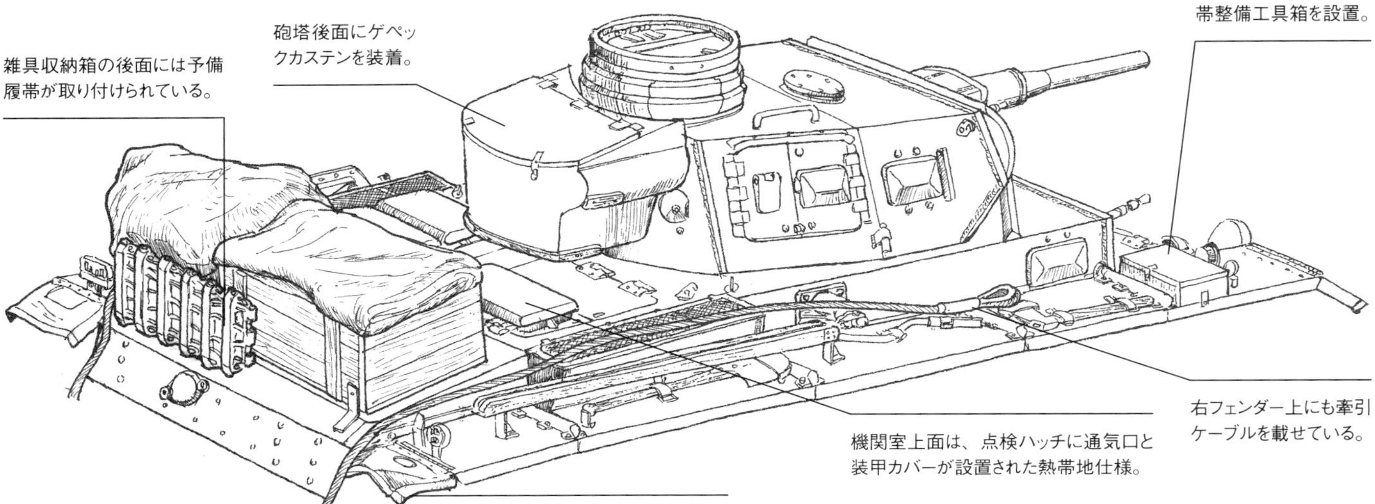
右フェンダー前部に履帯整備工具箱を設置。
砲塔後面にゲペックカステンを装着。
雑具収納箱の後面には予備履帯が取り付けられている。
右フェンダー上にも牽引ケーブルを載せている。
機関室上面は、点検ハッチに通気口と装甲カバーが設置された熱帯地仕様。
左右のリアフェンダーにダメージの跡が見られる。

J型初期生産車の車体前部

車体前面の牽引ホールドは簡単なアイプレート式となり、さらに点検ハッチは1枚板に変更。車体上部(操縦室)前面の装甲が50mm厚に強化されたのに伴い、前部機銃マウントは50mm厚装甲板に対応した新型のKugelblende 50に、さらに操縦手用視察バイザーもFahrersehklappe 50となった。

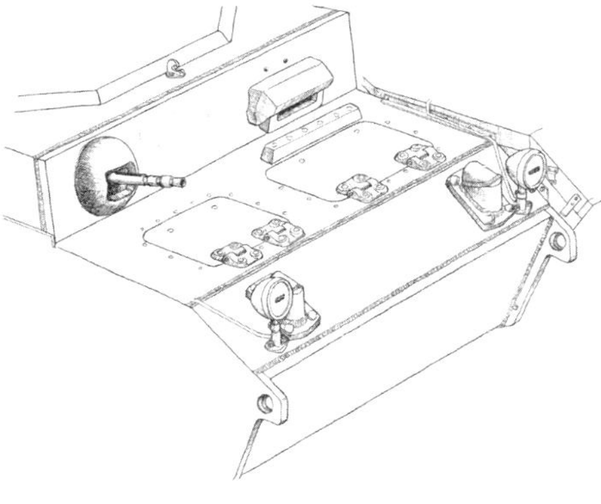

ヘッドライトの取り付け基部

菱形の台座にはライトの支柱を溶接留め。台座は車体前面上部装甲板にボルト留めされている。

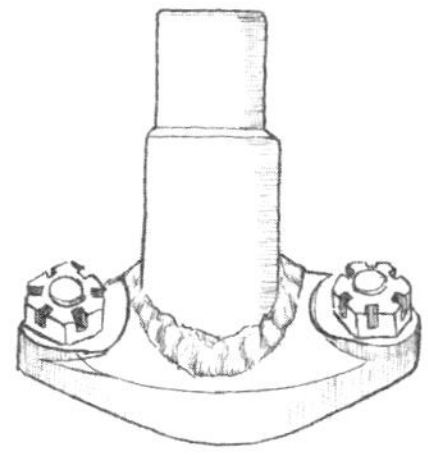

ブレーキ冷却用通気口装甲カバー

車体前面上部装甲板に設置。J型から形状が変更された。図はカバーを上から見たところ。

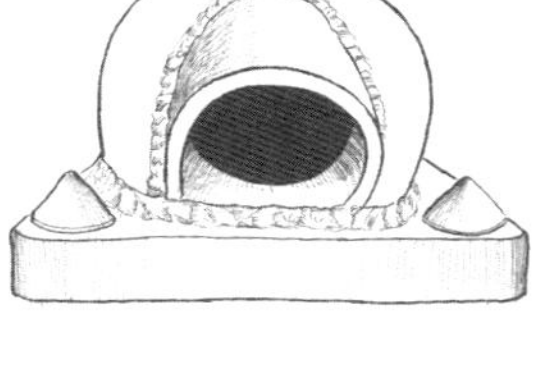

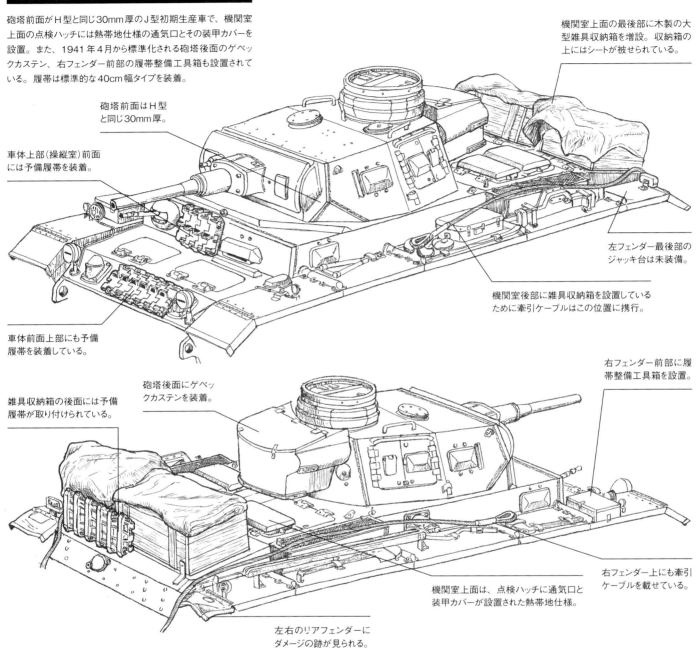

〔図30〕

Ⅲ号戦車J型　第11装甲師団第15戦車連隊1号車

Pz.Kpfw.III Ausf.J Pz.Rgt.15, 11.Pz.Div., No.1

車体各部の特徴

砲塔前面がH型と同じ30mm厚のJ型初期生産車。1941年4月から標準化される砲塔後面のゲペックカステン、右フェンダー前部の履帯整備工具箱を設置。さらに左フェンダー最後部には予備転輪も装備している。履帯は標準的な40cm幅タイプを装着。

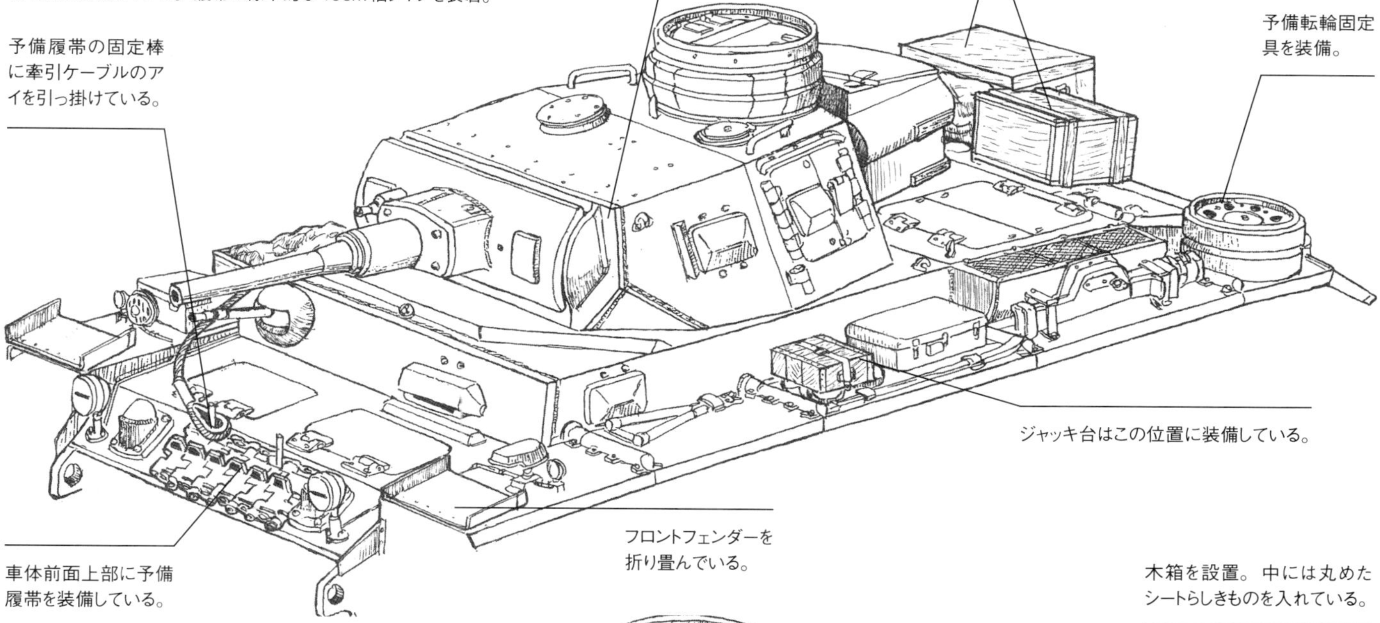

砲塔前面の装甲は30mm厚。
機関室上面の最後部に大小2個の木箱を載せている。
予備履帯の固定棒に牽引ケーブルのアイを引っ掛けている。
予備転輪固定具を装備。
ジャッキ台はこの位置に装備している。
フロントフェンダーを折り畳んでいる。
車体前面上部に予備履帯を装備している。

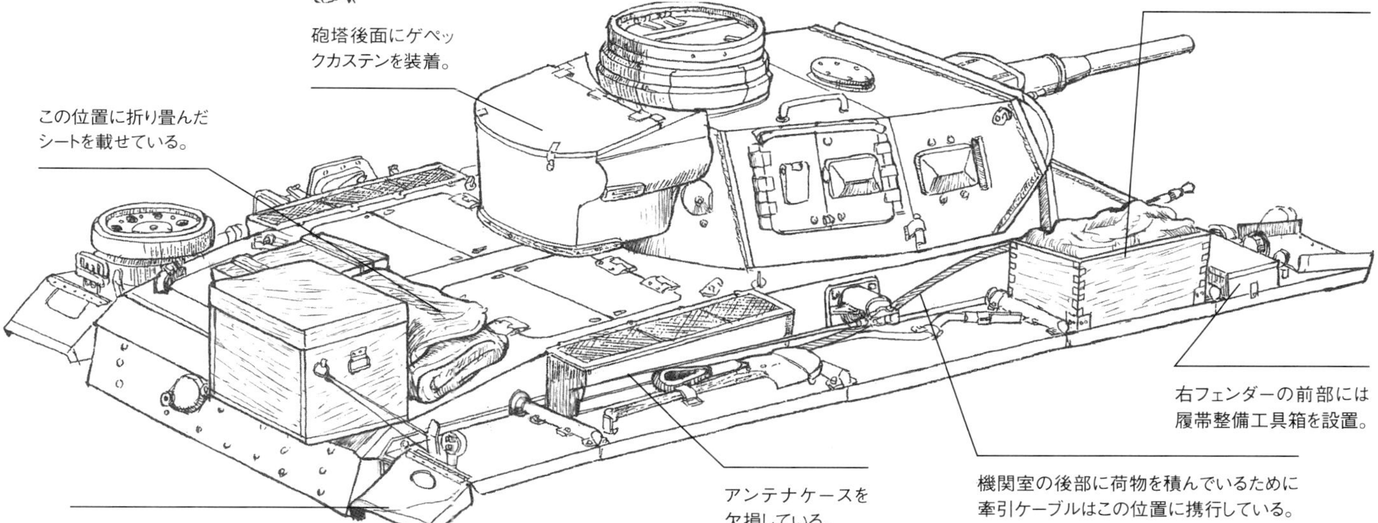

木箱を設置。中には丸めたシートらしきものを入れている。
砲塔後面にゲペックカステンを装着。
この位置に折り畳んだシートを載せている。
右フェンダーの前部には履帯整備工具箱を設置。
アンテナケースを欠損している。
機関室の後部に荷物を積んでいるために牽引ケーブルはこの位置に携行している。
右側のリアフェンダーにダメージの跡が見られる。

1号車の車体前面

車体前面上部に増設された予備履帯の固定具は、金属棒を溶接しただけの簡易な造り。

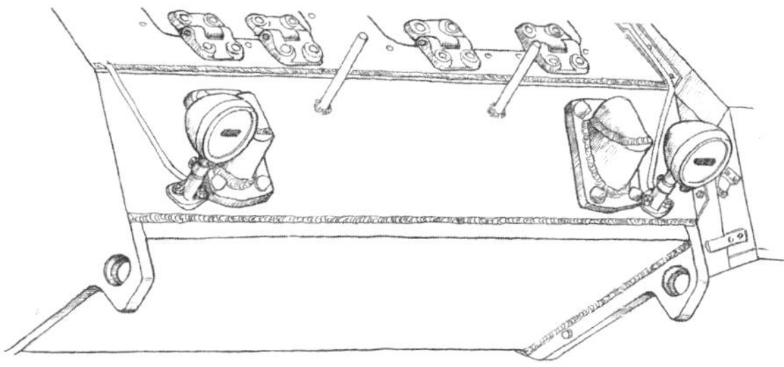

右フェンダーの木箱

右フェンダーの前部に設置された木箱は蓋がなく、図のような造りになっている。

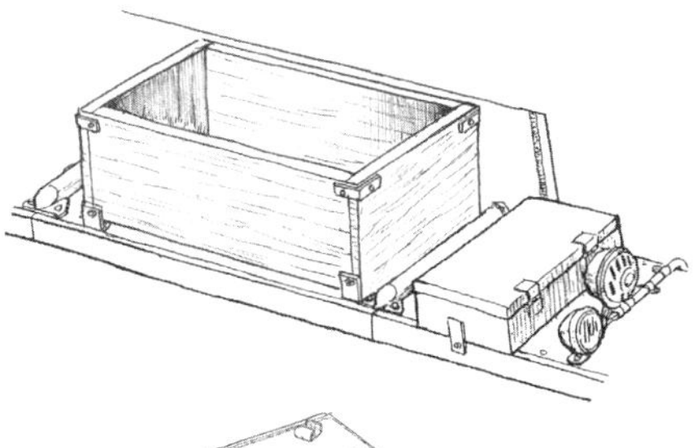

1号車の車体後部

車体後部の右側には大型の木箱が設置されているが、おそらく木箱は図のような支持架の上に載せられていたと思われる。

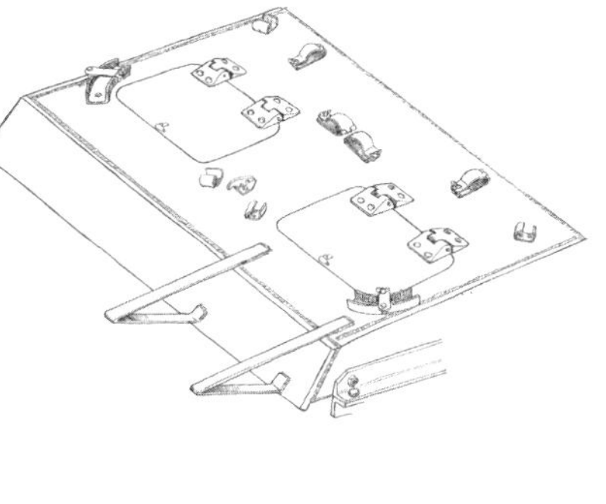

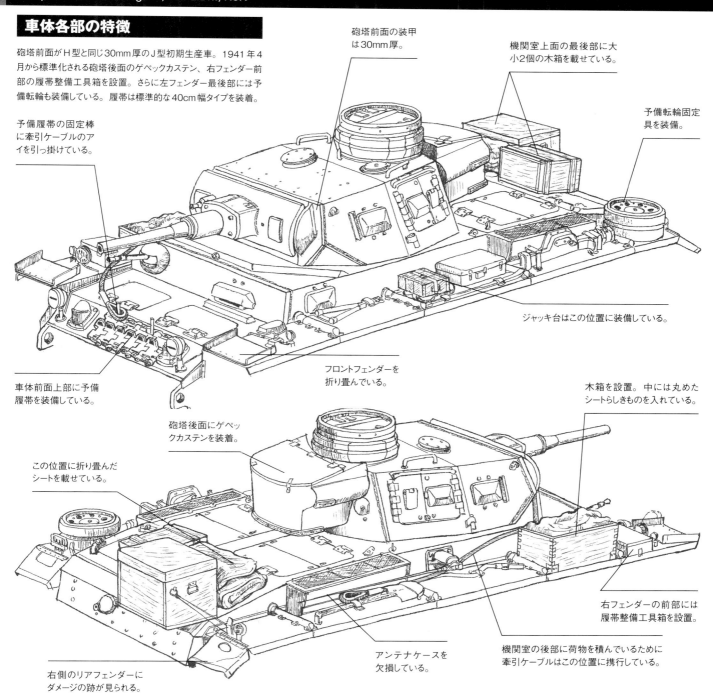

Pz.Kpfw.III Ausf.J
Unit unknown
Spring of 1942 Eastern Front

〔図31〕

Ⅲ号戦車J型

所属部隊不明
1942年春　東部戦線

基本色RAL7021ドゥンケルグラウの単色塗装。砲塔番号の類いは描かれていないが、右フェンダーの前部と車体後面の右側に2匹の“アブ？”を組み合わせた部隊マークが描かれている。車体後面の左側には標準的な白縁付き黒十字の国籍標識バルケンクロイツも確認できる。

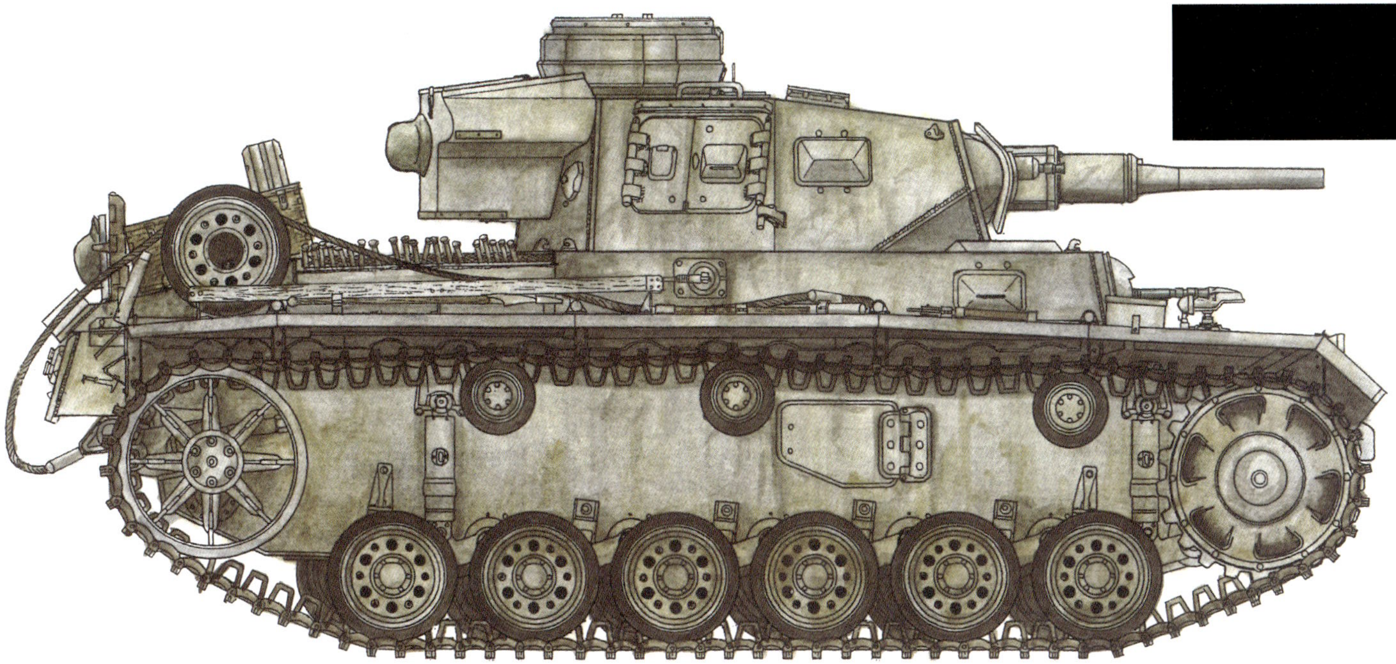

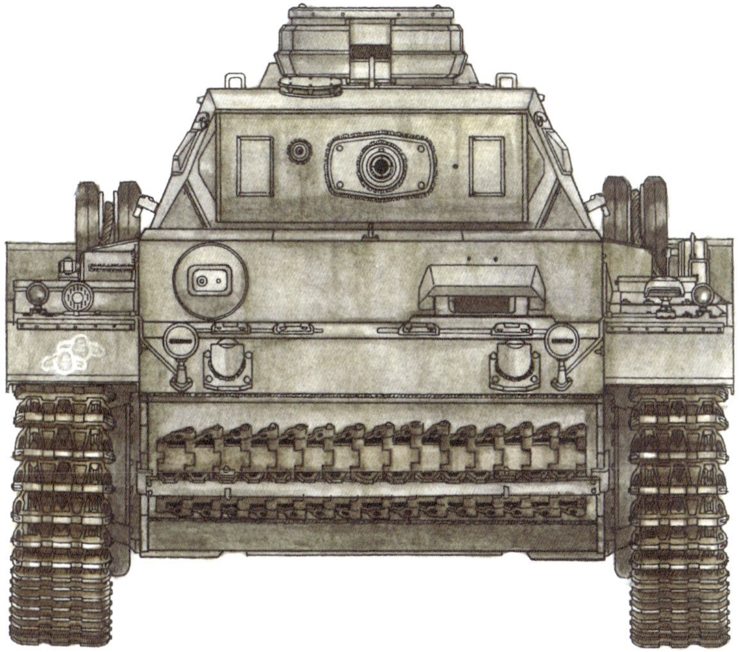

Pz.Kpfw.III Ausf.J
Unit unknown, No.631
Summer of 1942 Eastern Front

〔図32〕

Ⅲ号戦車J型

所属部隊不明 631 号車
1942 年夏　東部戦線

車体全面にわたってゲルプ系色の単色塗装が施されている。おそらく北アフリカ戦線向けの基本色 RAL8000 ゲルプブラウンが使用されているものと思われるが、RAL7008 グラウグリュンによる迷彩塗装は施されていないように見える。砲塔側面前部に描かれた砲塔番号“631”は白縁のみのステンシル・タイプを使用。車体側面には白縁付き黒十字の国籍標識バルケンクロイツも描いている。

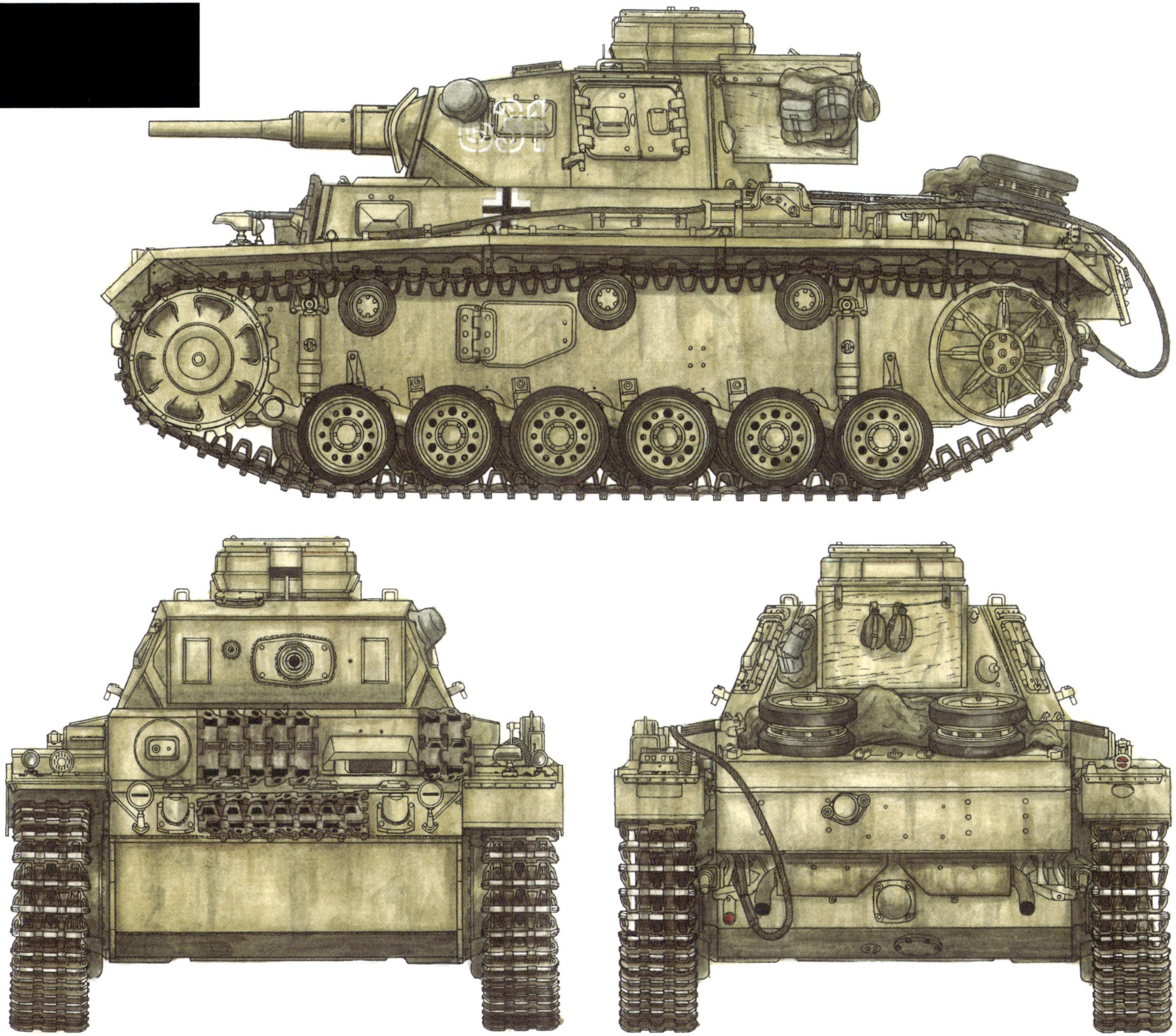

〔図31〕

Ⅲ号戦車J型　所属部隊不明

Pz.Kpfw.III Ausf.J Unit unknown

車体各部の特徴

砲塔前面の装甲厚が50mmになった標準的なJ型。砲塔後部のゲペックカステン、右フェンダー前部の履帯整備工具箱を装備。履帯は標準的な40cm幅タイプを装着している。

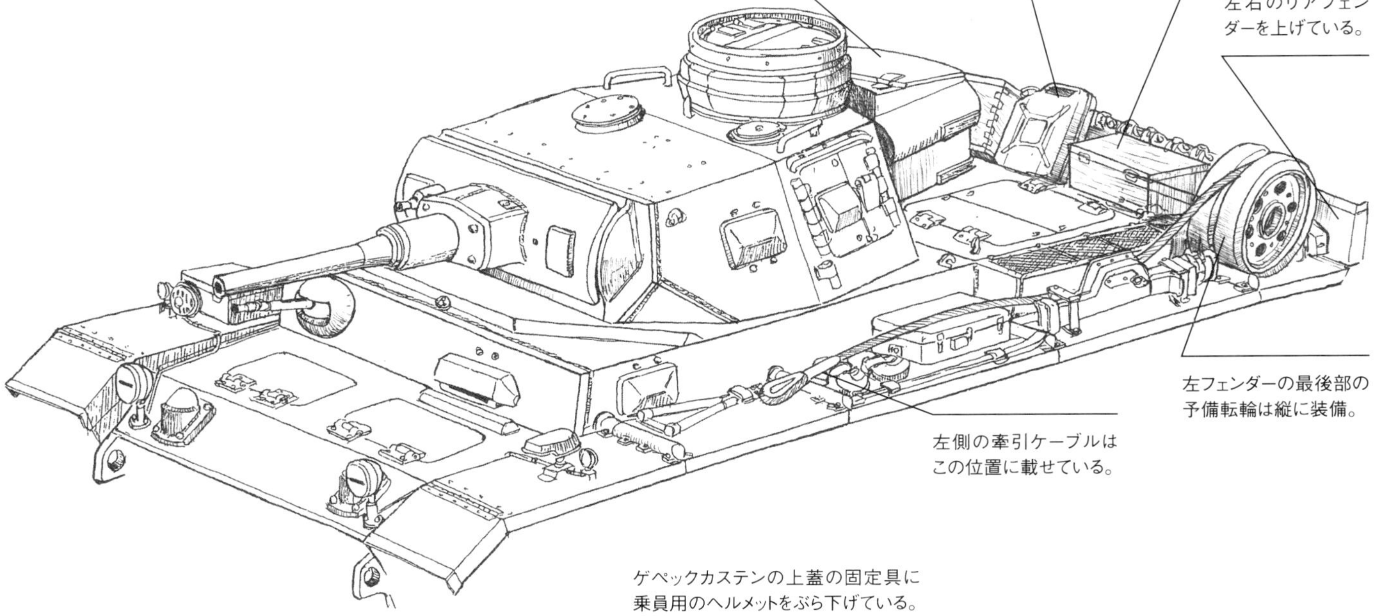
砲塔後面にゲペックカステンを装着。
機関室上面の後部にジェリカンを載せている。
後部左側には木箱を載せている。
左右のリアフェンダーを上げている。
左フェンダーの最後部の予備転輪は縦に装備。
左側の牽引ケーブルはこの位置に載せている。

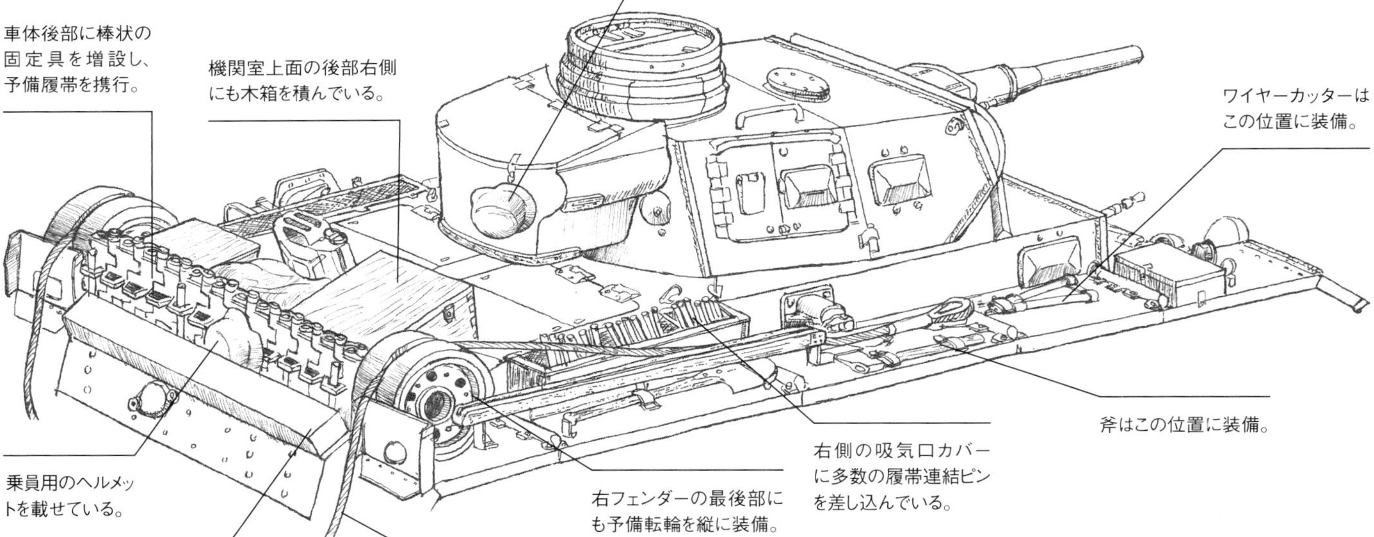
ゲペックカステンの上蓋の固定具に乗員用のヘルメットをぶら下げている。
車体後部に棒状の固定具を増設し、予備履帯を携行。
機関室上面の後部右側にも木箱を積んでいる。
ワイヤーカッターはこの位置に装備。
斧はこの位置に装備。
右側の吸気口カバーに多数の履帯連結ピンを差し込んでいる。
右フェンダーの最後部にも予備転輪を縦に装備。
乗員用のヘルメットを載せている。
車体後面上部に長方形の箱状のものを取り付けている。
右側の牽引ケーブルはこのように携行。

J型の車体前部

1941年6月から機銃ボールマウント周囲に防塵カバー装着用のリングを設置した車両も見られるようになる。

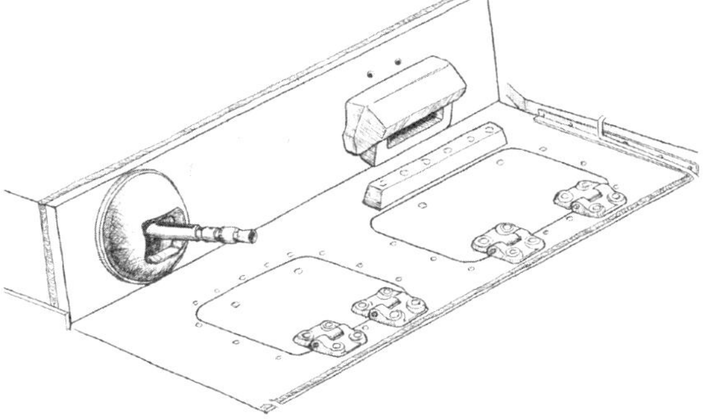

車体前部上面の点検ハッチ

図は点検ハッチを開けた状態。ハッチ内側の2カ所にロックレバーを設置。開口部の内側周囲にはゴム製のシール材が取り付けられている。

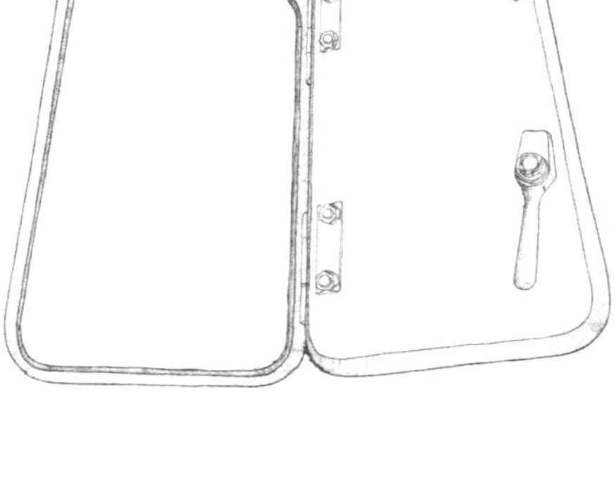

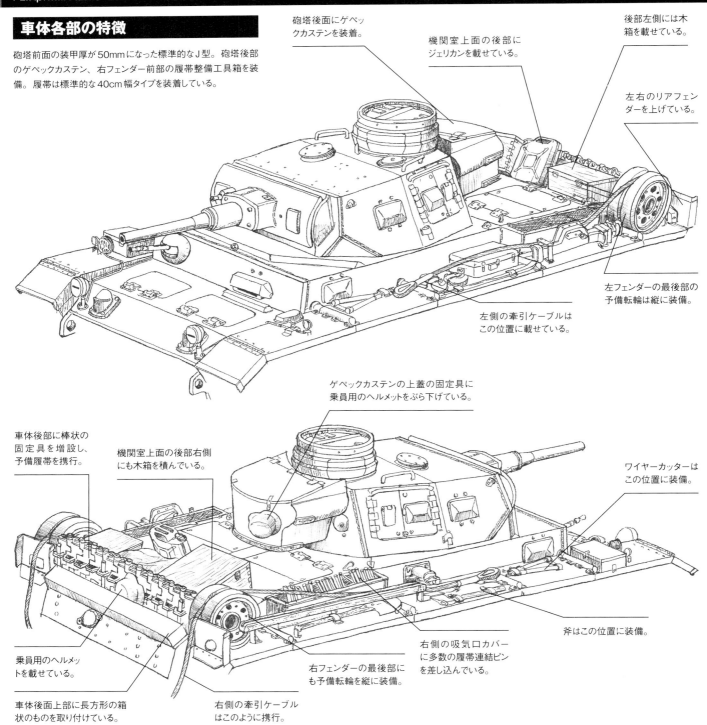

〔図32〕

Ⅲ号戦車J型　所属部隊不明 631号車

Pz.Kpfw.III Ausf.J Unit unknown, No.631

車体各部の特徴

砲塔前面の装甲がＨ型と同じ30mm厚のままのＪ型初期生産車。右フェンダー前部に履帯整備工具箱を設置。砲塔後面のゲペックカステンは正規品ではなく、部隊作製のものを取り付けている。履帯は標準的な40cm幅タイプを装着。

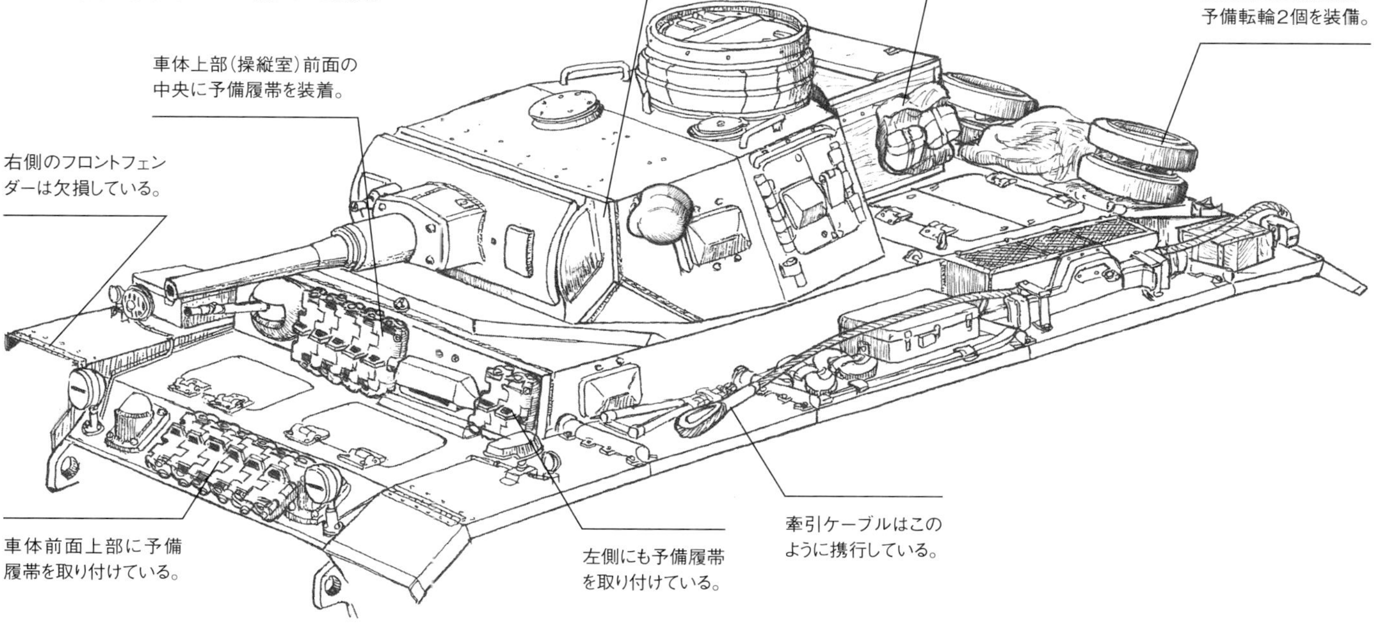
砲塔前面の装甲は30mm厚。
ゲペックカステンの左側に飯盒と雑嚢をぶら下げている。
機関室上面最後部に予備転輪2個を装備。
車体上部(操縦室)前面の中央に予備履帯を装着。
右側のフロントフェンダーは欠損している。
車体前面上部に予備履帯を取り付けている。
左側にも予備履帯を取り付けている。
牽引ケーブルはこのように携行している。

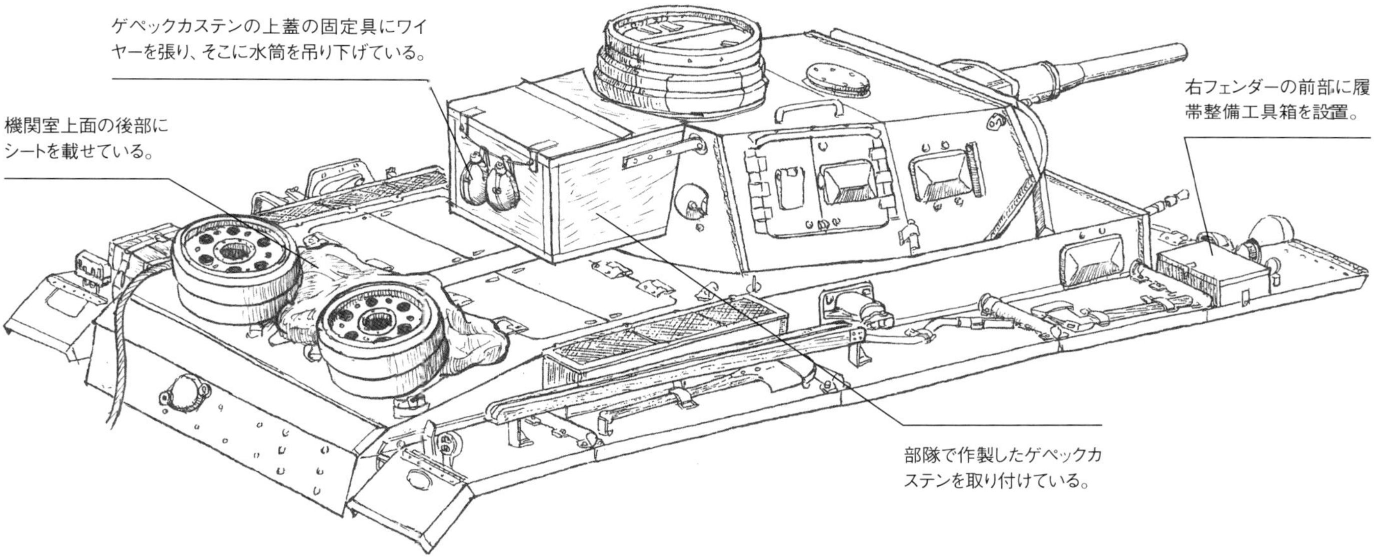
ゲペックカステンの上蓋の固定具にワイヤーを張り、そこに水筒を吊り下げている。
機関室上面の後部にシートを載せている。
右フェンダーの前部に履帯整備工具箱を設置。
部隊で作製したゲペックカステンを取り付けている。

631号車の砲塔

Ｊ型初期生産車で、前面の装甲厚はＨ型と同じく30mmのままだった。後面のゲペックカステンは部隊が独自に作製したのもので、木製である可能性もある（上図では木製として描いている）。

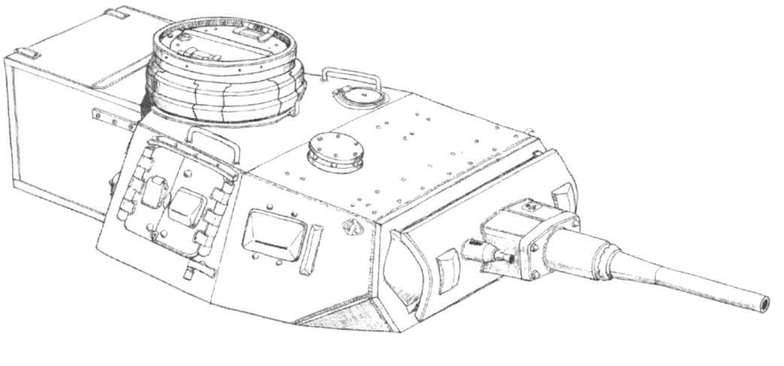

J型初期生産車の機関室上面

点検ハッチの形状や牽引ケーブルの固定具の配置はＨ型と同じである。

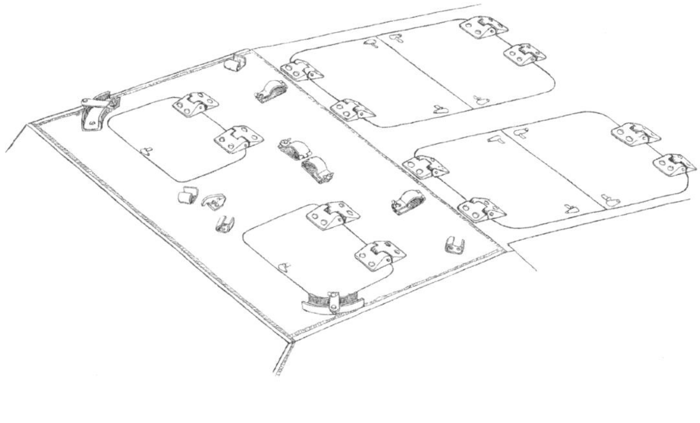

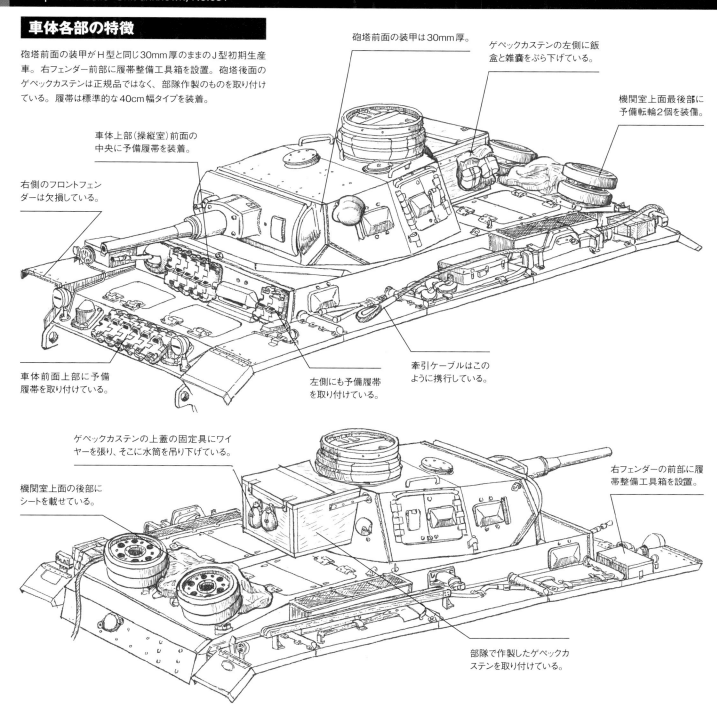

Pz.Kpfw.III Ausf.J

6./Panzerregiment 201, 23.Panzerdivision, No.633
Summer of 1942 Eastern Front/ Caucasus

〔図33〕

Ⅲ号戦車J型

第 23 装甲師団第 201 戦車連隊 633 号車
1942 年夏　東部戦線 / コーカサス

RAL7021 ドゥンケルグラウの基本色の上にゲルプ系色の塗料を部分的に塗布した迷彩塗装が施されている。砲塔番号“633”は白縁付きの赤色数字で砲塔側面前部とゲペックカステン後面に描いている。また、右フェンダーの前後には、黄色で正規の師団マーク、白色で非公式の師団マーク“エッフェル塔”を記入している。

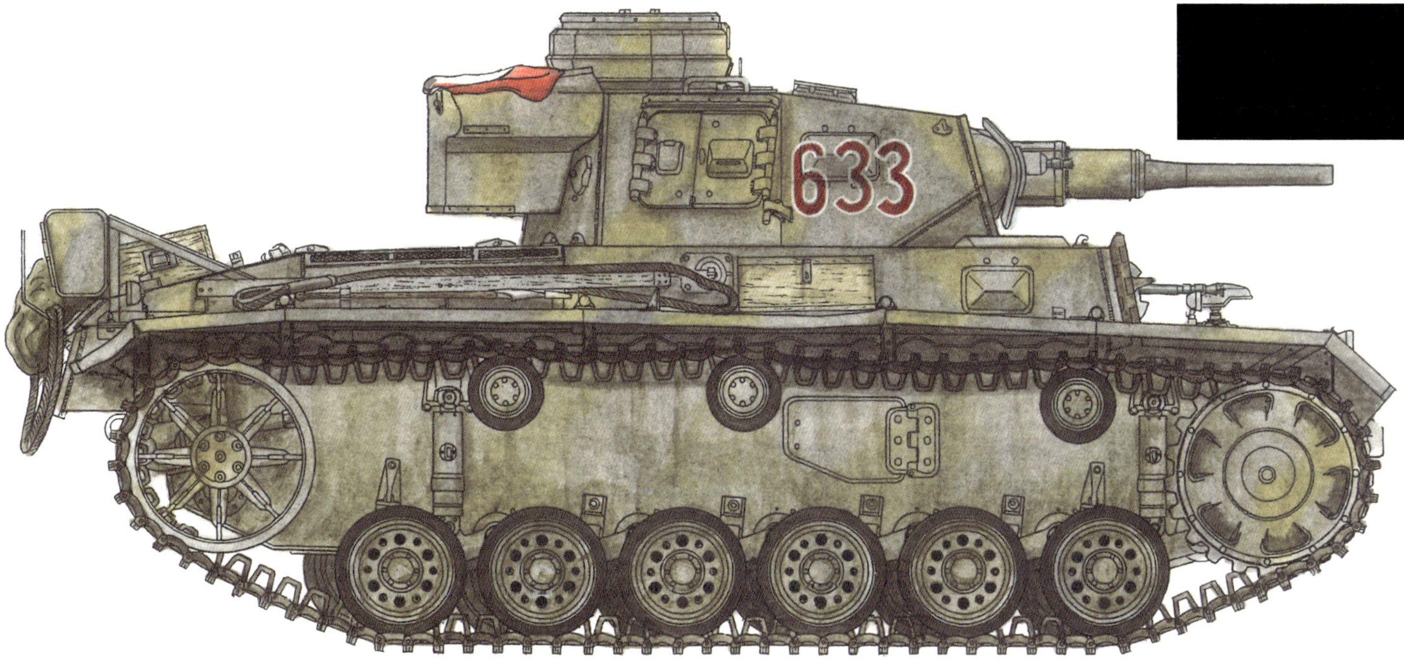

Pz.Kpfw.III Ausf.J

5./Panzerregiment 24, 24.Panzerdivision, No.525
Summer of 1942 Stalingrad

〔図34〕

Ⅲ号戦車J型

第 24 装甲師団第 24 戦車連隊 525 号車
1942 年夏　スターリングラード

基本色 RAL7021 ドゥンケルグラウの単色塗装。砲塔番号の“525”は白縁付きの赤色数字で、砲塔側面の視察クラッペ下に小さく、ゲペックカステンの後面には大きく描いている。右フェンダー前部に黄色で非公式の師団マークを、また、車体後部上に増設された収納箱の後面には左側に正規の師団マーク、中央に国籍標識バルケンクロイツ、さらに右側には非公式の師団マークを描いている。

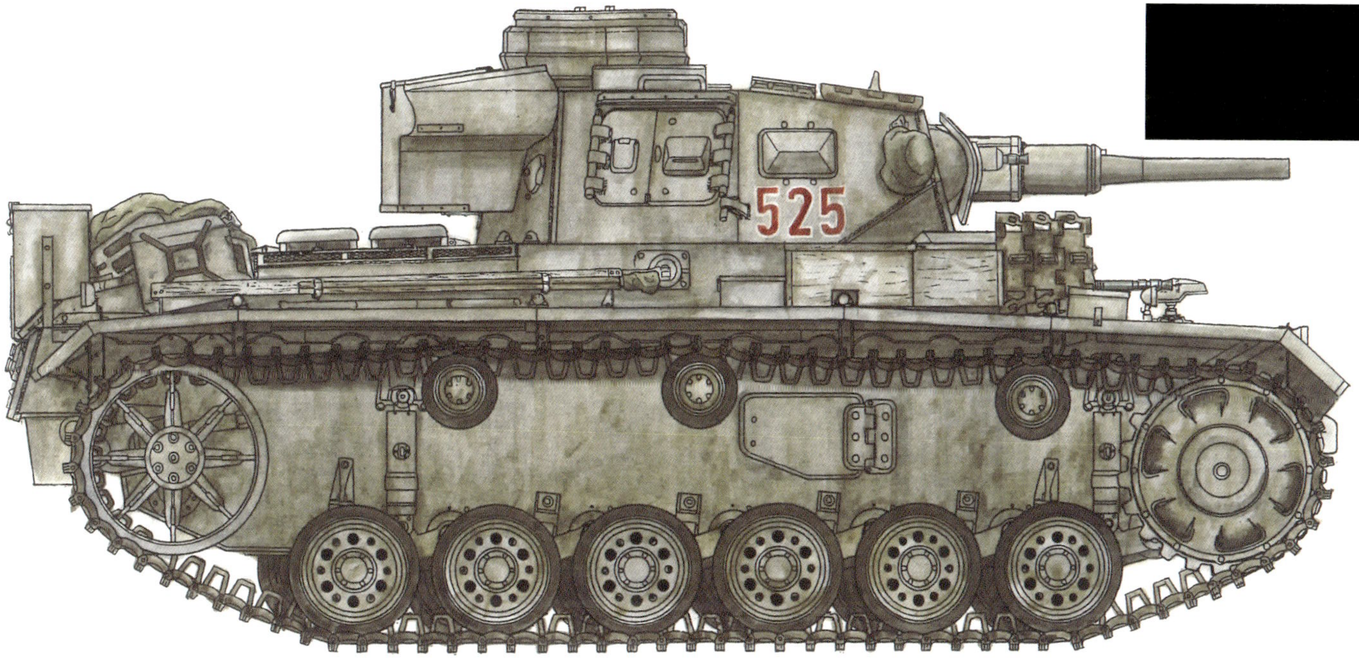

〔図33〕

Ⅲ号戦車J型　第23装甲師団第201戦車連隊633号車

Pz.Kpfw.III Ausf.J 6./Pz.Rgt.201, 23.Pz.Div., No.633

車体各部の特徴

砲塔前面の装甲が50mm厚になった標準的なJ型。1941年4月から装備が始まった砲塔後部のゲペックカステンは取り付けられているが、右フェンダー前部の履帯整備工具箱は未装備。履帯は標準的な40cm幅タイプを装着している。

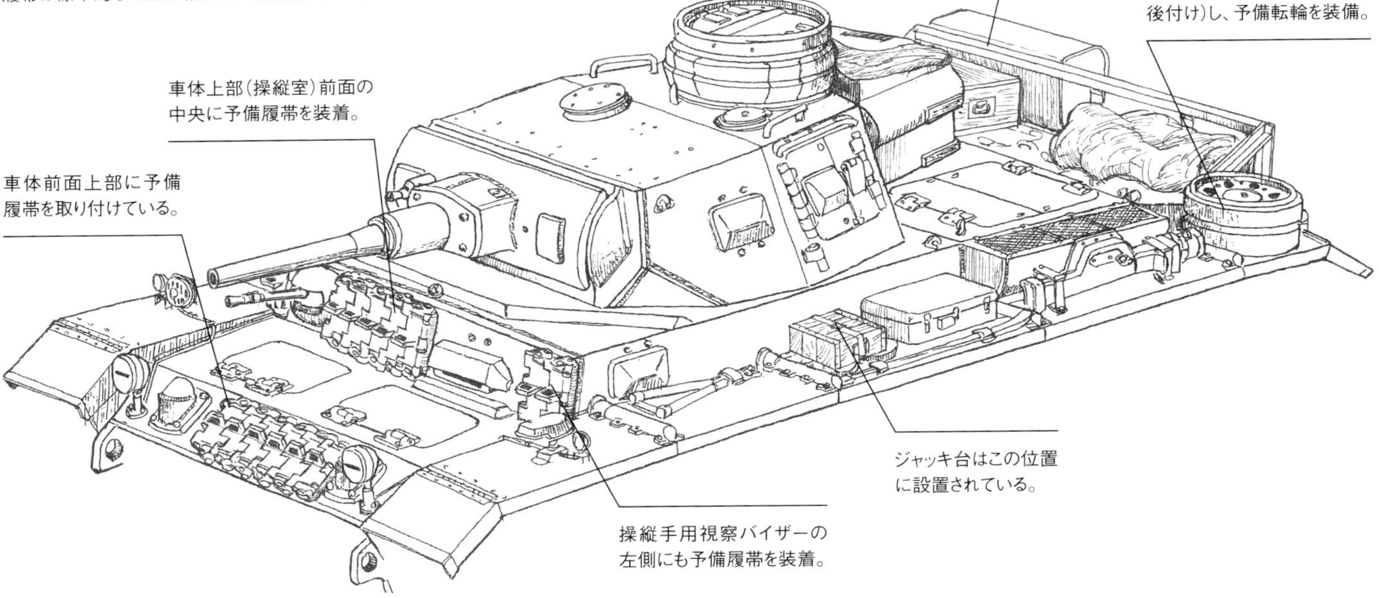

機関室上面の後部に金属製の荷物ラックを増設している。
左フェンダーの最後部に予備転輪固定具を設置（おそらく後付け）し、予備転輪を装備。
車体上部（操縦室）前面の中央に予備履帯を装着。
車体前面上部に予備履帯を取り付けている。
ジャッキ台はこの位置に設置されている。
操縦手用視察バイザーの左側にも予備履帯を装着。

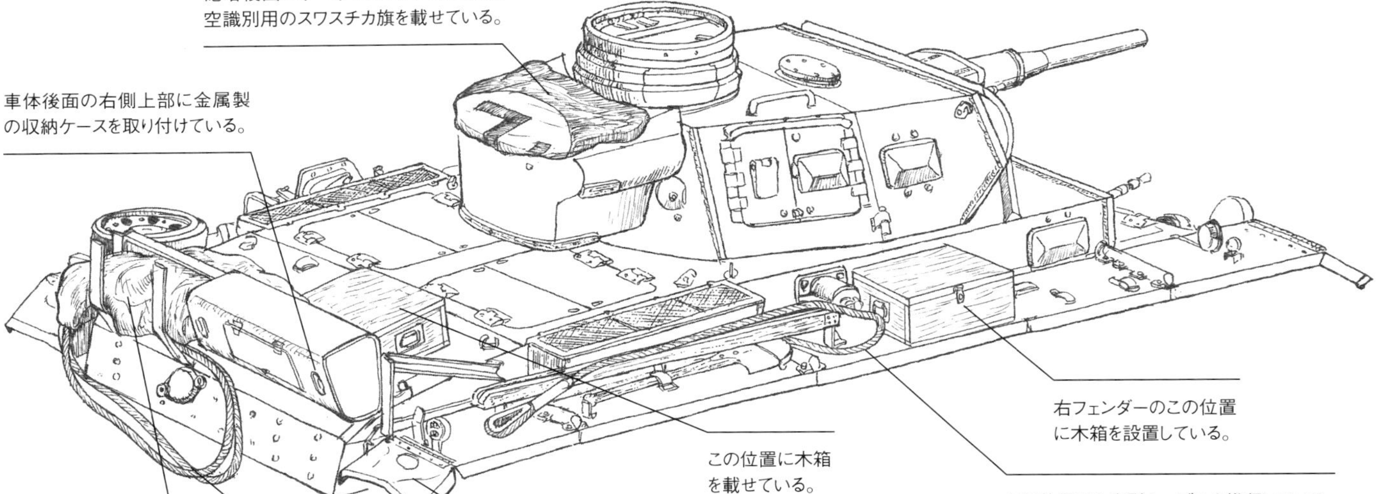

砲塔後面のゲペックカステンの上に対空識別用のスワスチカ旗を載せている。
車体後面の右側上部に金属製の収納ケースを取り付けている。
右フェンダーのこの位置に木箱を設置している。
この位置に木箱を載せている。
この位置にも牽引ケーブルを携行している。
車体後面の左側上部に支持架を設け、丸めたシートカバーを載せている。
支持架に牽引ケーブルをぶら下げている。
右のリアフェンダーにダメージあり。

標準的なJ型砲塔

J型から砲塔前面の装甲を50mm厚に強化する予定だったが、生産当初はそれが間に合わず、J型の初期生産車は、H型と同様に前面装甲厚は30mmだった。生産途中から50mm厚に強化され、それとともに図のように側面の視察クラッペ前方にあった跳弾ブロックは廃止される。

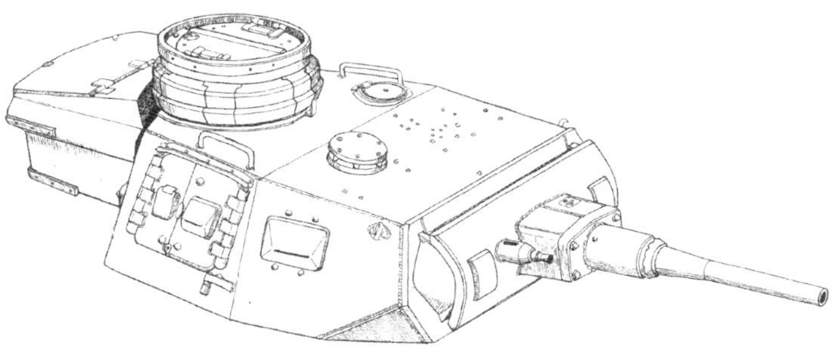

633号車の車体後部

機関室上面後部に増設された荷物ラックは図のような造り。右側に取り付けられている金属製の収容ケースは、同じ部隊の他の車両においても装備が確認できる。

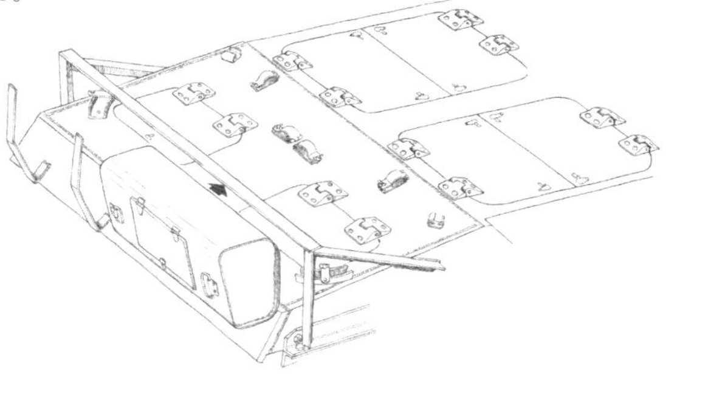

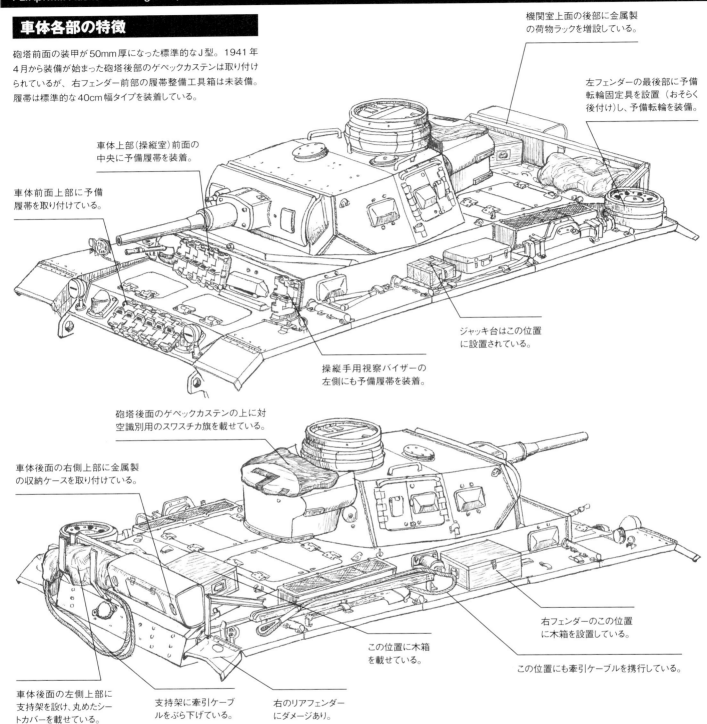

〔図34〕

Ⅲ号戦車J型　第24装甲師団第24戦車連隊525号車

Pz.Kpfw.III Ausf.J　5./Pz.Rgt.24, 24.Pz.Div., No.525

車体各部の特徴

砲塔前面の装甲厚が50mmになった標準的なJ型で、機関室上面の点検ハッチに通気口及び装甲カバーを備えた熱帯地仕様。1941年4月から標準化された砲塔後部のゲペックカステンと右フェンダー前部の履帯整備工具箱を装備。さらに1941年9月から左フェンダー上に設置が始まった予備転輪固定具も備えている。履帯は標準的な40cm幅を装着。

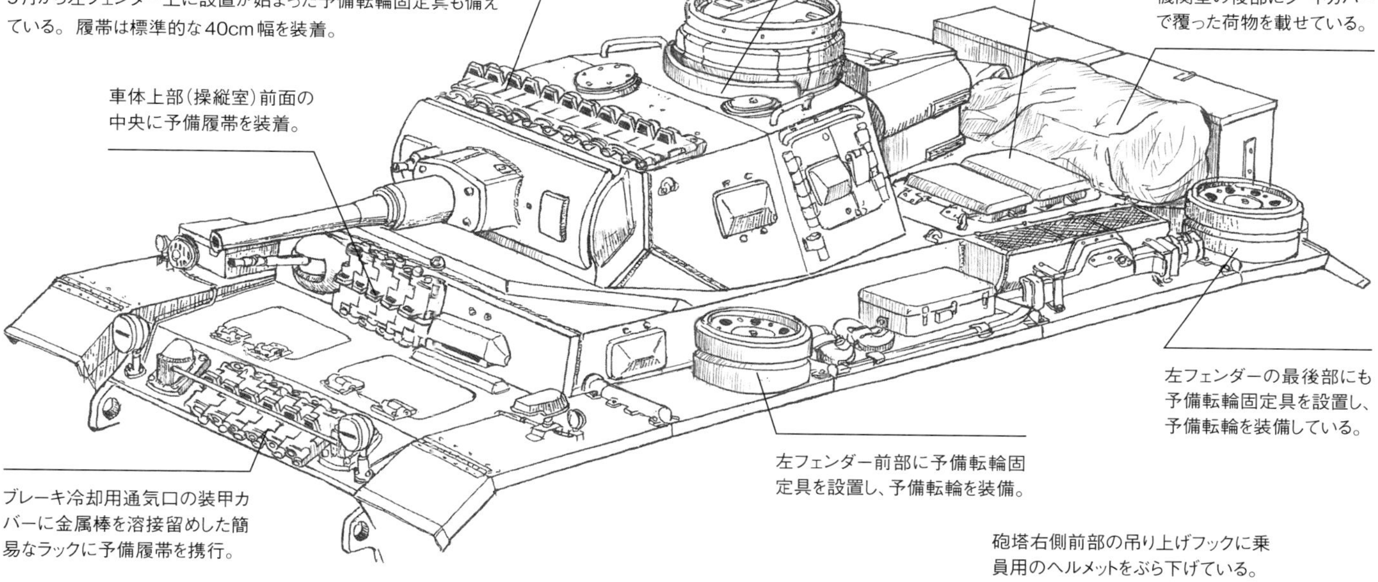
砲塔上面の最前部に予備履帯を載せている。
車長用キューポラの前部に装甲板を追加。
機関室は、点検ハッチに通気口を設け、その上に装甲カバーを設置した熱帯地仕様。
機関室の後部にシートカバーで覆った荷物を載せている。
車体上部（操縦室）前面の中央に予備履帯を装着。
左フェンダーの最後部にも予備転輪固定具を設置し、予備転輪を装備している。
左フェンダー前部に予備転輪固定具を設置し、予備転輪を装備。
ブレーキ冷却用通気口の装甲カバーに金属棒を溶接留めした簡易なラックに予備履帯を携行。

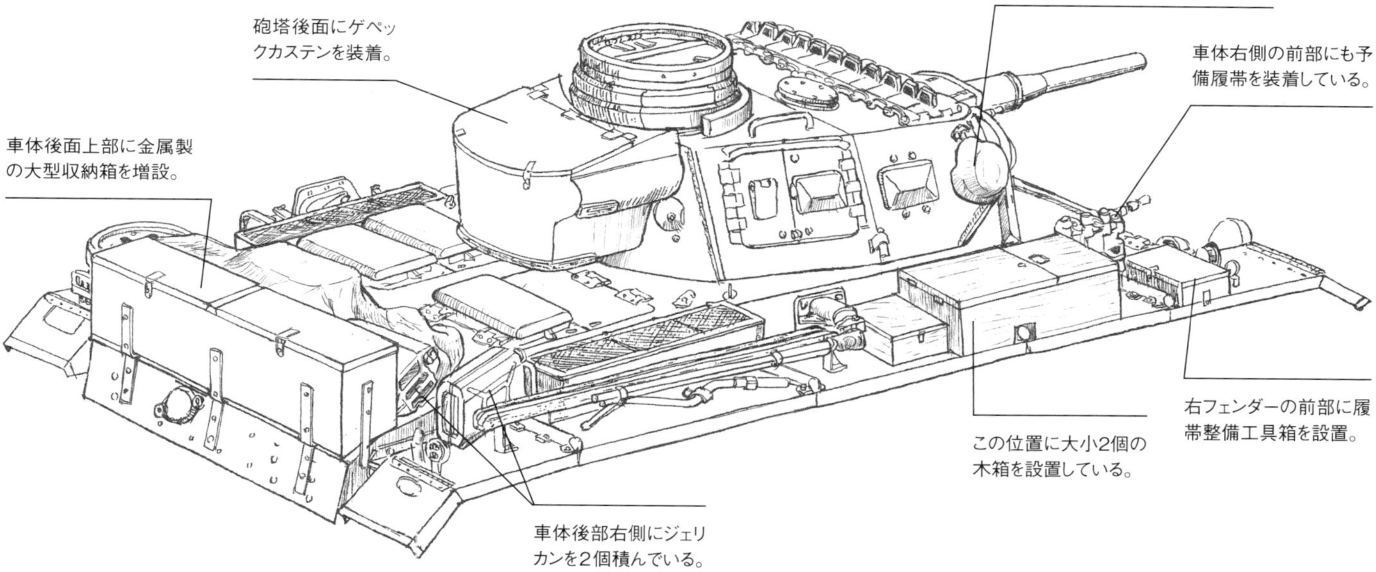
砲塔右側前部の吊り上げフックに乗員用のヘルメットをぶら下げている。
砲塔後面にゲペックカステンを装着。
車体右側の前部にも予備履帯を装着している。
車体後面上部に金属製の大型収納箱を増設。
右フェンダーの前部に履帯整備工具箱を設置。
この位置に大小2個の木箱を設置している。
車体後部右側にジェリカンを2個積んでいる。

525号車の車体前部

車体前面には標準仕様の予備履帯ラックを装備。さらに前面上部の通気口装甲カバーの間と車体上部前面中央にも加工した金属棒を溶接留めした簡易な予備履帯ラックが増設されている。

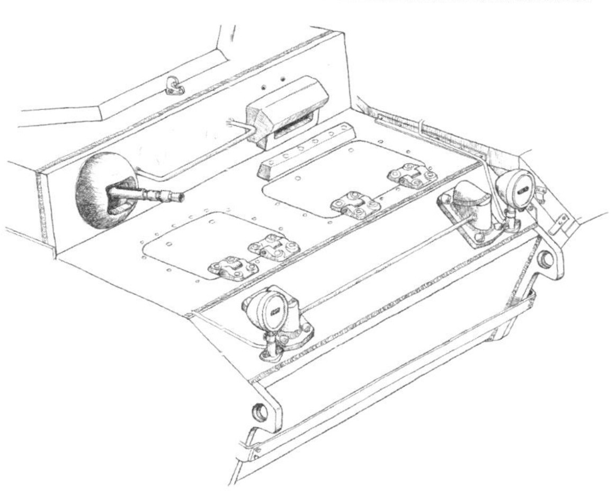

車長用キューポラの増加装甲板

図は、525号車と同じ部隊の別車両の例。525号車では下部前半部のみを覆うように増加装甲板を設置しているが、この車両は上下2カ所の全周を覆うように装甲板を取り付けている。

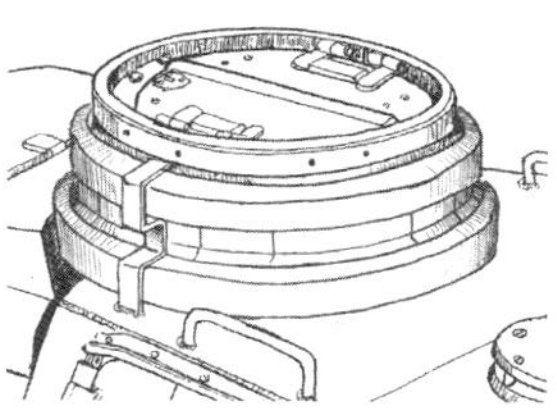

525号車の車体後部

最後部に大型収納箱を増設している。収納箱は、525号車のみならず同部隊の他車両にも見られる特徴で、図の金属製の他に木製のものもあり、さらに固定板の数や取り付け方法にもバリエーションが見られる。

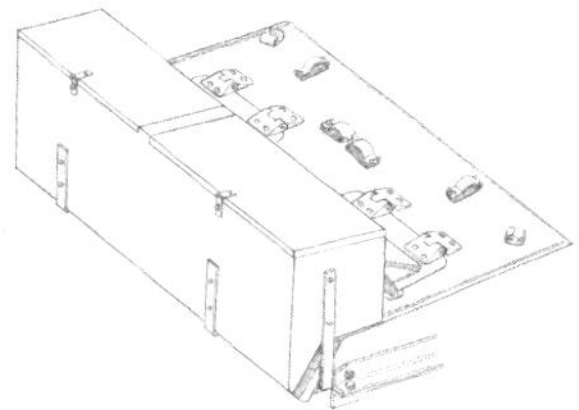

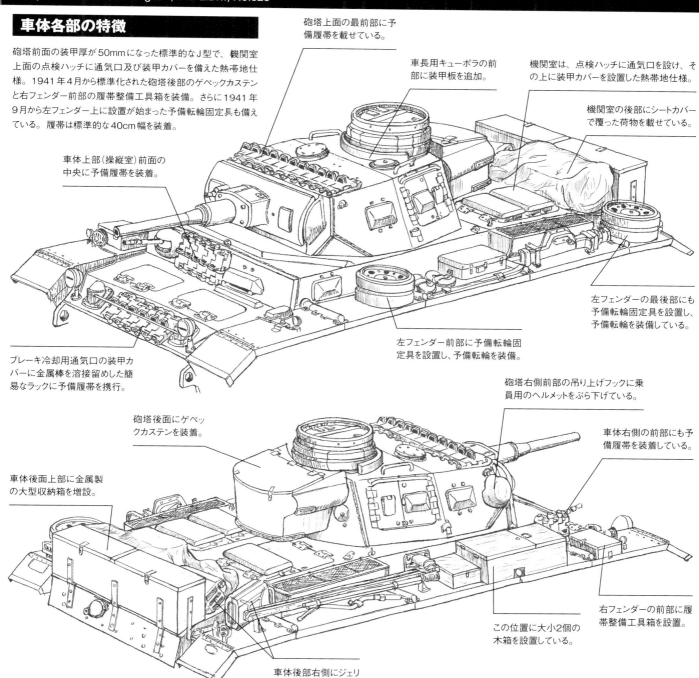

Pz.Fkl.Bef.Wg.III

1./Panzerabteilung (Fkl) 300
Summer of 1942 Eastern Front/ Southern sector

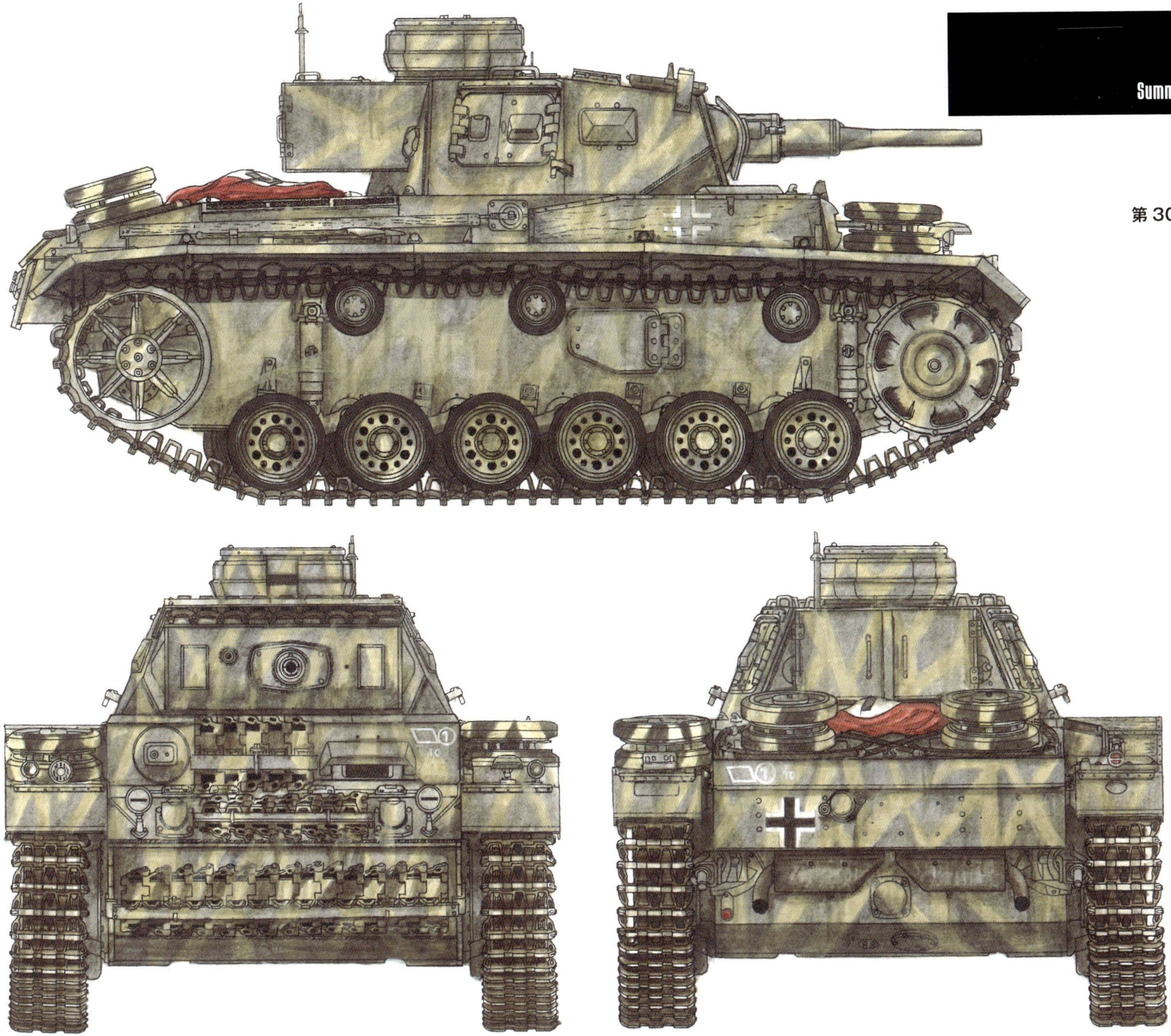

〔図35〕

Ⅲ号無線操縦用指揮戦車

第 300（無線操縦）戦車大隊第 1 中隊所属車
1942 年夏　東部戦線 / 南部戦区

J 型をベースとした無線操縦用指揮戦車。車体は RAL7021 ドゥンケルグラウの基本色の上に現地の土を油で溶いたものを刷毛を使って乱雑に塗り付け、迷彩を施している。車体上部前面の左側と車体後面上部の左側に平行四辺形と中隊標識の◯を組み合わせたマーキング（◯の中の数字は中隊番号の“1”を示す）が記されている。車体側面の国籍標識バルケンクロイツは白縁のみのタイプだが、車体後面には標準的な白縁付き黒十字のバルケンクロイツが描かれている。

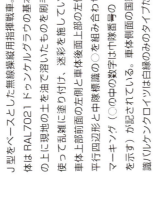

Pz.Fkl.Bef.Wg.III

2./Panzerabteilung (Fkl) 300
Summer of 1942 Eastern Front/ Southern sector

〔図36〕

Ⅲ号無線操縦用指揮戦車

第 300（無線操縦）戦車大隊第 2 中隊所属車
1942 年夏　東部戦線 / 南部戦区

この車両も〔図 35〕と同じ大隊のＪ型をベースとした無線操縦用指揮戦車で、塗装もRAL7021 ドゥンケルグラウの上に現地の土を油で溶いたものを塗り付けた迷彩が施されている。ただし、この車両の迷彩パターンは雲状で、より広範囲に土が塗布されているのが特徴。車体上部前面の左側と車体後面の左側のマーキングも〔図 35〕と同様だが、○の中の数字は第 2 中隊を示す“2”となっている。車体後面の左側には白縁付き黒十字の国籍標識バルケンクロイツも確認できる。

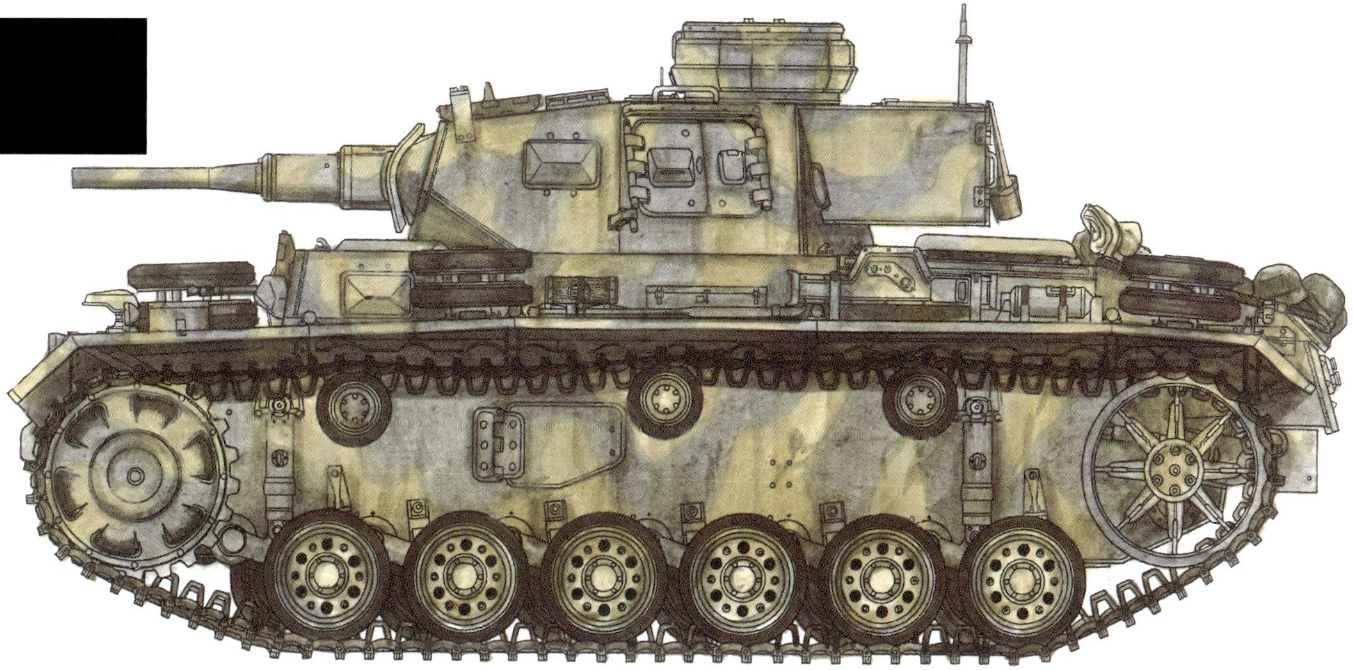

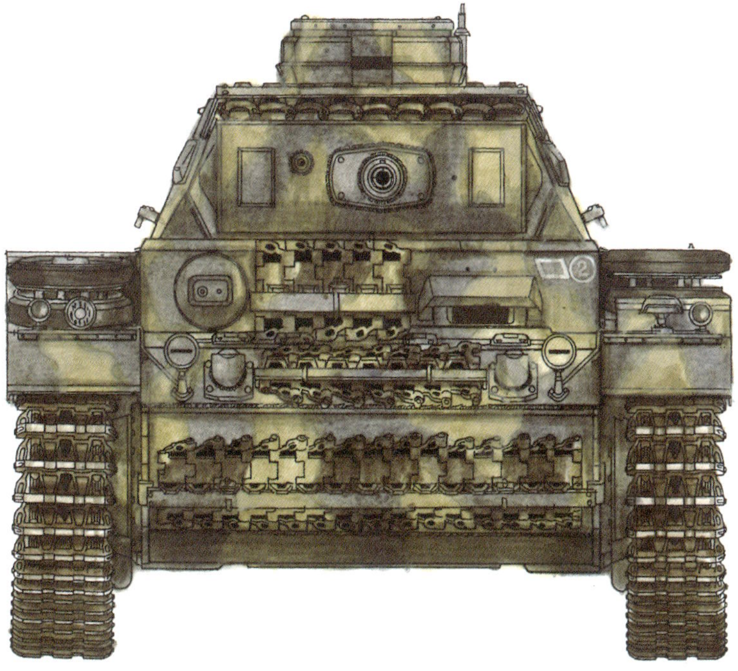

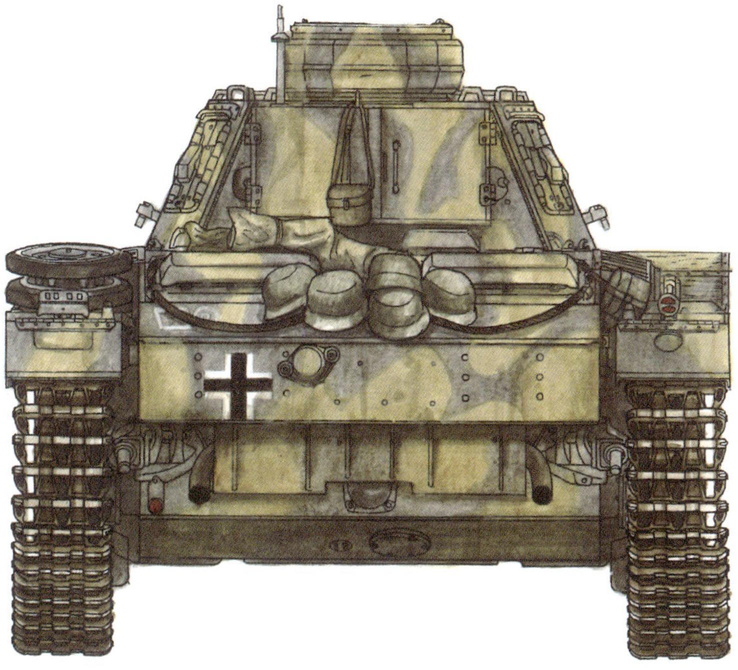

〔図35〕

Ⅲ号無線操縦用指揮戦車　第300（無線操縦）戦車大隊第1中隊所属車

Pz.Fkl.Bef.Wg.III 1./Pz.Abt. (Fkl)300

車体各部の特徴

砲塔前面の装甲が50mm厚の標準的なJ型をベースとした無線操縦用指揮戦車。履帯は標準的な40cm幅タイプを装着している。

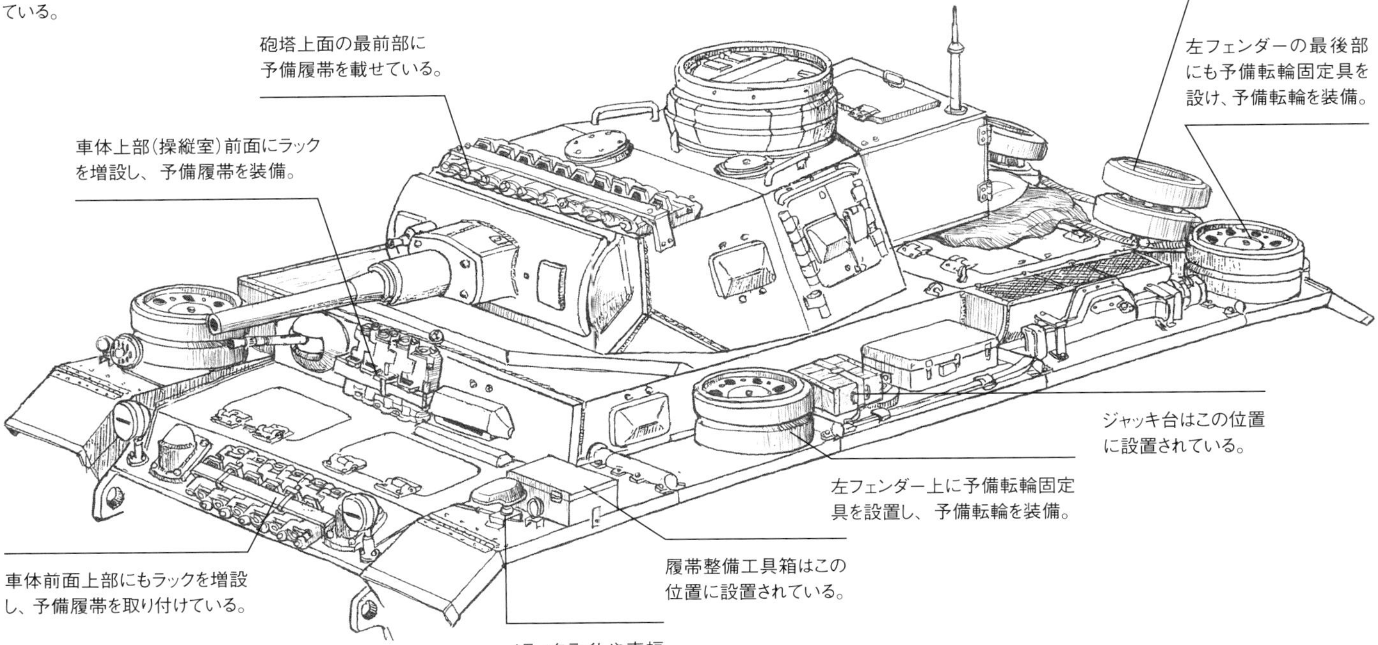
機関室上面の後部に予備転輪2個を装備。
砲塔上面の最前部に予備履帯を載せている。
左フェンダーの最後部にも予備転輪固定具を設け、予備転輪を装備。
車体上部（操縦室）前面にラックを増設し、予備履帯を装備。
ジャッキ台はこの位置に設置されている。
左フェンダー上に予備転輪固定具を設置し、予備転輪を装備。
車体前面上部にもラックを増設し、予備履帯を取り付けている。
履帯整備工具箱はこの位置に設置されている。
ノテックライトや車幅灯は若干前に移設。

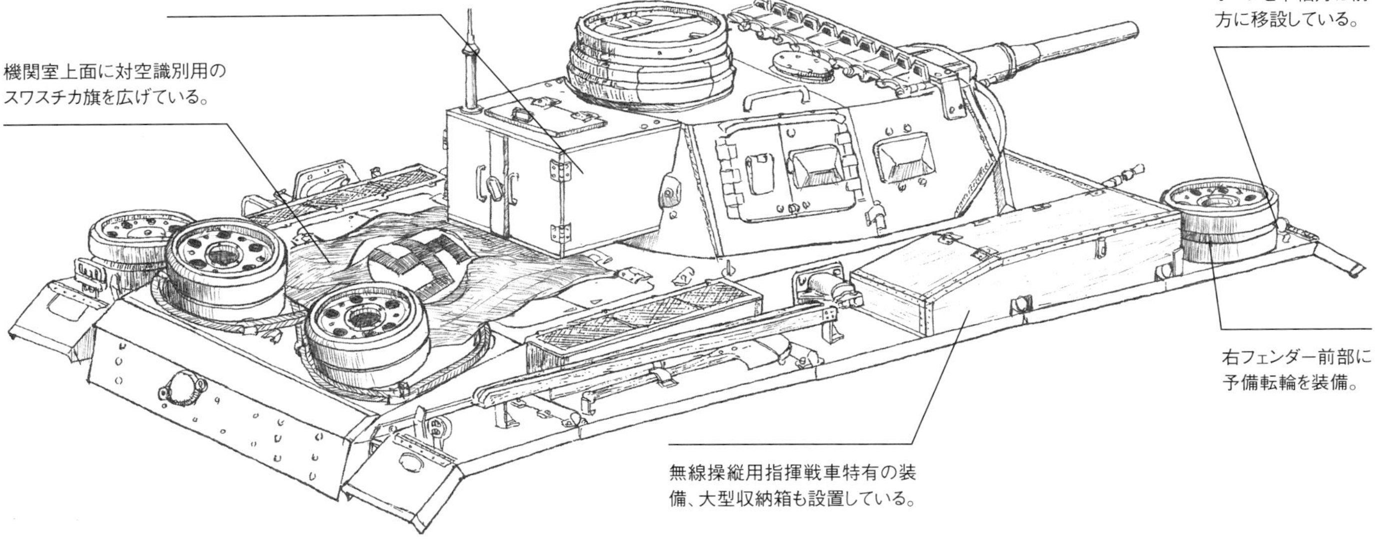
砲塔後面に無線操縦用指揮戦車特有の無線機収納ボックスを装着。
ホーンと車幅灯は前方に移設している。
機関室上面に対空識別用のスワスチカ旗を広げている。
右フェンダー前部に予備転輪を装備。
無線操縦用指揮戦車特有の装備、大型収納箱も設置している。

車体前部

上図の車両の車体前部を示す。車体前面の標準仕様の予備履帯ラックに加え、現地部隊において前面上部と車体上部前面にもラックが増設されている。増設されたラックの予備履帯固定具は標準仕様が用いられている。

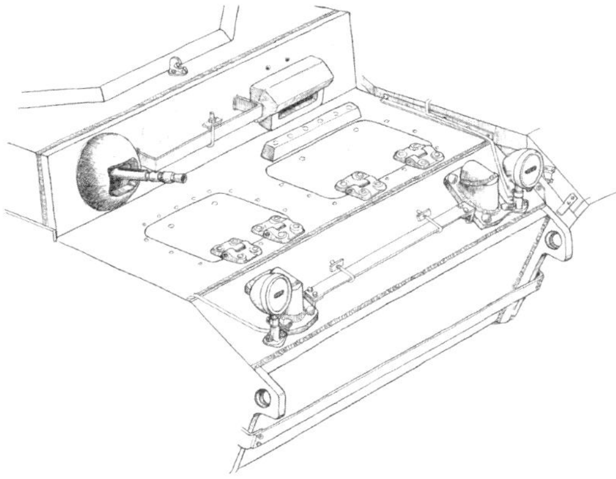

J型初期生産車の車体後面

J型では後面の装甲も50mm厚に強化され、始動用クランク差し込み口カバーの形状も変更されている。

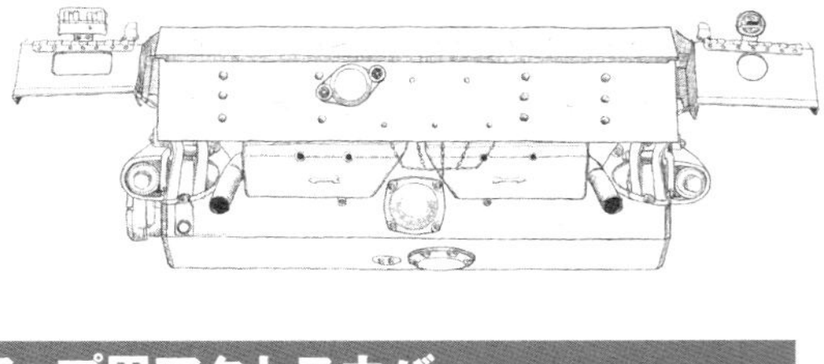

グリースアップ用アクセスカバー

車体後面の下部中央に設置されたカバー。1941年6月頃からは右図のようにカバーに牽引具を溶接した車両も見られる。

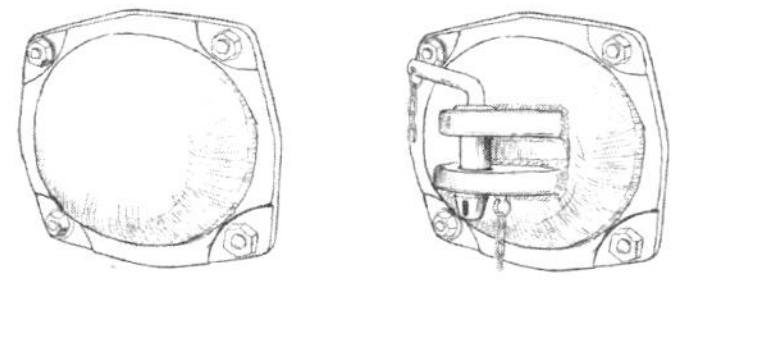

〔図36〕

Ⅲ号無線操縦用指揮戦車　第300（無線操縦）戦車大隊第2中隊所属車

Pz.Fkl.Bef.Wg.III 2./Pz.Abt. (Fkl) 300

車体各部の特徴

砲塔前面の装甲厚は50mm、機関室上面の点検ハッチは左右とも1枚板になり、ハッチ上に通気口の装甲カバーが標準的に設置されたJ型後期生産車をベースとした無線操縦用指揮戦車。履帯は標準的な40cm幅タイプを装着している。

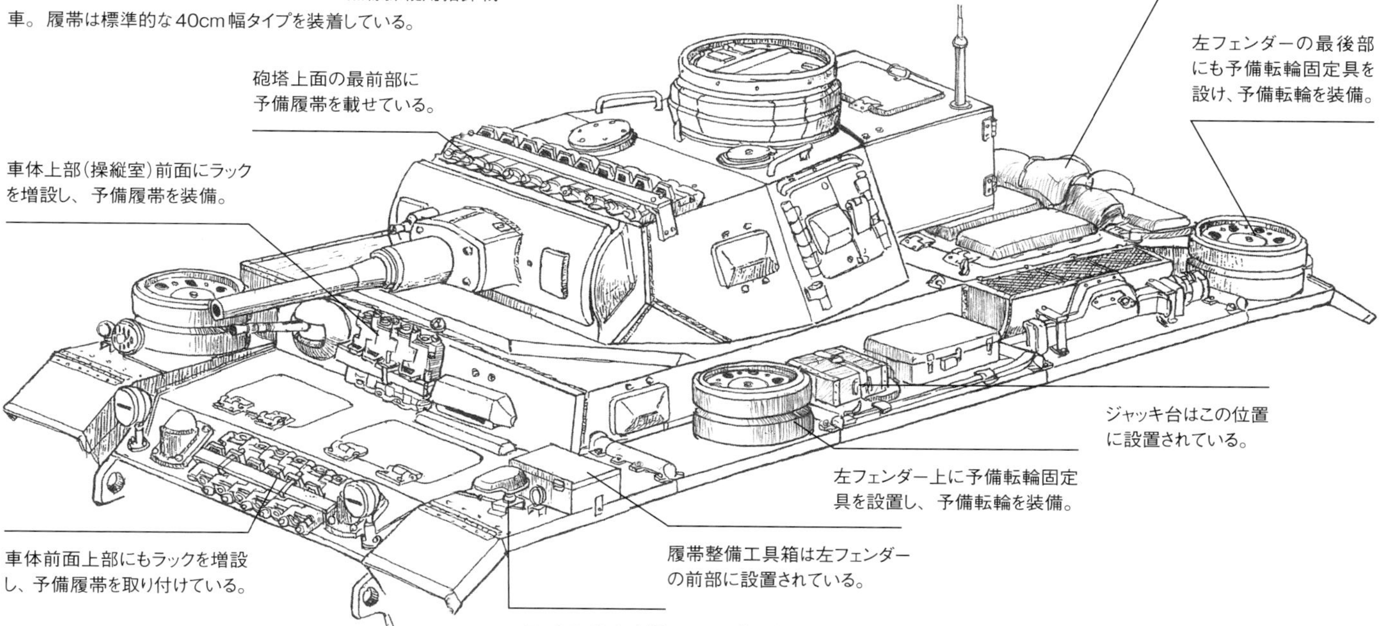
機関室上面の後部に丸めたシートなどを積んでいる。
左フェンダーの最後部にも予備転輪固定具を設け、予備転輪を装備。
砲塔上面の最前部に予備履帯を載せている。
車体上部（操縦室）前面にラックを増設し、予備履帯を装備。
ジャッキ台はこの位置に設置されている。
左フェンダー上に予備転輪固定具を設置し、予備転輪を装備。
車体前面上部にもラックを増設し、予備履帯を取り付けている。
履帯整備工具箱は左フェンダーの前部に設置されている。
ノテックライトや車幅灯は若干前に移設。

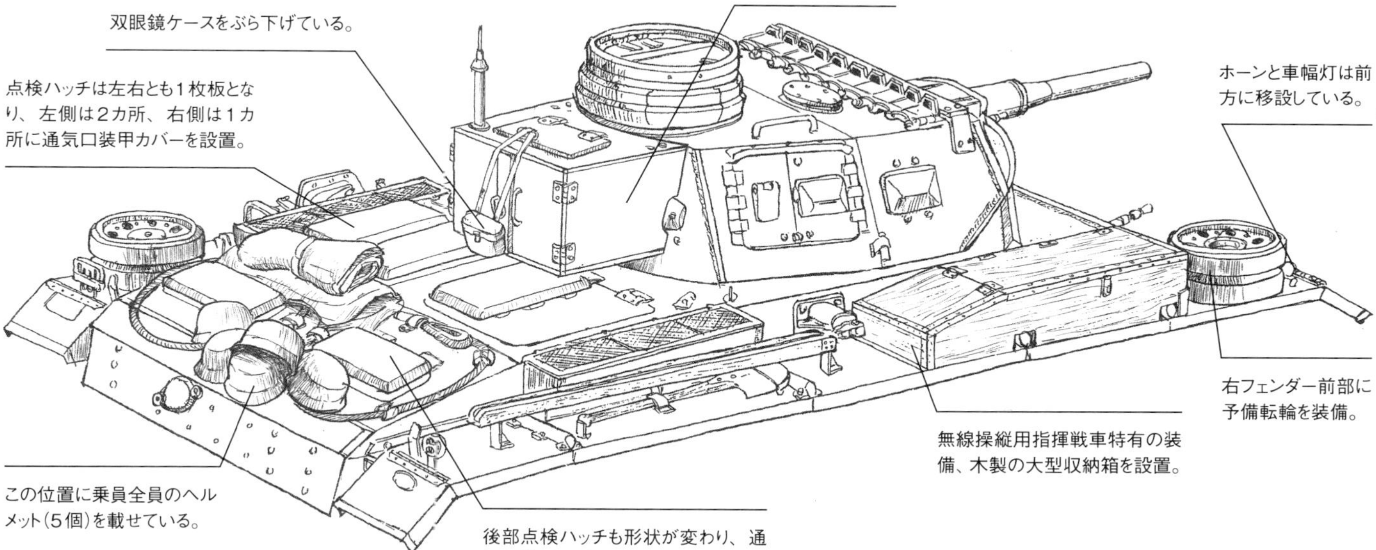
砲塔後面に無線機収納ボックスを装着。
双眼鏡ケースをぶら下げている。
点検ハッチは左右とも1枚板となり、左側は2カ所、右側は1カ所に通気口装甲カバーを設置。
ホーンと車幅灯は前方に移設している。
右フェンダー前部に予備転輪を装備。
無線操縦用指揮戦車特有の装備、木製の大型収納箱を設置。
この位置に乗員全員のヘルメット（5個）を載せている。
後部点検ハッチも形状が変わり、通気口装甲カバーも大型化されている。

無線操縦用指揮戦車のフェンダー

右フェンダー（上図）には大型収納箱を増設し、その前に予備転輪を装備。それに伴いホーンと車幅灯は若干前方に移設されている。左フェンダー（下図）も前部に履帯整備工具箱を設置したためにノテックライトと車幅灯を前方に移設。さらに工具の装備位置などにも変更が見られる。

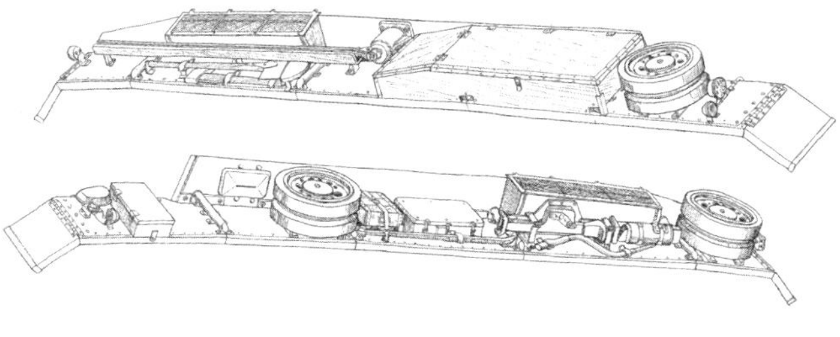

J型後期生産車の車体後面

1941年9月頃から排気口下に排気整流板が標準装備されるようになる。

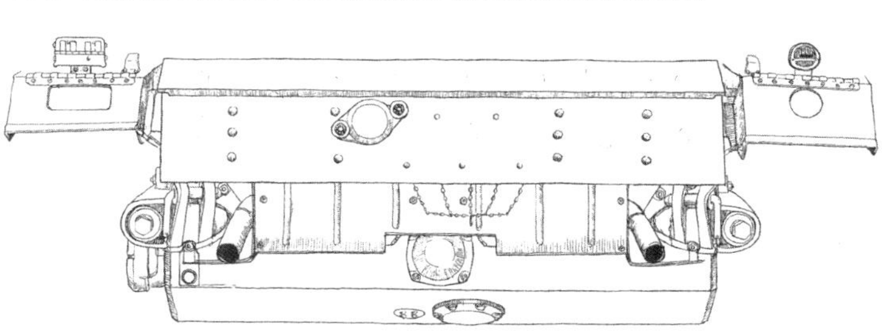

Pz.Kpfw.III Ausf.J

2./Panzerregiment 201, 23.Panzerdivision, No.202
Summer of 1942 Eastern Front

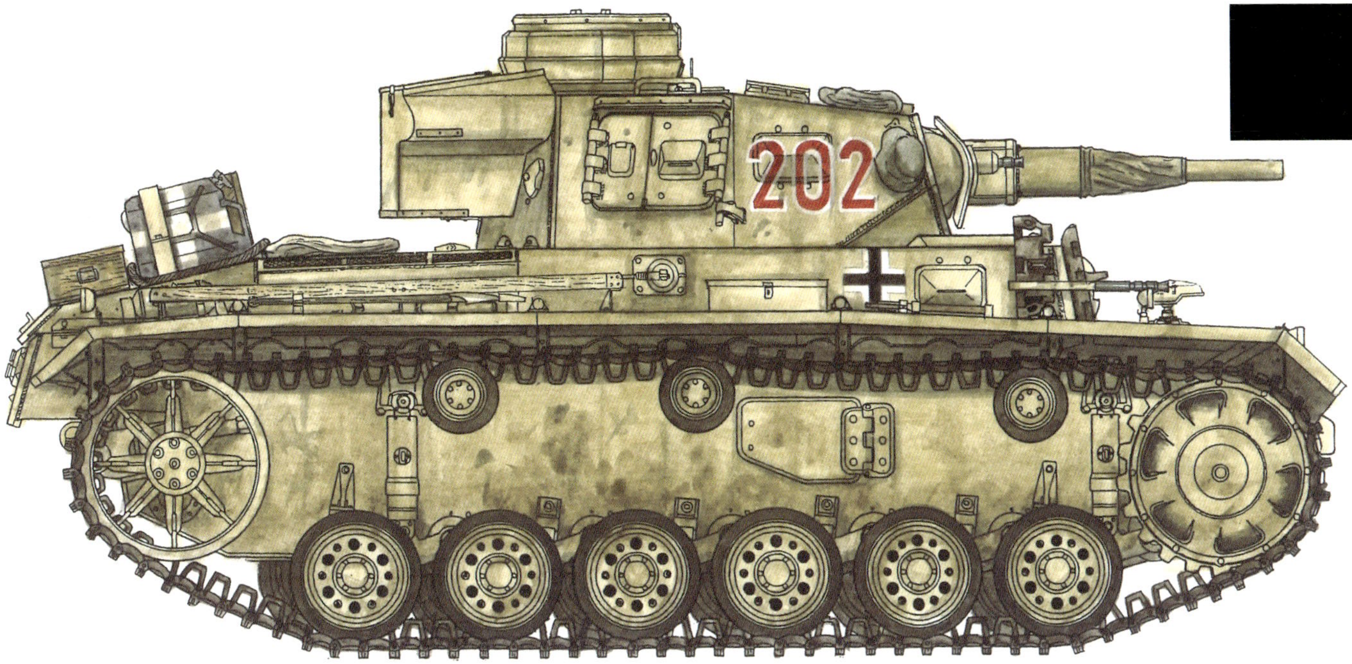

〔図37〕

Ⅲ号戦車J型

第23装甲師団第201戦車連隊202号車
1942年夏　東部戦線

北アフリカ戦線向けの基本色RAL8000ゲルブブラウンで塗装されていると思われる。砲塔側面の前部とゲペックカステンの後面に白縁付きの赤色数字で砲塔番号“202”が描かれている。さらに右フェンダーの前部と車体後面右側には“エッフェル塔”をモチーフにした非公式の師団マークを描き、車体側面と車体後面左側には白縁付き黒十字の国籍標識バルケンクロイツも記されている。

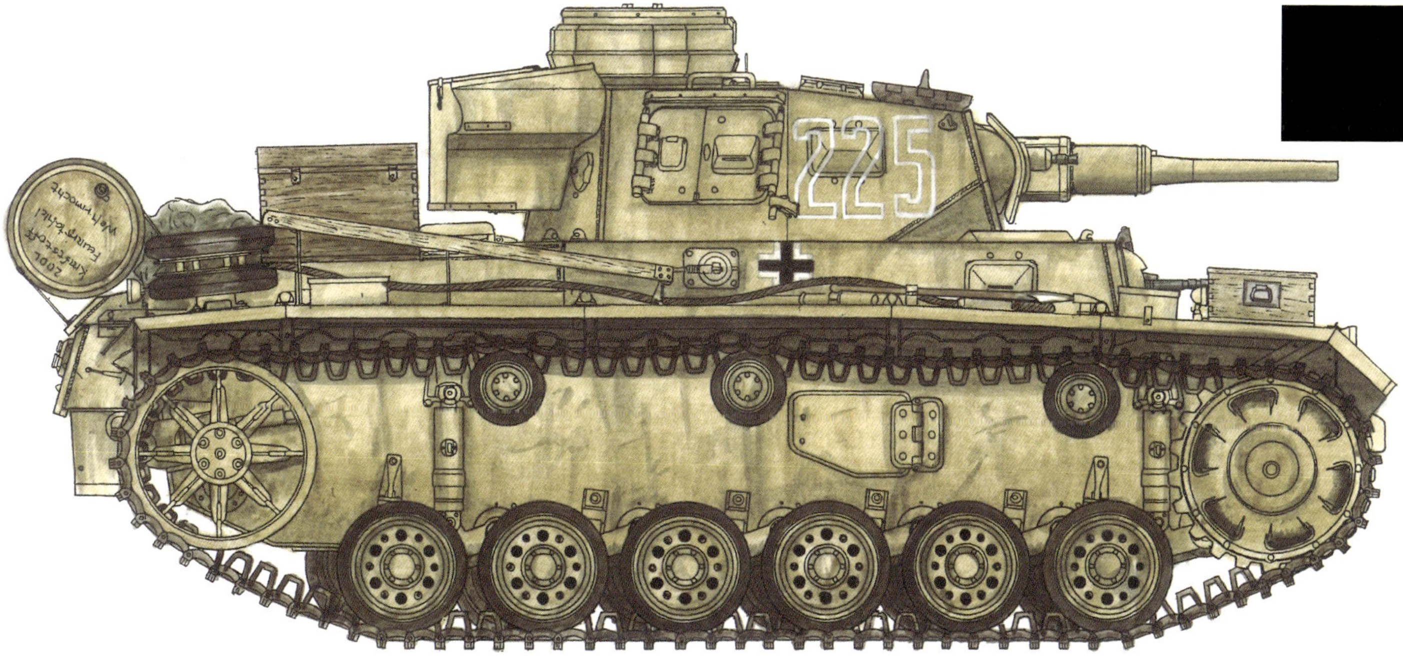

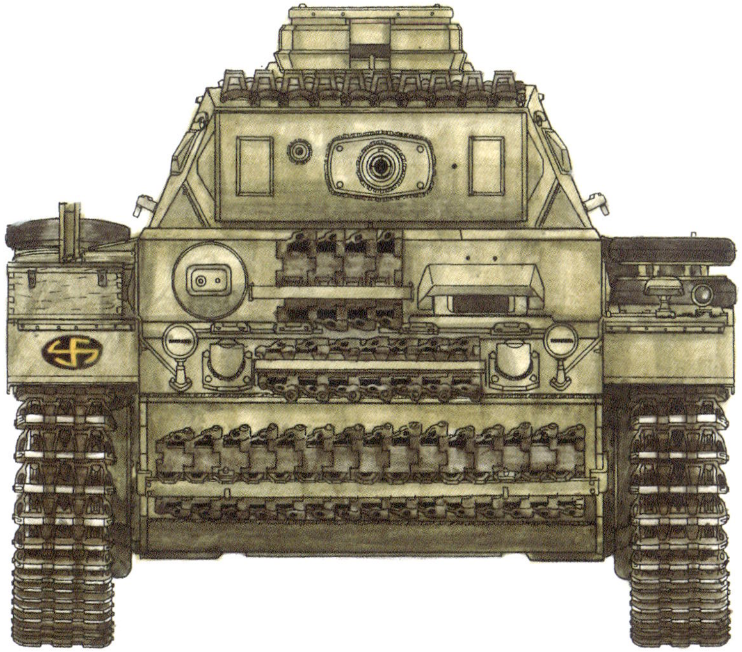

Pz.Kpfw.III Ausf.J
2./SS-Panzerregiment 5, 5.SS-Panzerdivision, No.225
Autumu of 1942 Eastern Front/ Southern sector

〔図38〕

Ⅲ号戦車J型

SS 第 5 装甲師団 SS 第 5 戦車連隊 225 号車
1942 年秋　東部戦線 / 南部戦区

車体は全面ゲルブ系色の塗装が施されており、おそらく北アフリカ戦線向けの基本色RAL8000 ゲルブブラウンが使用されているものと思われる。砲塔側面の前部とゲペックカステン後面に描かれた砲塔番号“225”は白縁のみのタイプ。右フェンダーの前部と車体後面の左側には師団マーク、さらに車体側面と車体後面左側には白縁付き黒十字の国籍標識バルケンクロイツが描かれている。

〔図37〕

Ⅲ号戦車J型　第23装甲師団第201戦車連隊202号車

Pz.Kpfw.III Ausf.J 2./Pz.Rgt.201, 23.Pz.Div., No.202

車体各部の特徴

砲塔前面の装甲厚が50mmとなった標準的なJ型で、砲塔後面のゲペックカステンや右フェンダー上の履帯整備工具箱を設置（1941年4月より装備）。さらに左フェンダー後部に予備転輪を装備（1941年9月頃より標準化）している。履帯は標準的な40cm幅タイプを装着。

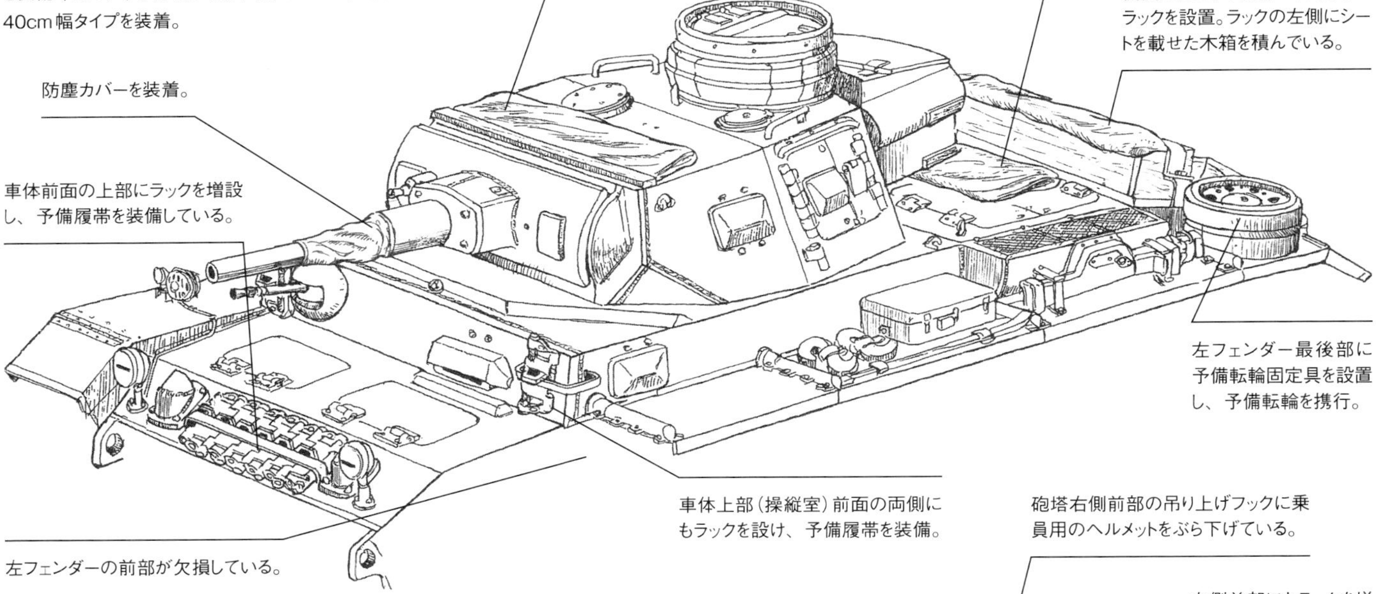
砲塔上面の最前部に木板らしきものを取り付け、その後ろに折り畳んだシートを載せている。
機関室上面にも折り畳んだシートを載せている。
機関室上面の後部に荷物用のラックを設置。ラックの左側にシートを載せた木箱を積んでいる。
防塵カバーを装着。
車体前面の上部にラックを増設し、予備履帯を装備している。
左フェンダー最後部に予備転輪固定具を設置し、予備転輪を携行。
車体上部（操縦室）前面の両側にもラックを設け、予備履帯を装備。
左フェンダーの前部が欠損している。

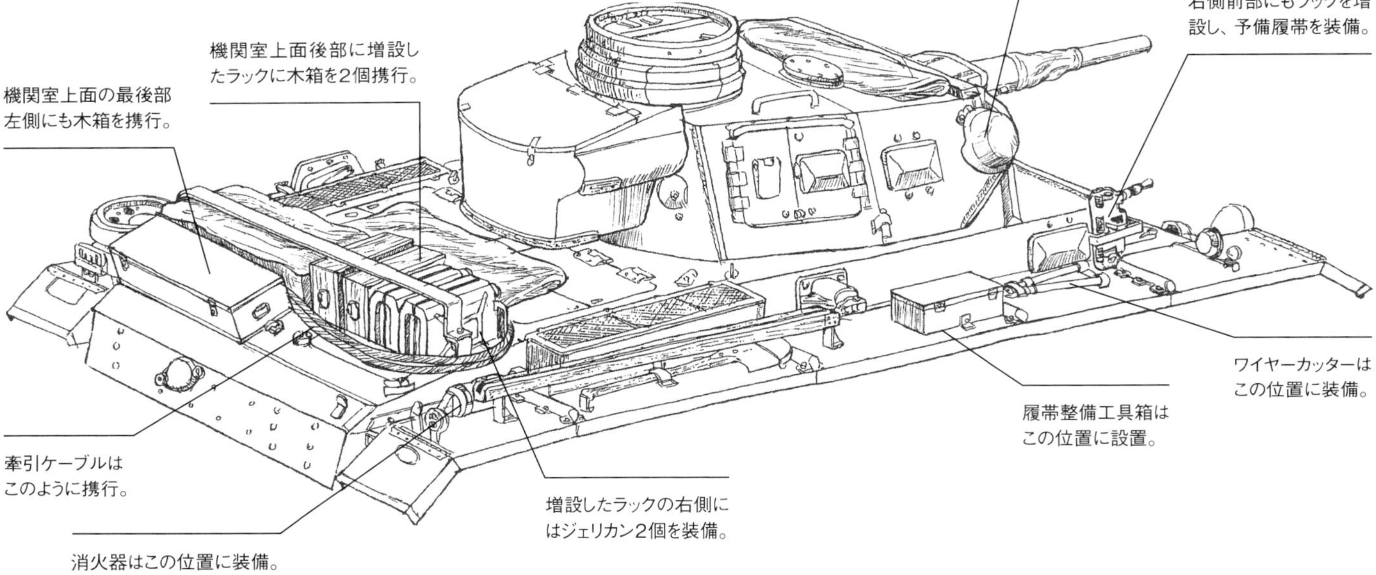
砲塔右側前部の吊り上げフックに乗員用のヘルメットをぶら下げている。
機関室上面後部に増設したラックに木箱を2個携行。
右側前部にもラックを増設し、予備履帯を装備。
機関室上面の最後部左側にも木箱を携行。
ワイヤーカッターはこの位置に装備。
履帯整備工具箱はこの位置に設置。
牽引ケーブルはこのように携行。
増設したラックの右側にはジェリカン2個を装備。
消火器はこの位置に装備。

202号車の車体前部

車体前面と前面上部に加え、車体上部（操縦室）前面の両側にも予備履帯用のラックが設けられている。

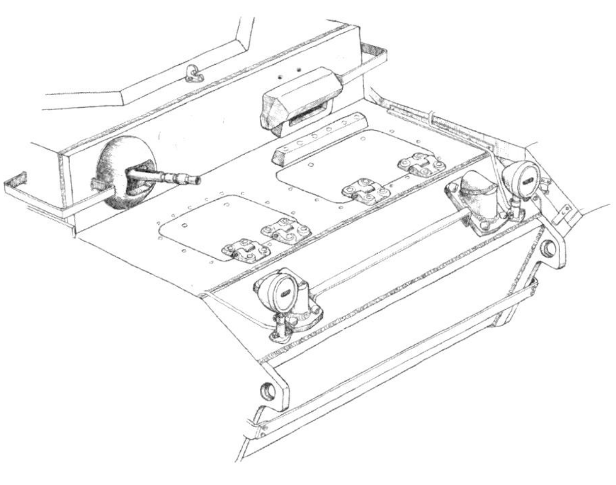

202号車の機関室上面

機関室上面後部に増設されたラックはこのような造り。ラックは、上部の枠のボルトを取り外して使用するようだ。

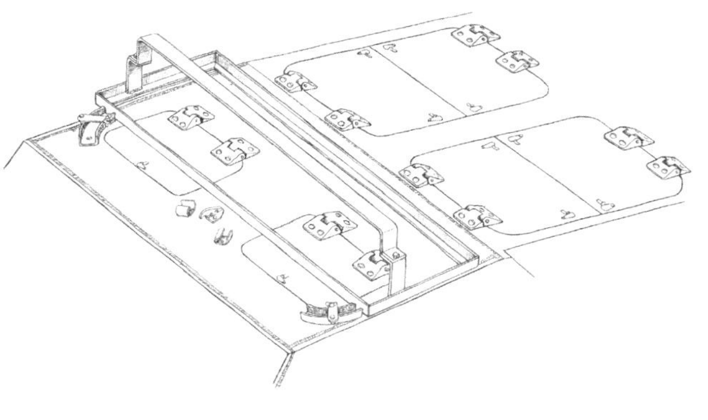

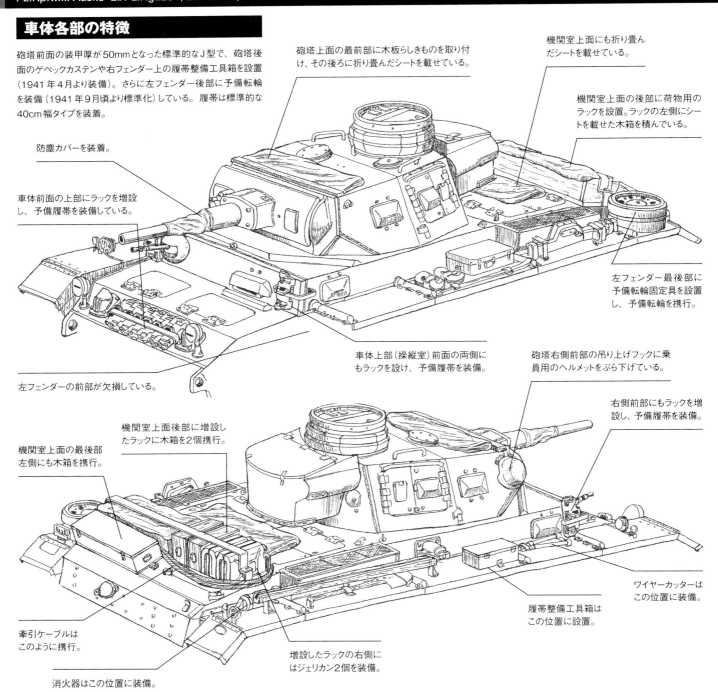

〔図38〕

Ⅲ号戦車J型　SS第5装甲師団SS第5戦車連隊225号車

Pz.Kpfw.III Ausf.J 2./SS-Pz.Rgt.5, 5.SS-Pz.Div., No.225

車体各部の特徴

砲塔前面の装甲厚が50mmになった標準的なJ型で、機関室上面の点検ハッチに通気口及び装甲カバーを備えた熱帯地仕様。1941年4月から標準化された砲塔後部のゲペックカステンと右フェンダー前部の履帯整備工具箱を装備。さらに1941年9月から設置が始まった左フェンダー上の予備転輪固定具も備えている。履帯は標準的な40cm幅を装着。

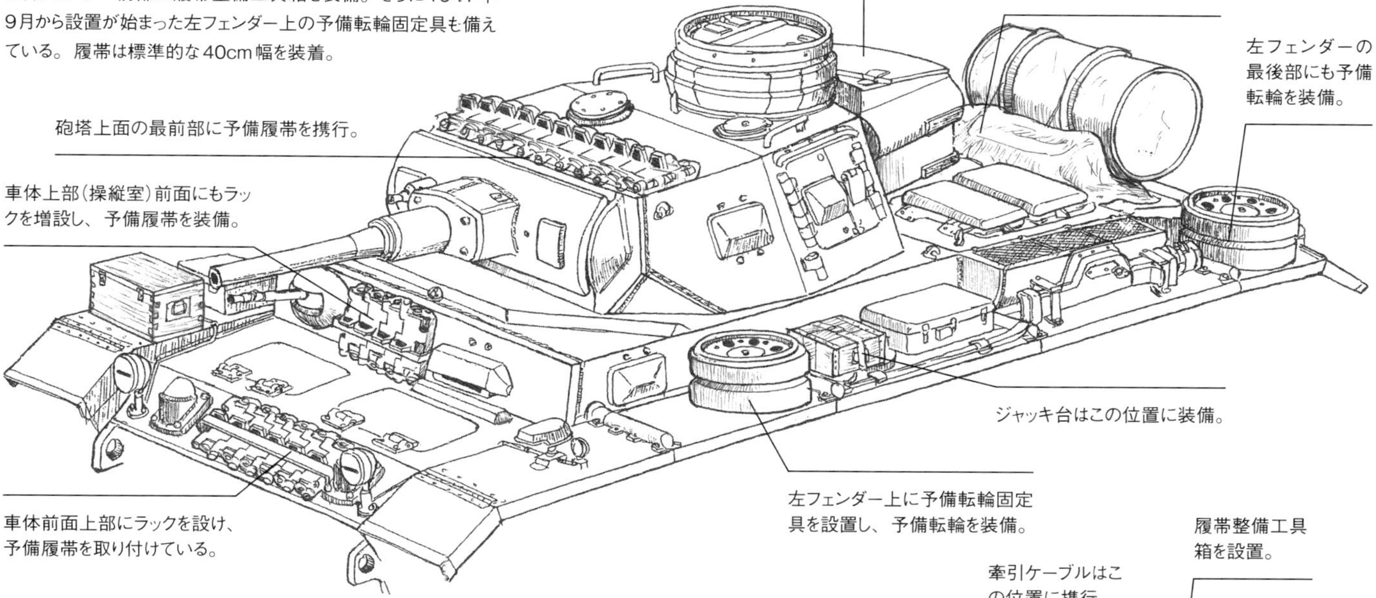
砲塔後面にゲペックカステンを装着。
機関室上面の後部にシートを被せた荷物を積んでいる。
左フェンダーの最後部にも予備転輪を装備。
砲塔上面の最前部に予備履帯を携行。
車体上部(操縦室)前面にもラックを増設し、予備履帯を装備。
ジャッキ台はこの位置に装備。
車体前面上部にラックを設け、予備履帯を取り付けている。
左フェンダー上に予備転輪固定具を設置し、予備転輪を装備。

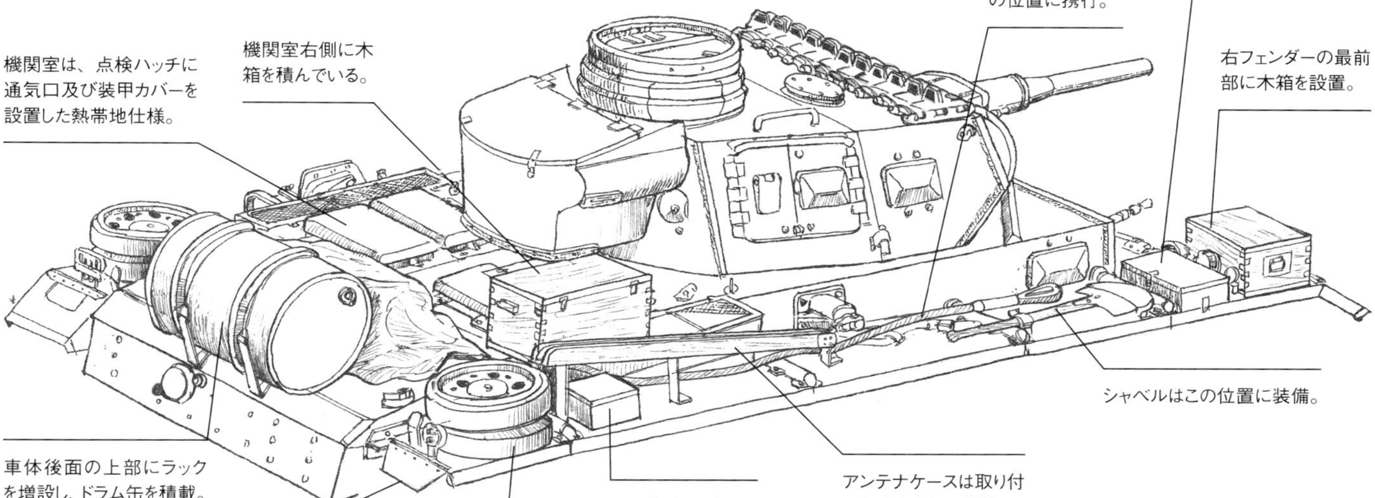
履帯整備工具箱を設置。
牽引ケーブルはこの位置に携行。
機関室は、点検ハッチに通気口及び装甲カバーを設置した熱帯地仕様。
機関室右側に木箱を積んでいる。
右フェンダーの最前部に木箱を設置。
シャベルはこの位置に装備。
車体後面の上部にラックを増設し、ドラム缶を積載。
この位置に小さな木箱を載せている。
アンテナケースは取り付け角度を変えて設置。
右側のリアフェンダーを欠損。
右フェンダーの最後部にも予備転輪を装備。

225号車の車体前部

車体前面に加え、前面上部と車体上部（操縦室）前面にも予備履帯ラックを増設している。増設ラックは、金属板を曲げて溶接留めした簡易なもの。

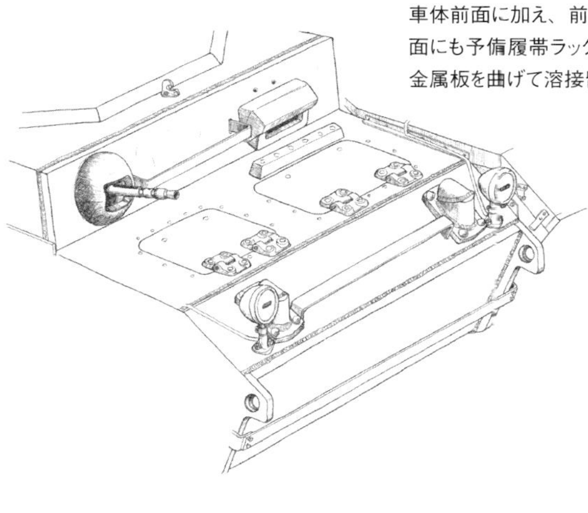

225号車が積んでいる魔法瓶

上図では省略しているが、記録写真は野営中に撮影されたものなので、図のような魔法瓶(長さ30 ～ 40cmくらい)が車体のあちこちに置かれている。

225号車の機関室上面

機関室後部のドラム缶ラックはおそらくこんな形状で、上側は枠に引っ掛けた金属ケーブルを使って固定していたようだ。

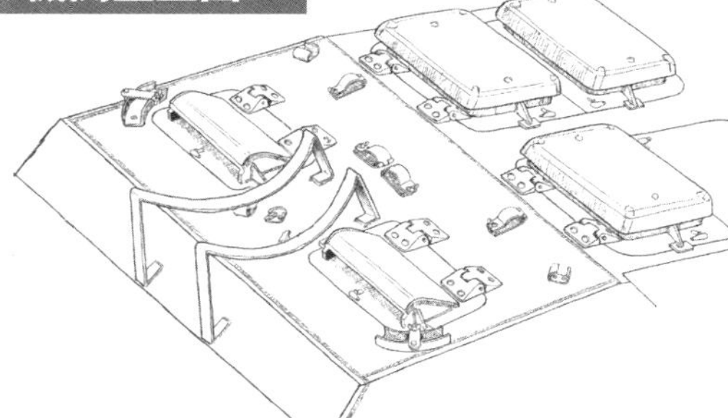

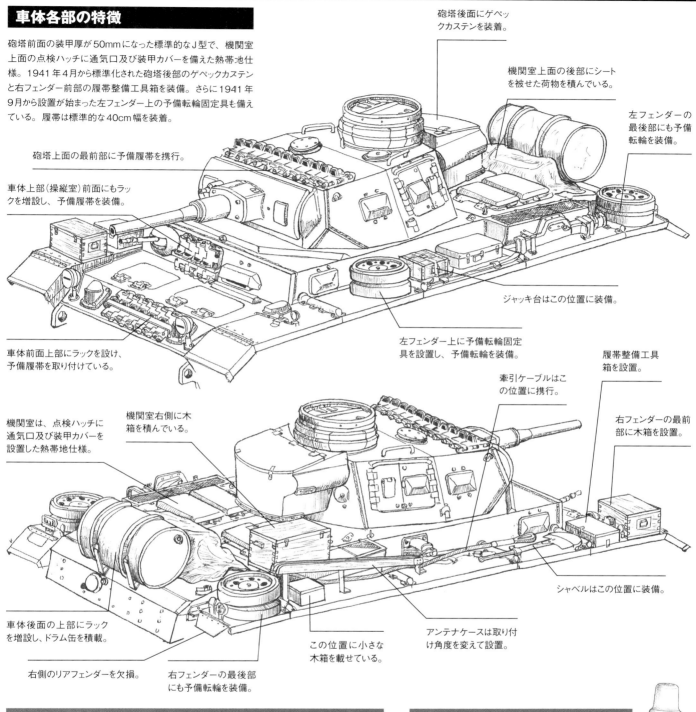

Pz.Fkl.Bef.Wg.III
2./Panzerabteilung (Fkl) 301, No.214
December 1942 Leningrad

〔図39〕

Ⅲ号無線操縦用指揮戦車

第 301（無線操縦）戦車大隊 214 号車
1942 年 12 月　レニングラード

J 型ベースの無線操縦用指揮戦車。RAL7021 ドゥンケルグラウの基本色の上に刷毛を使い、細かく白色塗料を塗布した冬季迷彩が施されているが、各マーキングが目立つようにそれらの周囲はドゥンケルグラウを塗り残している。砲塔側面の前部に描いた砲塔番号“214”は白縁のみの書体。車体上部前面の左側と車体後面の左側上部には平行四辺形と中隊表示の“2”を記した○を組み合わせたマーキングも描かれている。車体側面と車体後面左側に描かれた国籍標識バルケンクロイツは白縁付きの黒十字。

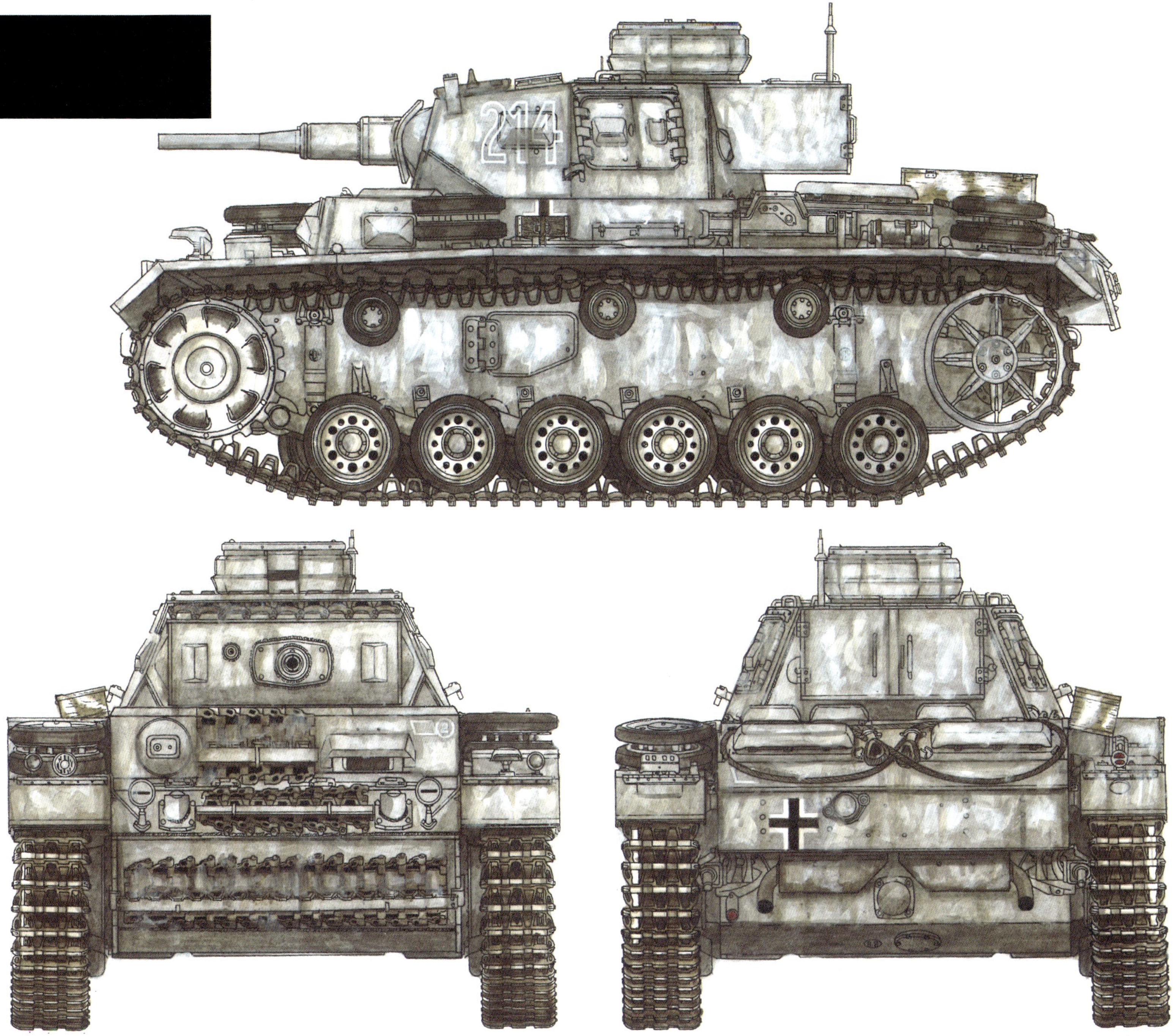

Pz.Kpfw.III Ausf.J
2./Panzerregiment 31, 5.Panzerdivision, No.213
Winter of 1942-43 Eastern Front

〔図40〕

Ⅲ号戦車J型

第 5 装甲師団第 31 戦車連隊 213 号車
1942～1943 年冬　東部戦線

車体の基本色は RAL8000 ゲルブブラウンの単色だが、全面にわたり白色塗料を上塗りし、冬季迷彩が施されている。砲塔側面の前部に連隊マークの赤い“悪魔”を描き、その後方の視察クラッペには下地のゲルブブラウンを塗り残し、赤色で砲塔番号（図の“213”は推定）を記入。さらに車体側面と車体後面左側に国籍標識のバルケンクロイツを描いている。

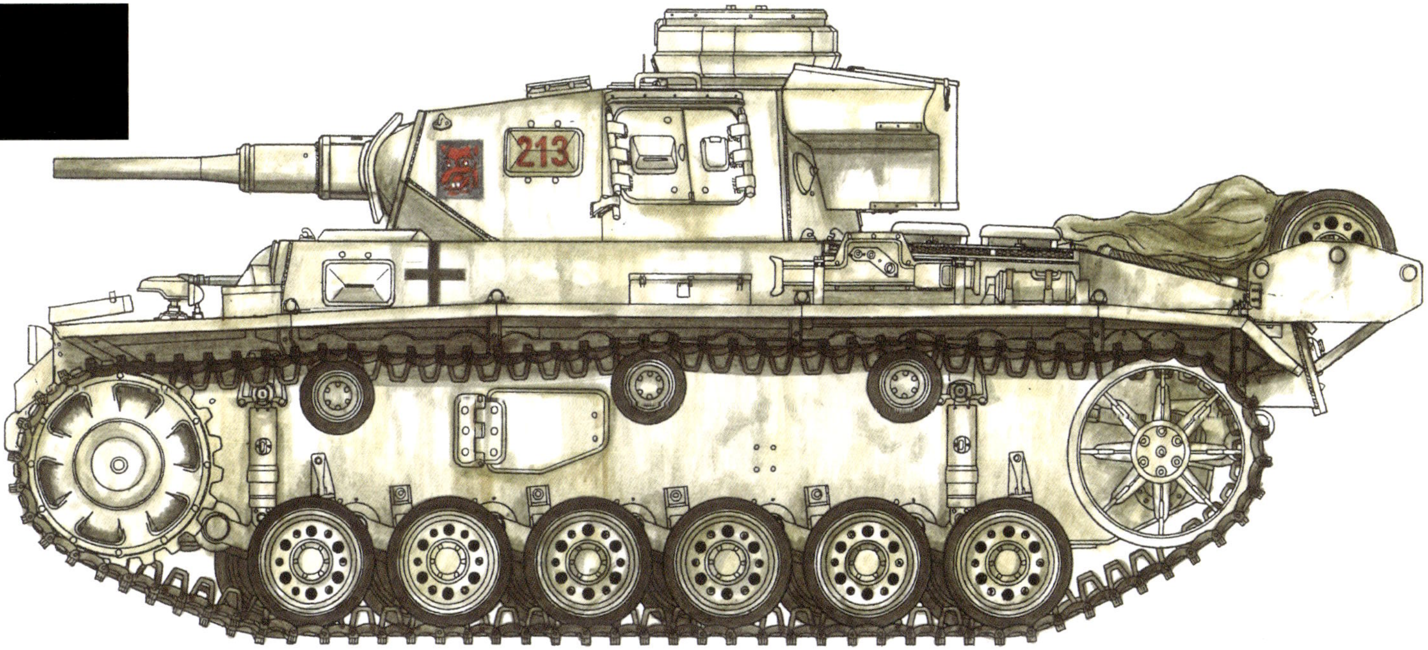

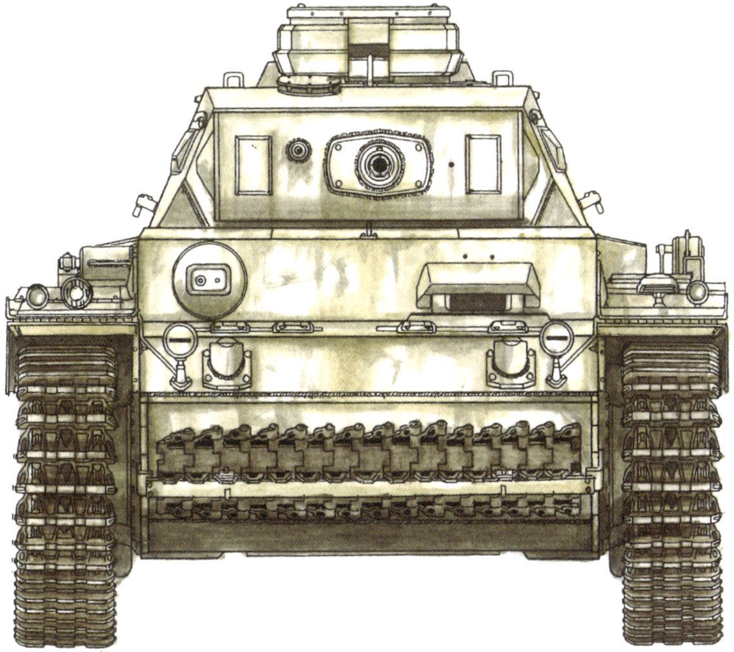

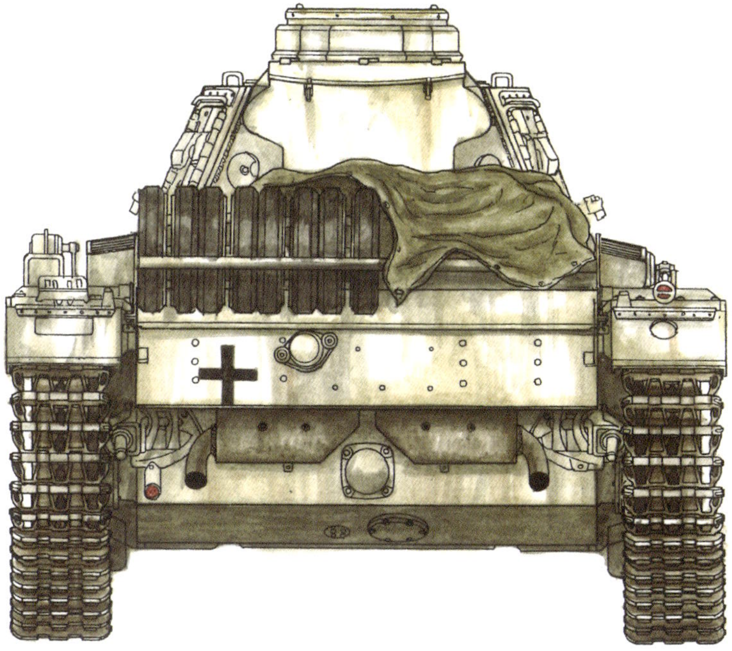

〔図39〕

Ⅲ号無線操縦用指揮戦車　第301（無線操縦）戦車大隊214号車

Pz.Fkl.Bef.Wg.III 2./Pz.Abt. (Fkl) 301, No.214

車体各部の特徴

砲塔前面の装甲厚は50mm、機関室上面の点検ハッチは左右とも１枚板になり、ハッチ上に通気口の装甲カバーも設置（標準化）されたJ型後期生産車をベースとした無線操縦用指揮戦車。履帯は標準的な40cm幅タイプを装着している。

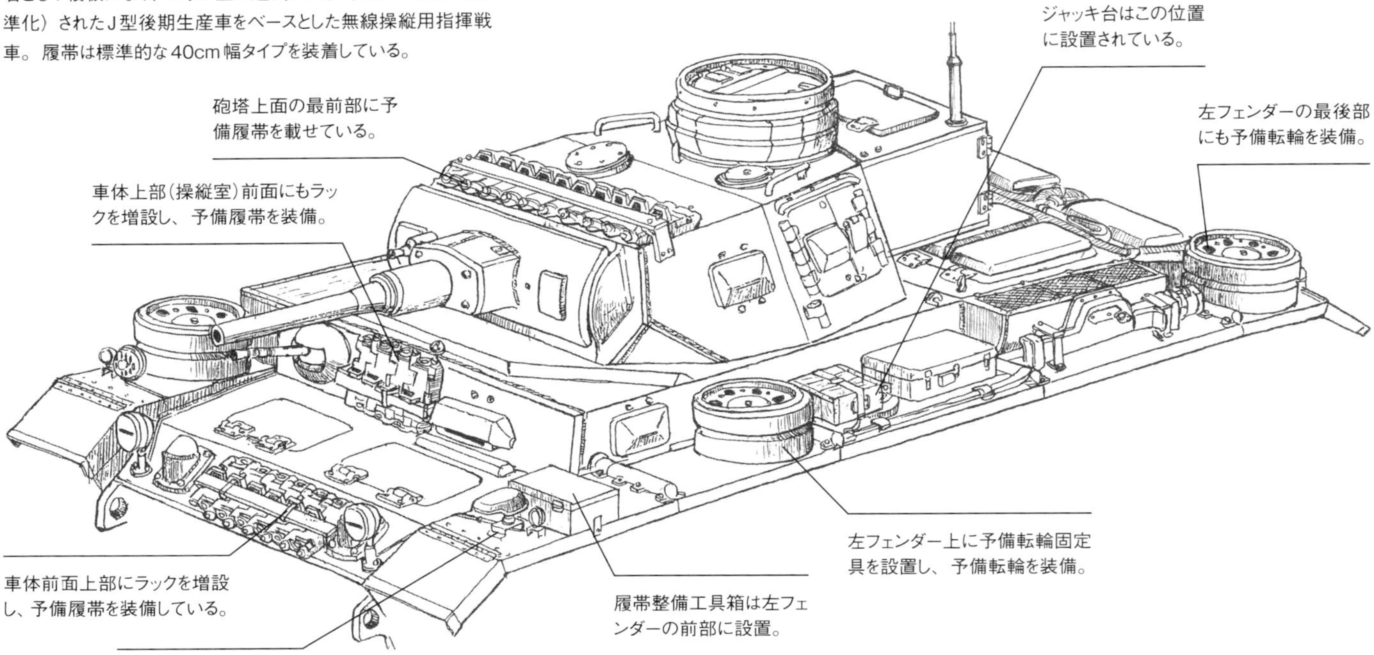

ジャッキ台はこの位置に設置されている。
砲塔上面の最前部に予備履帯を載せている。
左フェンダーの最後部にも予備転輪を装備。
車体上部（操縦室）前面にもラックを増設し、予備履帯を装備。
左フェンダー上に予備転輪固定具を設置し、予備転輪を装備。
車体前面上部にラックを増設し、予備履帯を装備している。
履帯整備工具箱は左フェンダーの前部に設置。
ノテックライトと車幅灯は若干前に移設している。

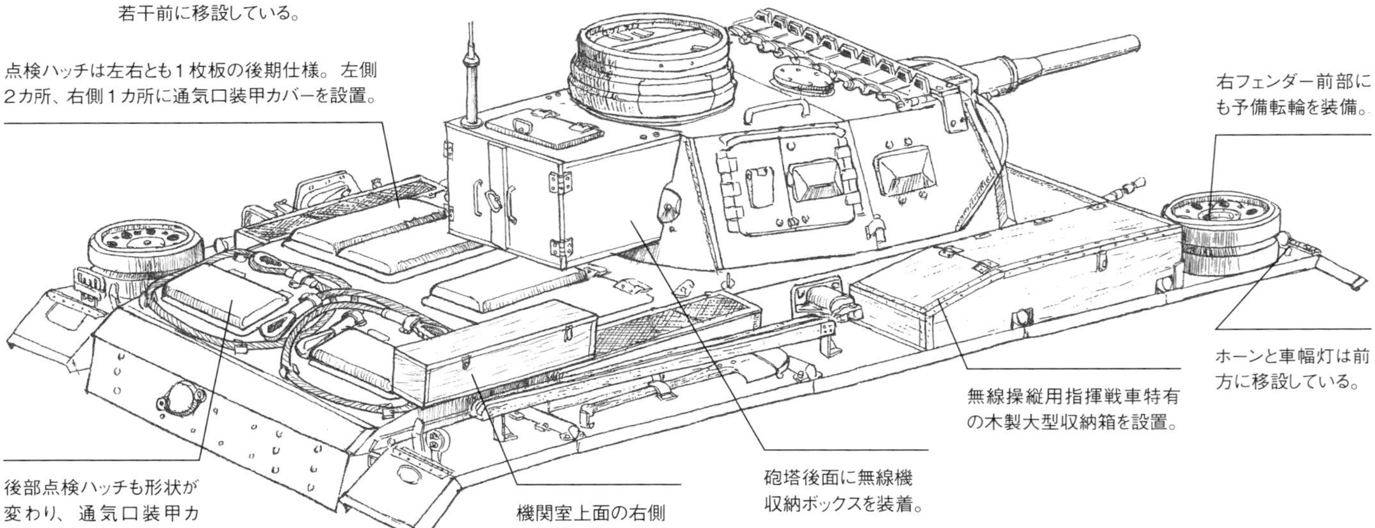

点検ハッチは左右とも１枚板の後期仕様。左側２カ所、右側１カ所に通気口装甲カバーを設置。
右フェンダー前部にも予備転輪を装備。
ホーンと車幅灯は前方に移設している。
無線操縦用指揮戦車特有の木製大型収納箱を設置。
後部点検ハッチも形状が変わり、通気口装甲カバーも大型化されている。
砲塔後面に無線機収納ボックスを装着。
機関室上面の右側に木箱を積んでいる。

J型後期生産車の機関室上面

前方の点検ハッチは左右とも前方開きの１枚式となり、後部のハッチも前後長が拡大されている。また各ハッチには通気口を設け、その上に装甲カバーが取り付けられている。

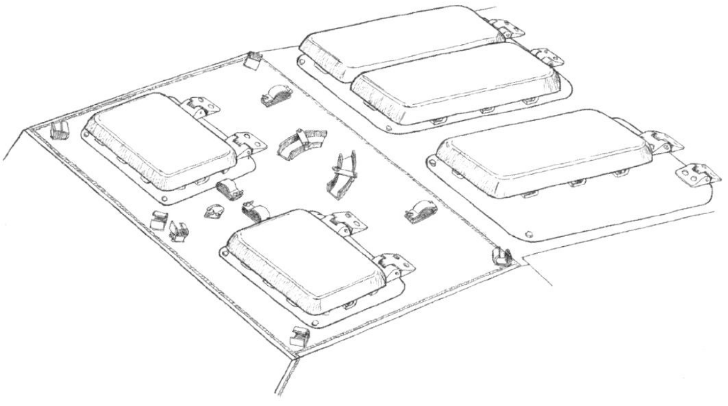

予備転輪の固定具

図の標準仕様の予備転輪固定具は、1941年９月頃から左フェンダーの前後２カ所に設置されるようになるが、右フェンダーや機関室上面後部に設置した車両も見られる。同固定具は、単体、あるいはL型（中央の図）や三角形の台座（右図）を介して取り付けられていた。

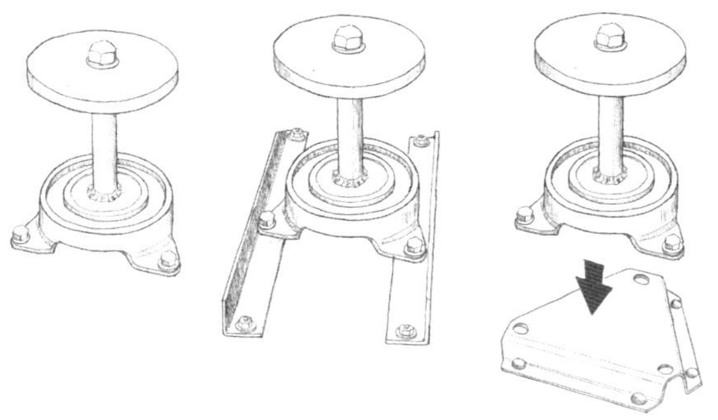

〔図40〕

Ⅲ号戦車J型　第5装甲師団第31戦車連隊213号車

Pz.Kpfw.III Ausf.J 2./Pz.Rgt.31, 5.Pz.Div., No.213

車体各部の特徴

砲塔前面の装甲が50mm厚の標準的なJ型で、機関室上面の点検ハッチに通気口を設け、その上に装甲カバーを設置した熱帯地仕様である。履帯は標準的な40cm幅タイプを装着している。

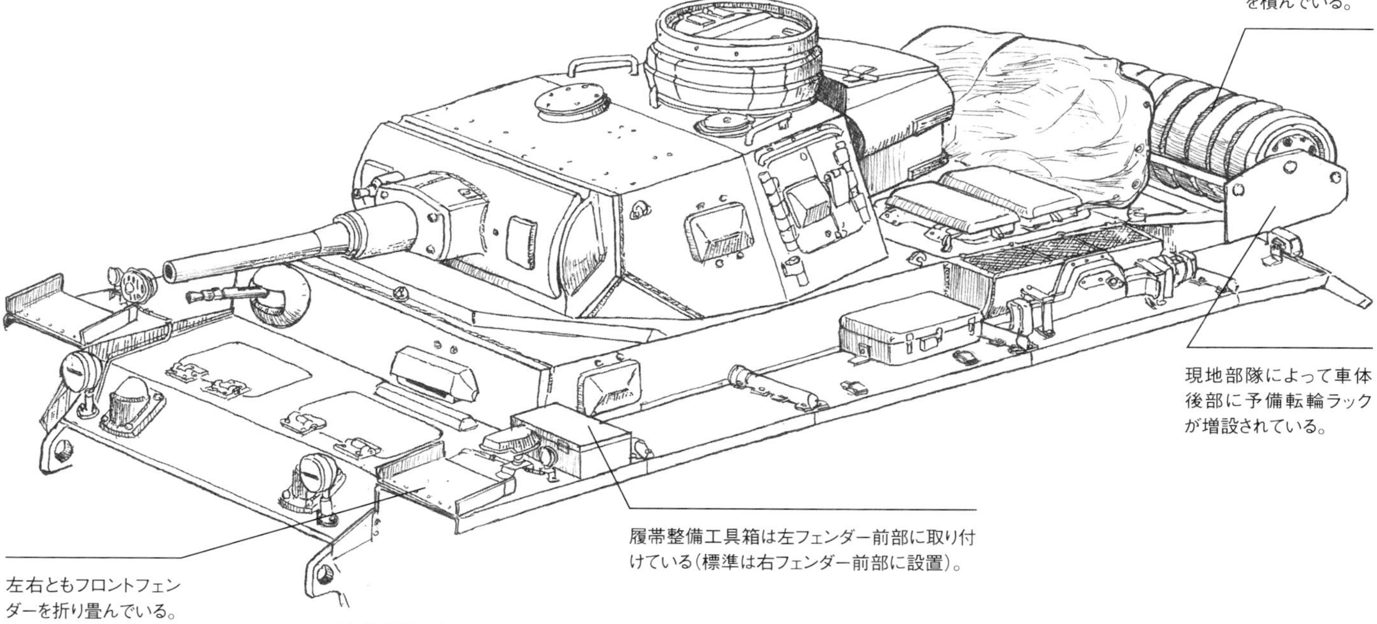
多数の予備転輪を積んでいる。
現地部隊によって車体後部に予備転輪ラックが増設されている。
履帯整備工具箱は左フェンダー前部に取り付けている（標準は右フェンダー前部に設置）。
左右ともフロントフェンダーを折り畳んでいる。

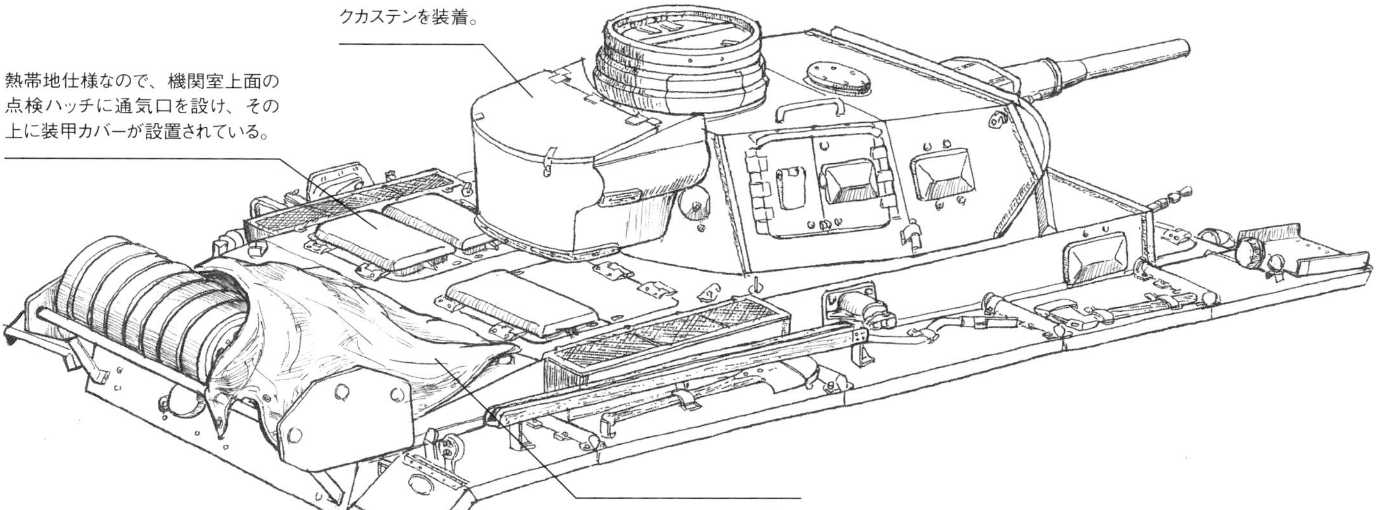
砲塔後部にゲペックカステンを装着。
熱帯地仕様なので、機関室上面の点検ハッチに通気口を設け、その上に装甲カバーが設置されている。
無造作にシートを被せている。

213号車の機関室上面

部隊において車体後部に予備転輪ラックが増設されている。第31戦車連隊のG/H型で見られるラックと基本的に同じ構造だが、同ラックを取り付けているJ型車両はあまり多くなさそうだ。

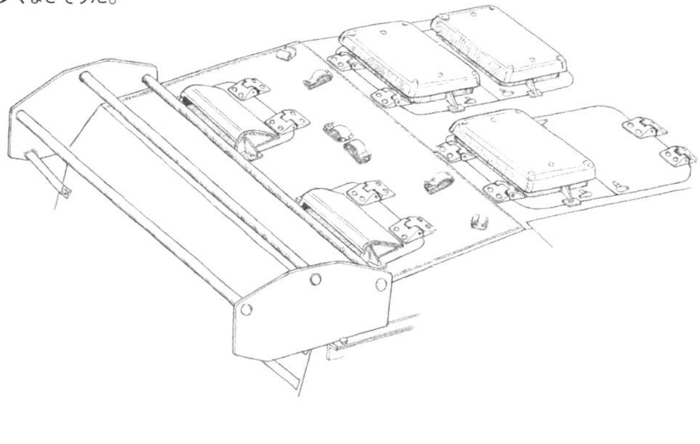

J型の車体後部下面

前量産型では車体後面に取り付けられていた発煙筒ラックが、J型では下面の中央部分に設けられるようになった。

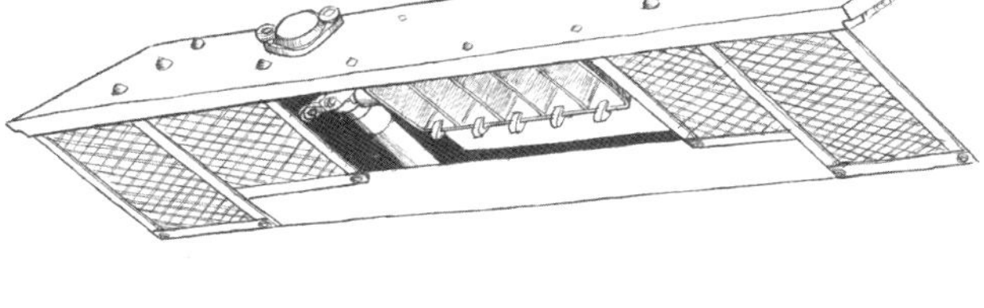

Pz.Kpfw.III Ausf.J
3./Panzerregiment 8, 15.Panzerdivision, No.341
1941 North African Front/ Libya

〔図41〕

Ⅲ号戦車J型

第 15 装甲師団第 8 戦車連隊 341 号車
1941 年　北アフリカ戦線 / リビア

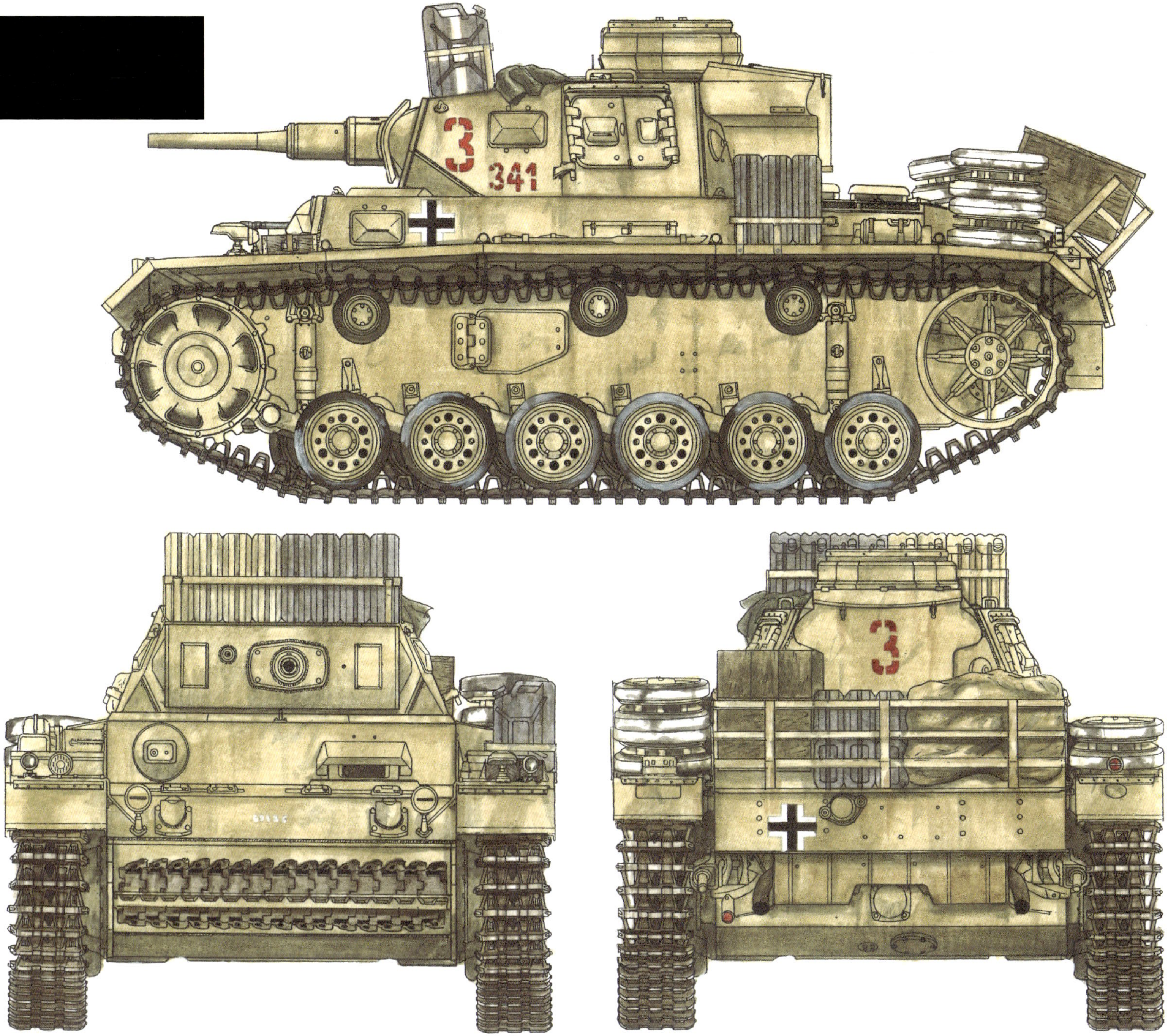

基本色 RAL8000 ゲルブブラウンの上に RAL7008 グラウグリュンで迷彩を施した北アフリカ戦線前期の制式塗装が施されている。砲塔番号の表記に特徴があり、砲塔側面の最前部とゲペックカステン後面に中隊番号の“3”を大きく描き、側面の視察クラッペ下に小さく 3 桁番号“341”を記入。同番号はいずれも赤色のステンシル・タイプで表記されている。強烈な日差しによるゴムの劣化を防ぐため転輪（及び予備転輪）のゴムリム部分は白く塗られているが、かなり色落ちしている。車体前面上部には車体番号“68426”を白色で記入。

Pz.Fkl.Bef.Wg.III
Trop.Versuchs – Kommando (Fl)
July 1942 North African Front/ Libya

〔図42〕

Ⅲ号無線操縦用指揮戦車

熱帯地実験分遣隊（遠隔操縦）
1942年7月　北アフリカ戦線 / リビア

J型ベースの無線操縦用指揮戦車。車体は、北アフリカ戦線向けに新しく制定された基本色のRAL8020ブラウンで塗装されていたと思われる。砲塔側面の前部には“ニックネーム Strolch II”（ならず者 II）の文字が赤色で大きく描かれており、車体上部前面の左側と車体後面の左側上部には平行四辺形と中隊識別標識の○（中の文字“T”は熱帯地を示す）を組み合わせた部隊マークを記入。車体側面には白縁付き黒十字の国籍標識バルケンクロイツも描かれている。

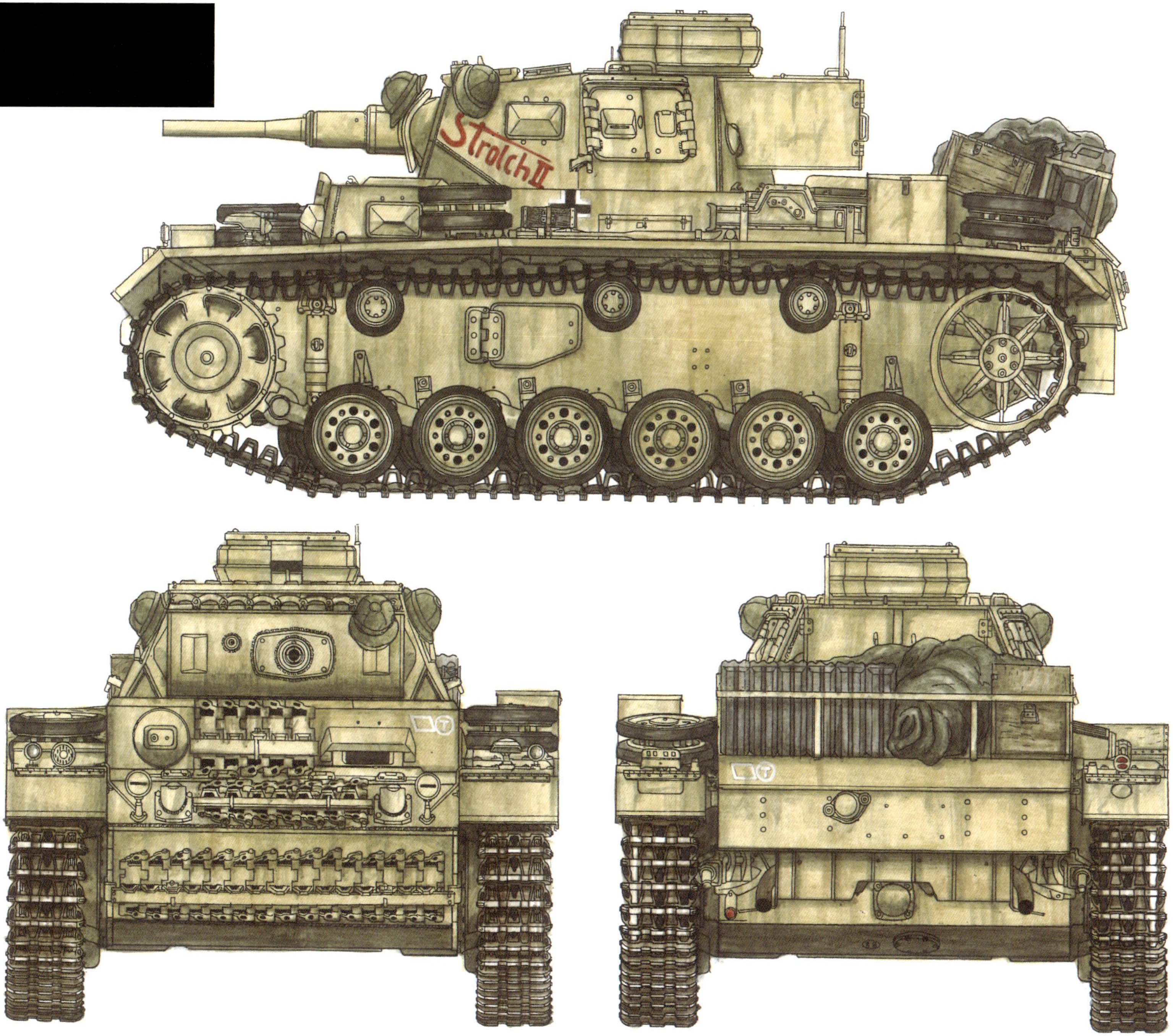

〔図41〕

Ⅲ号戦車J型　第15装甲師団第8戦車連隊341号車

Pz.Kpfw.III Ausf.J 3./Pz.Rgt.8, 15.Pz.Div., No.341

車体各部の特徴

砲塔前面の装甲が50mm厚の標準的なJ型で、機関室上面の点検ハッチに通気口を設け、その上に装甲カバーを設置した熱帯地仕様である。1941年4月から標準化された砲塔後面のゲペックカステン、右フェンダー上の履帯整備工具箱を装備。履帯は標準的な40cm幅タイプを装着している。

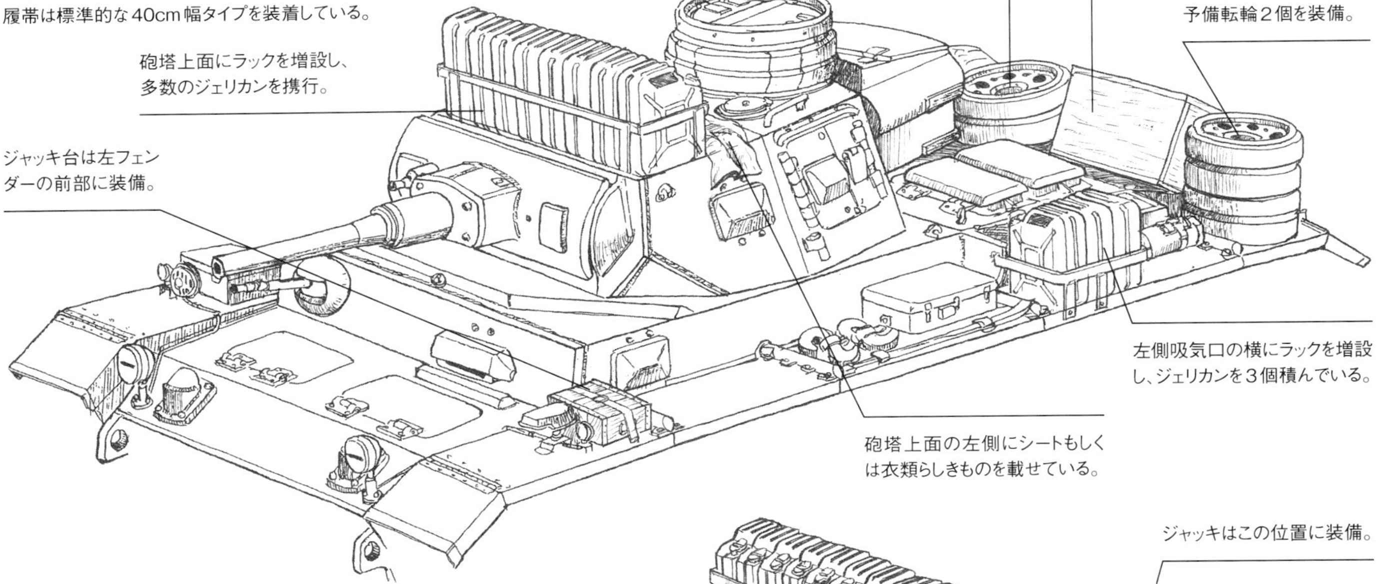

機関室上面の最後部に予備転輪を積んでいる。
大型の木箱も載せている。
左フェンダーの最後部に予備転輪2個を装備。
砲塔上面にラックを増設し、多数のジェリカンを携行。
ジャッキ台は左フェンダーの前部に装備。
左側吸気口の横にラックを増設し、ジェリカンを3個積んでいる。
砲塔上面の左側にシートもしくは衣類らしきものを載せている。

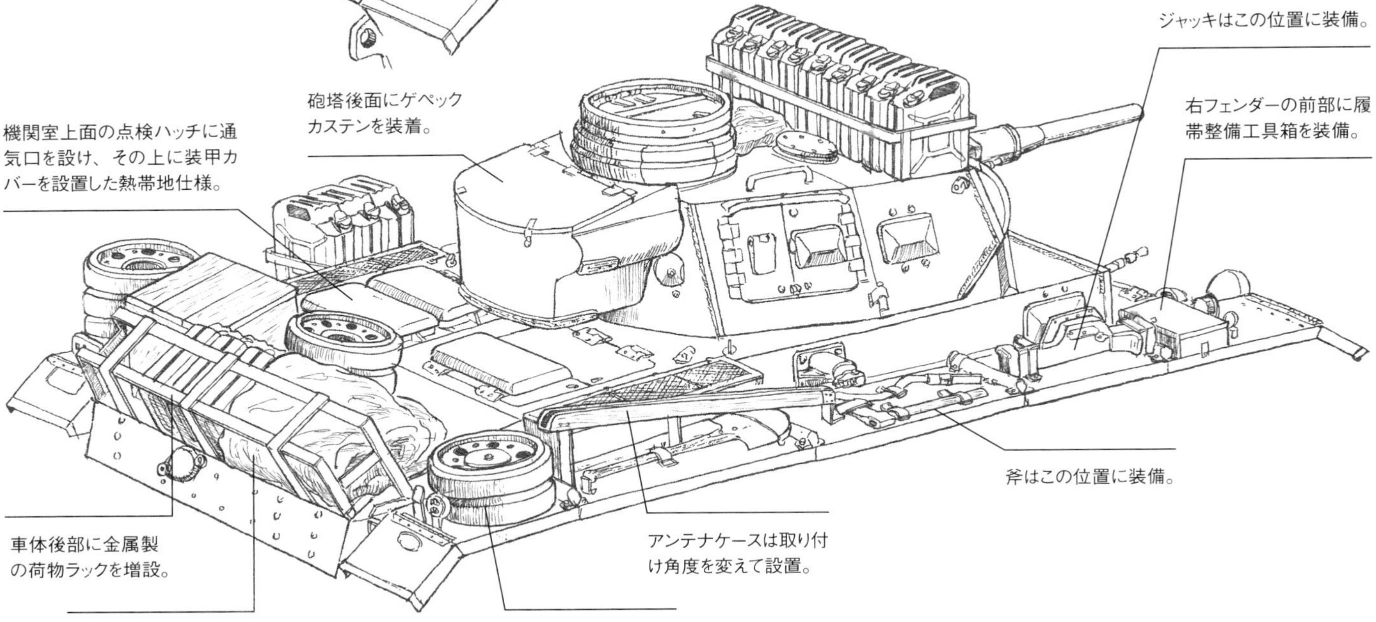

ジャッキはこの位置に装備。
砲塔後面にゲペックカステンを装着。
右フェンダーの前部に履帯整備工具箱を装備。
機関室上面の点検ハッチに通気口を設け、その上に装甲カバーを設置した熱帯地仕様。
斧はこの位置に装備。
車体後部に金属製の荷物ラックを増設。
アンテナケースは取り付け角度を変えて設置。
ラックには丸めたシートやジェリカンを積んでいる。
右フェンダーの最後部にも予備転輪を装備。

341号車の砲塔

砲塔上面前部にジェリカン・ラックを増設している。

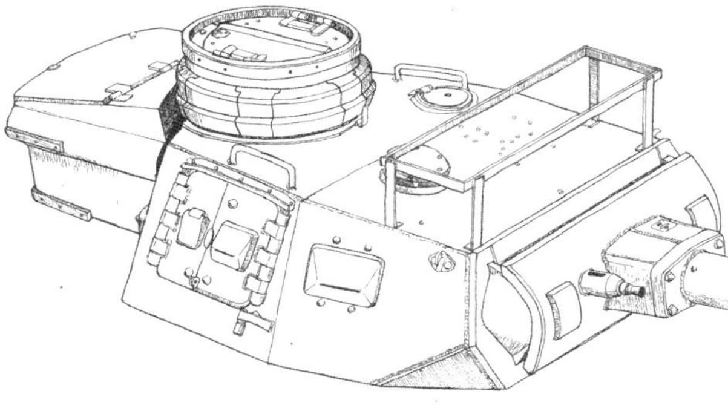

341号車の車体前面

予備履帯ラックは、標準仕様と異なり、履帯のセンターガイドを挟むように上側にもボルト止めの細い板が取り付けられている。

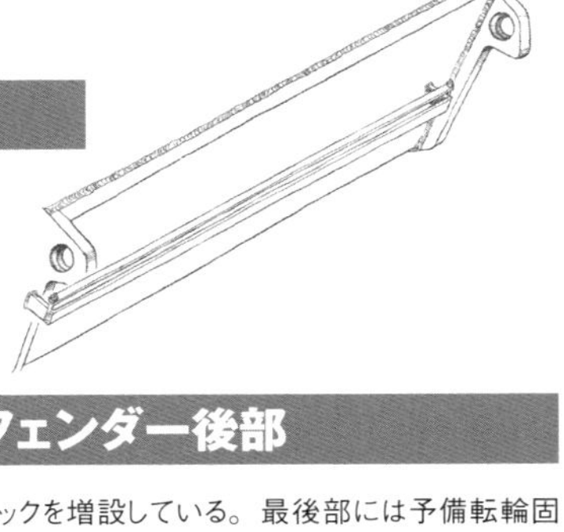

341号車の左フェンダー後部

吸気口の横にジェリカン・ラックを増設している。最後部には予備転輪固定具も設置。

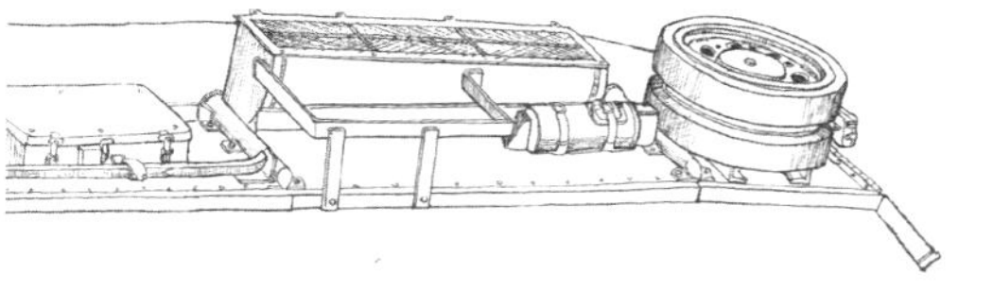

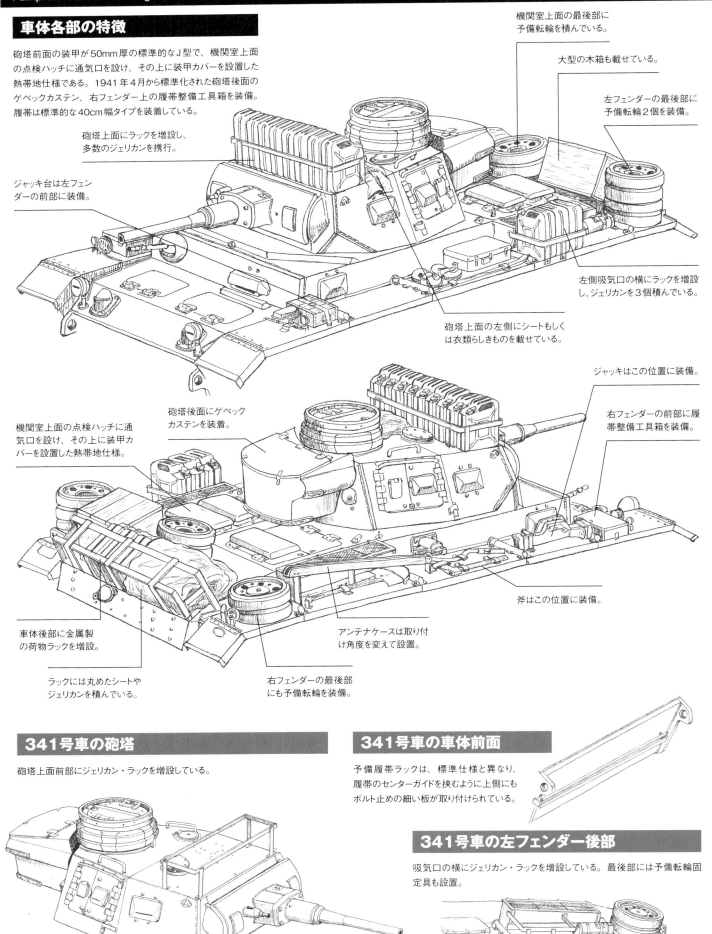

〔図42〕

Ⅲ号無線操縦用指揮戦車　熱帯地実験分遣隊（遠隔操縦）

Pz.Fkl.Bef.Wg.III Trop.Versuchs - K. (FL)

車体各部の特徴

砲塔前面の装甲厚は50mm、機関室上面の点検ハッチは左右とも1枚板になり、ハッチ上に通気口の装甲カバーも設置されたJ型後期生産車をベースとした無線操縦用指揮戦車。履帯は標準的な40cm幅タイプを装着している。

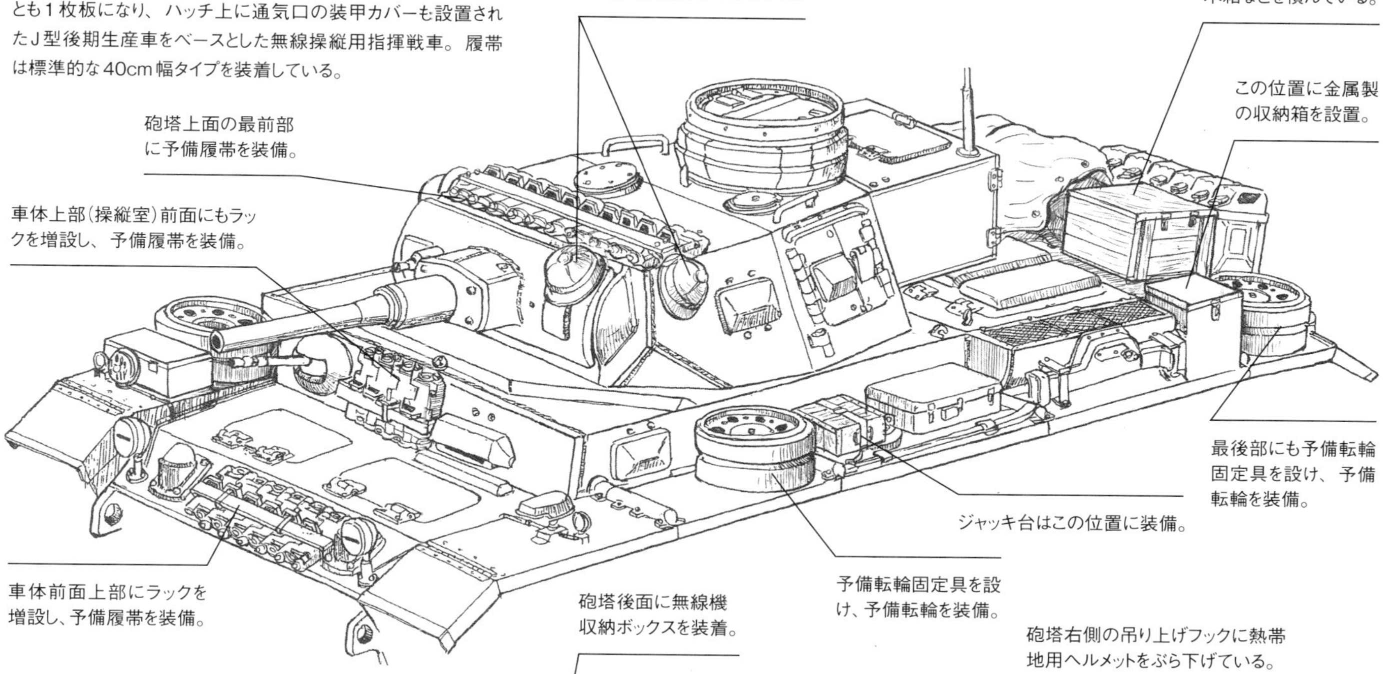
砲塔の左前部に熱帯地用ヘルメットを2個ぶら下げている。
機関室上面の後部に木箱などを積んでいる。
この位置に金属製の収納箱を設置。
砲塔上面の最前部に予備履帯を装備。
車体上部（操縦室）前面にもラックを増設し、予備履帯を装備。
最後部にも予備転輪固定具を設け、予備転輪を装備。
ジャッキ台はこの位置に装備。
車体前面上部にラックを増設し、予備履帯を装備。
予備転輪固定具を設け、予備転輪を装備。

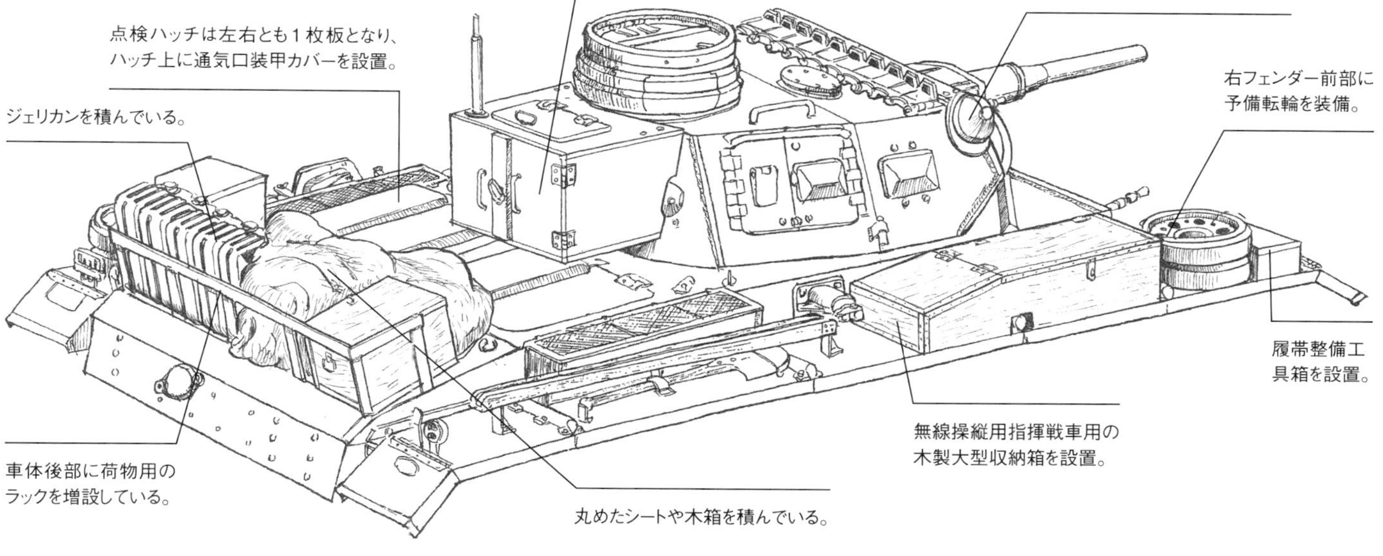
砲塔後面に無線機収納ボックスを装着。
砲塔右側の吊り上げフックに熱帯地用ヘルメットをぶら下げている。
点検ハッチは左右とも1枚板となり、ハッチ上に通気口装甲カバーを設置。
ジェリカンを積んでいる。
右フェンダー前部に予備転輪を装備。
履帯整備工具箱を設置。
無線操縦用指揮戦車用の木製大型収納箱を設置。
車体後部に荷物用のラックを増設している。
丸めたシートや木箱を積んでいる。

熱帯地実験分遣隊（遠隔操縦）車両の砲塔

J型ベースの無線操縦用指揮戦車で、砲塔上面の前部に予備履帯ラックが増設されている。

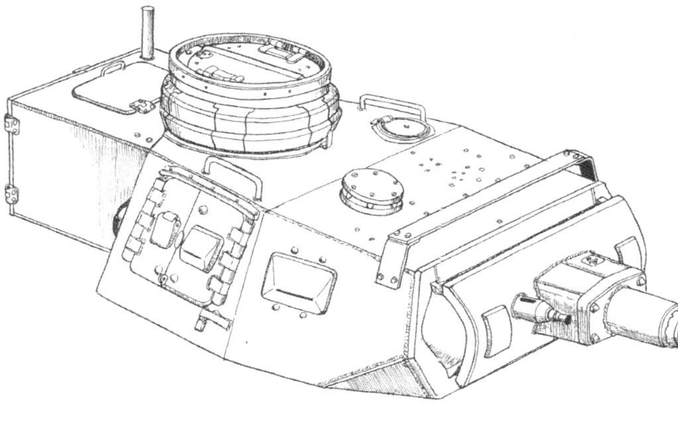

無線操縦用指揮戦車の砲塔後面

ゲペックカステンの代わりに無線操縦器材を収めたコンテナボックスを取り付けている。

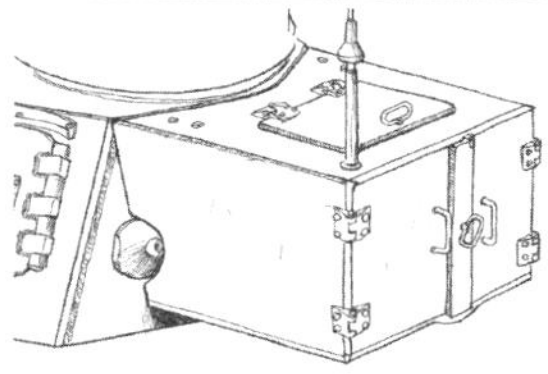

右フェンダー上の収納箱

無線操縦用指揮戦車は右フェンダー上に木製の収納箱を増設しているが、この車体はその前方に予備転輪と履帯整備工具箱を装備しているので、通常より短いタイプが使用されていたと思われる。

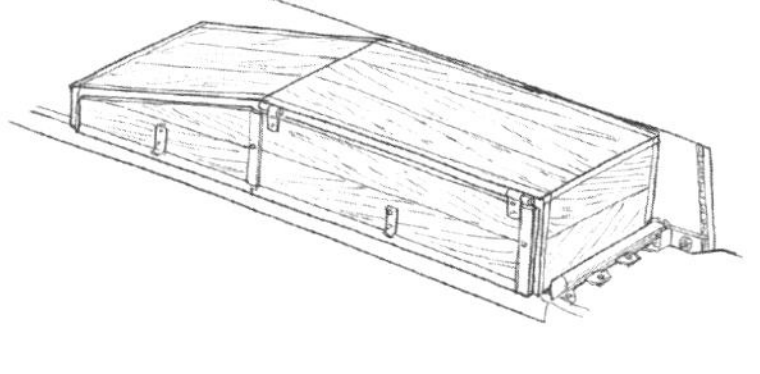

Pz.Kpfw.III Ausf.J
7./Panzerregiment 5, 21.Panzerdivision, No.712
August 1942 North African Front/ El Alamein

〔図43〕

Ⅲ号戦車J型

第 21 装甲師団第 5 戦車連隊 712 号車
1942 年 8 月　北アフリカ戦線 / エル・アラメイン

車体は、RAL8020 ブラウンを基本色とし、RAL7027 グラウを迷彩色とする北アフリカ戦線後期の標準塗装（1942 年 3 月 25 日付け陸軍通達により制定）が施されている。砲塔側面前部には白縁付き黒色数字で“712”の砲塔番号を大きく描いている。

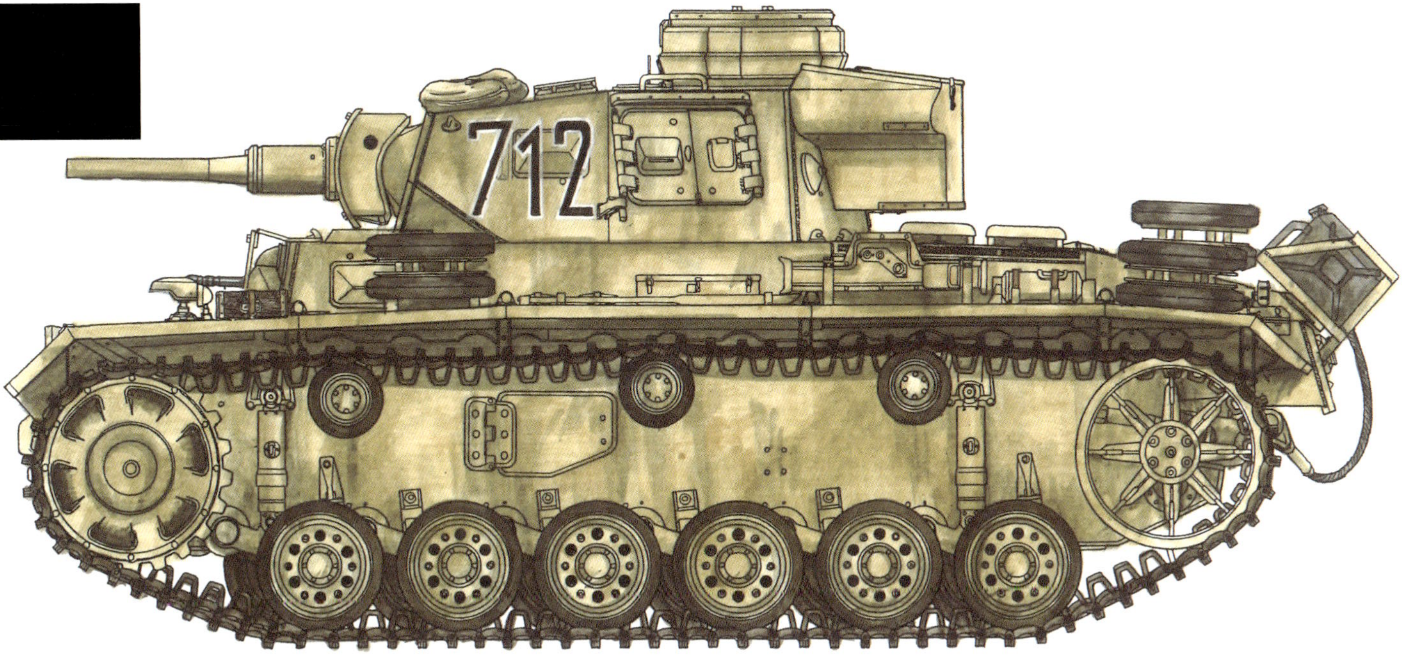

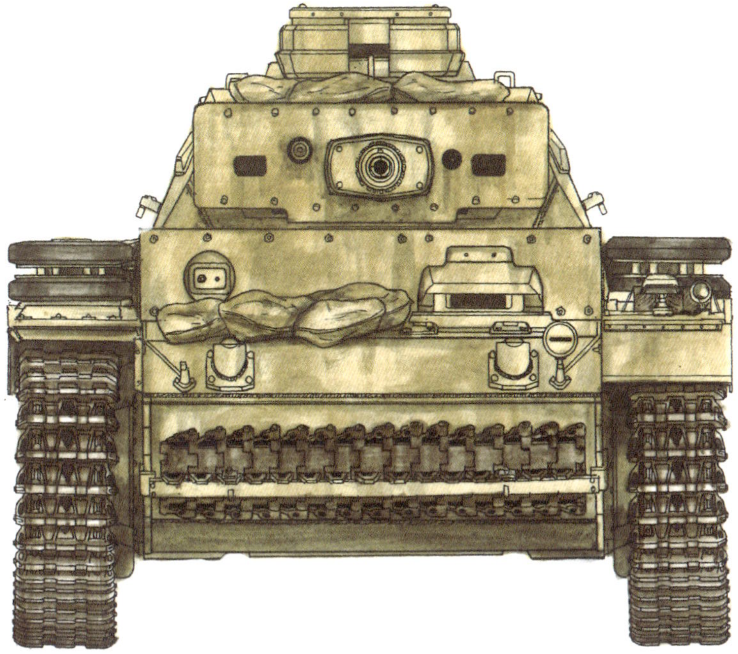

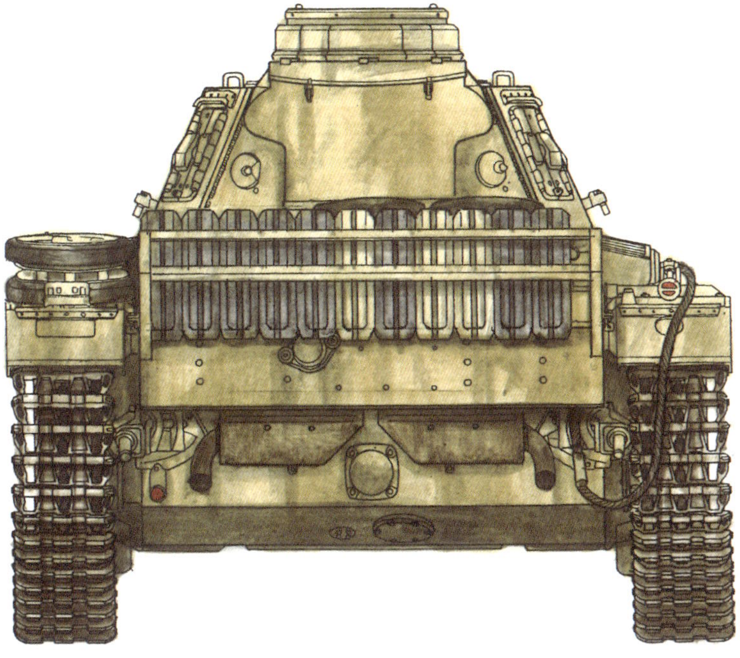

Pz.Kpfw.III Ausf.J

1./Panzerabteilung 190, No.113
Spring of 1943 North African Front/ Tunisia

〔図44〕

Ⅲ号戦車J型

第 190 戦車大隊第 1 中隊 113 号車
1943 年春　北アフリカ戦線 / チュニジア

車体は、基本色 RAL8020 ブラウンの上に RAL7027 グラウで迷彩を施していると思われる。砲塔側面前部とゲペックカステン後面に描かれた砲塔番号“113”は白縁のみのステンシル・タイプ。車体後面左側には国籍標識のバルケンクロイツを記入。その他にマーキング類は見当たらないが、ゲペックカステンの側面に暗色で 3 本の帯状の塗り分けが見られる。おそらく中隊もしくは小隊の識別帯と思われるが、詳細は不明である。

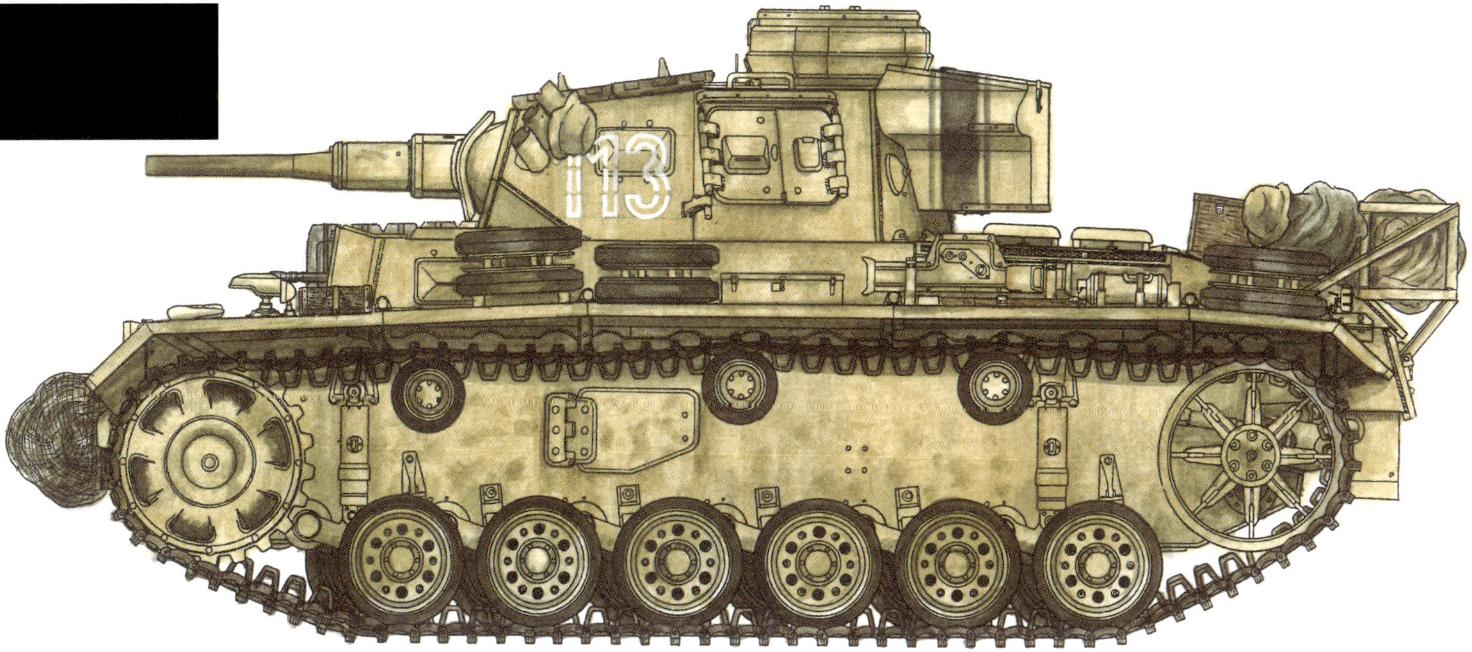

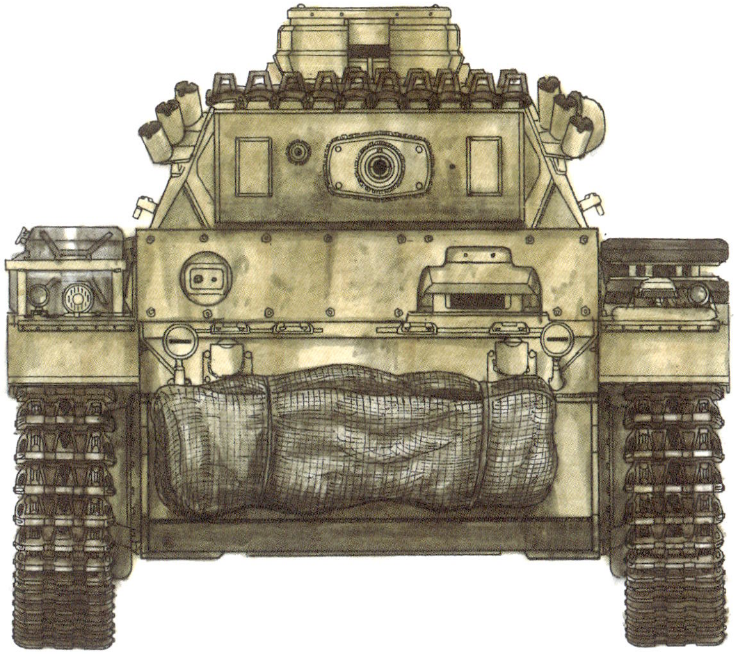

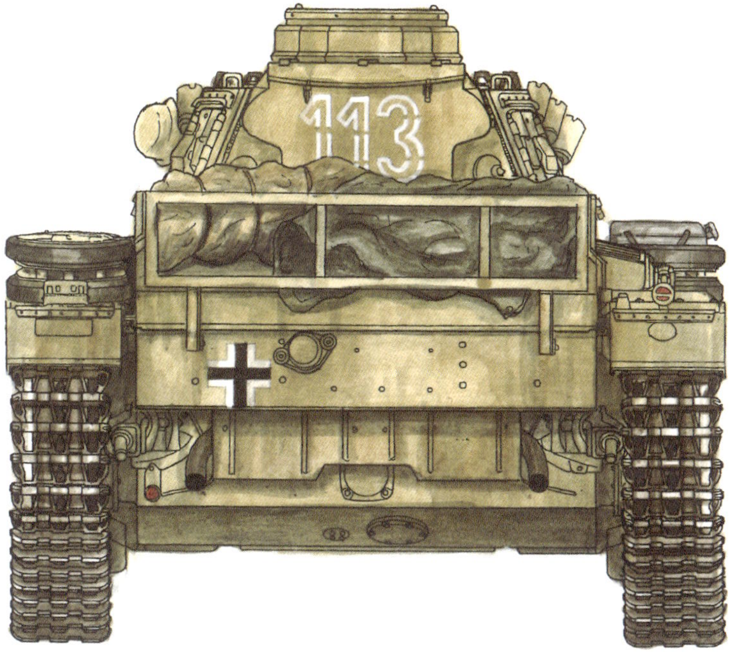

〔図43〕

Ⅲ号戦車J型　第21装甲師団第5戦車連隊712号車

Pz.Kpfw.III Ausf.J 7./Pz.Rgt.5, 21.Pz.Div., No.712

車体各部の特徴

砲塔前面装甲は50mm厚、機関室上面の点検ハッチに通気口を設け、その上に装甲カバーを設置した熱帯地仕様のJ型。1941年4月から標準化された砲塔後面のゲペックカステン、1941年9月から制式に導入が始まった予備転輪固定具を設置。さらに防盾と車体上部（操縦室）前面に増加装甲板が装着されている。履帯は初期の40cm幅タイプを装着。

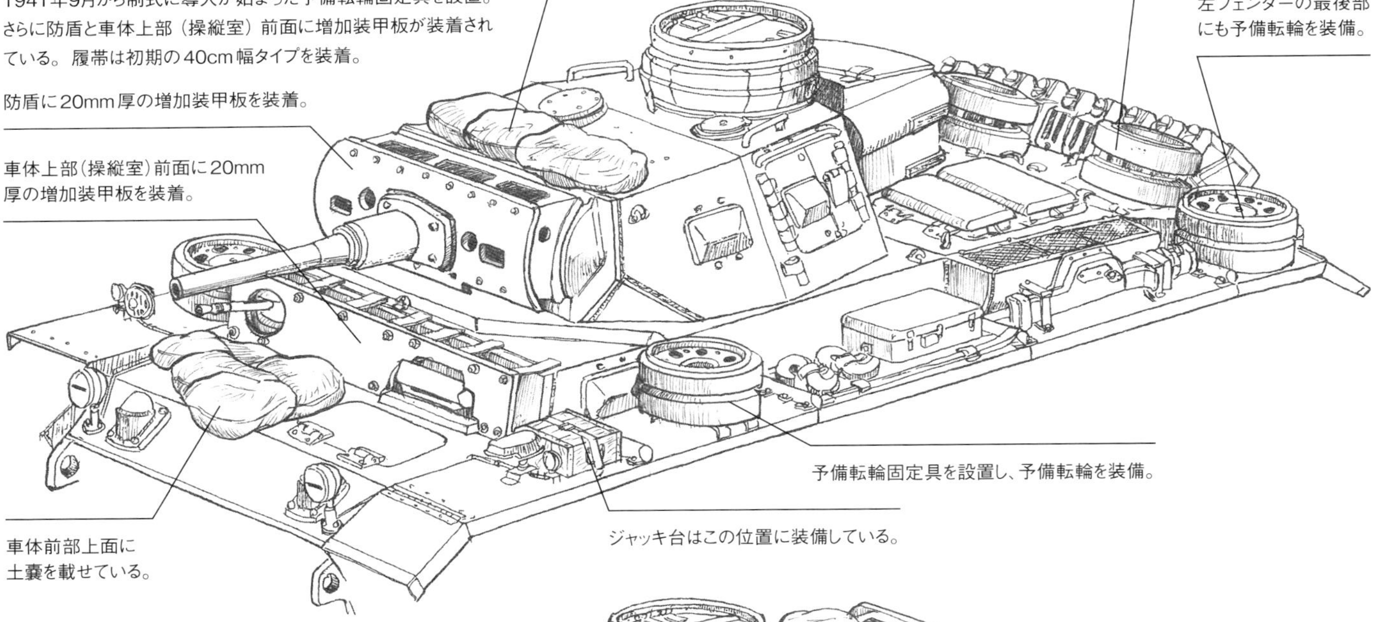
防盾に20mm厚の増加装甲板を装着。
砲塔上面前部に土嚢を積んでいる。
機関室上面の後部に2個の予備転輪を装備している。
左フェンダーの最後部にも予備転輪を装備。
車体上部(操縦室)前面に20mm厚の増加装甲板を装着。
予備転輪固定具を設置し、予備転輪を装備。
車体前部上面に土嚢を載せている。
ジャッキ台はこの位置に装備している。

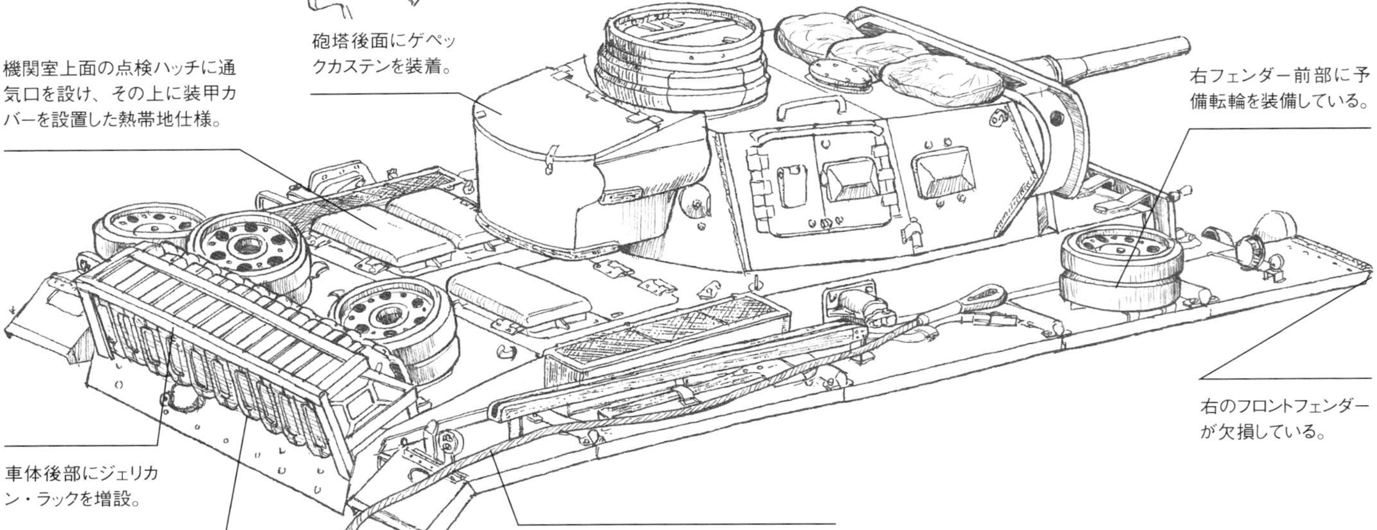
機関室上面の点検ハッチに通気口を設け、その上に装甲カバーを設置した熱帯地仕様。
砲塔後面にゲペックカステンを装着。
右フェンダー前部に予備転輪を装備している。
右のフロントフェンダーが欠損している。
車体後部にジェリカン・ラックを増設。
ラックに多数のジェリカンを積んでいる。
牽引ケーブルはこの位置に携行している。

712号車の車体前部

車体上部（操縦室）前面に20mm厚の増加装甲板を装着。前面装甲板とは100mmの間隔を設けて取り付けられている。

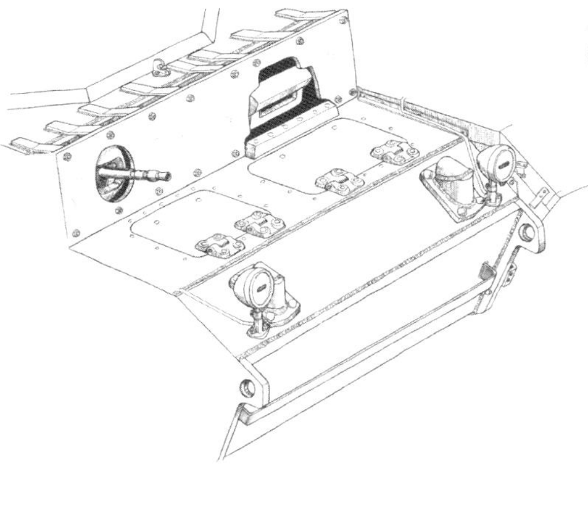

防盾用の増加装甲板

上図が上面カバー、中央が増加装甲板本体（初期タイプ）、下図が下面カバー。増加装甲板は20mm厚で防盾と140mmの間隔を設け、取り付けられている。

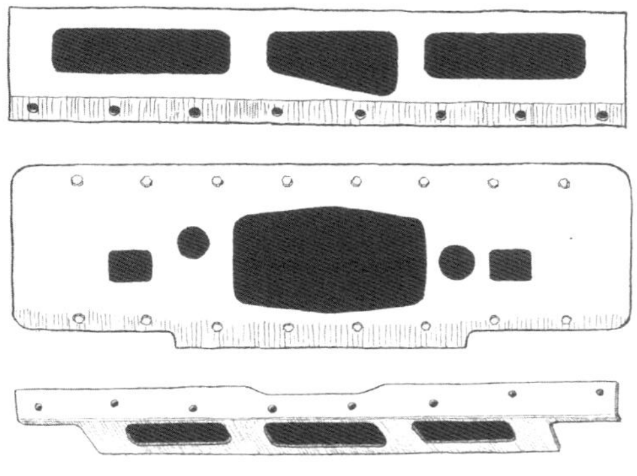

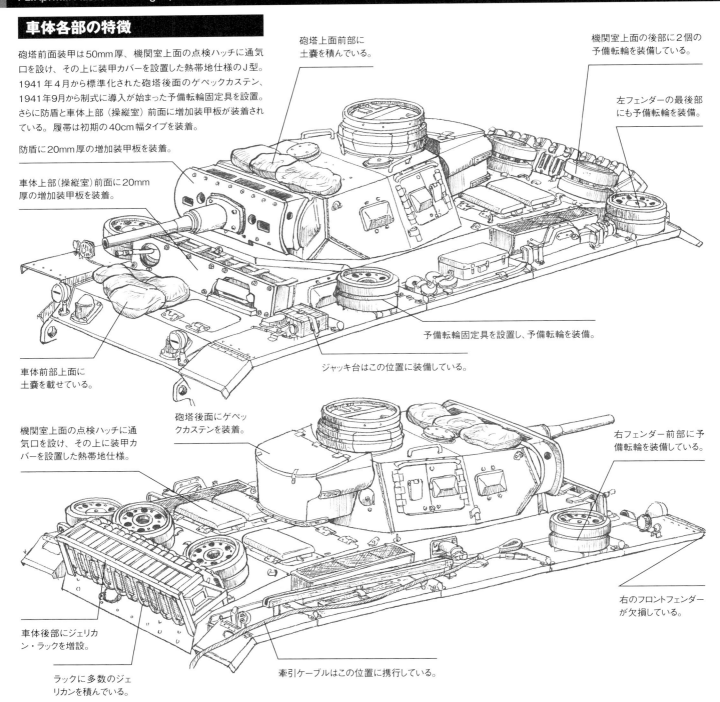

〔図44〕

Ⅲ号戦車J型 第190戦車大隊第1中隊113号車

Pz.Kpfw.III Ausf.J 1./Pz.Abt.190, No.113

車体各部の特徴

砲塔前面の装甲は50mm厚で、機関室上面の点検ハッチに通気口を設け、その上に装甲カバーを設置した熱帯地仕様。砲塔後面のゲペックカステンや予備転輪固定具を装備し、1941年10月頃から装着が始まった車体上部（操縦室）前面の増加装甲板も装着。さらに生産後に砲塔側面の発煙弾発射器が追加されている。履帯は初期の40cm幅タイプを装着。

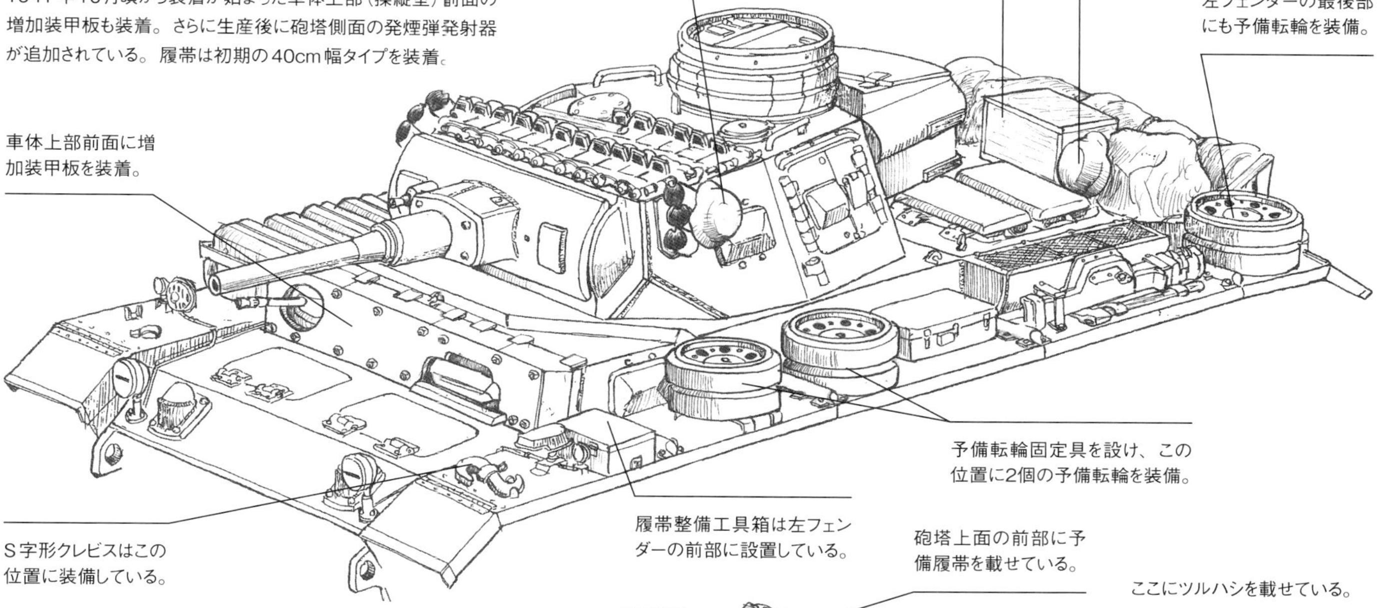

砲塔左側の発煙弾発射器にヘルメットをぶら下げている。
ここに木箱を積んでいる。
乗員用のヘルメットも載せている。
左フェンダーの最後部にも予備転輪を装備。
車体上部前面に増加装甲板を装着。
予備転輪固定具を設け、この位置に2個の予備転輪を装備。
S字形クレビスはこの位置に装備している。
履帯整備工具箱は左フェンダーの前部に設置している。

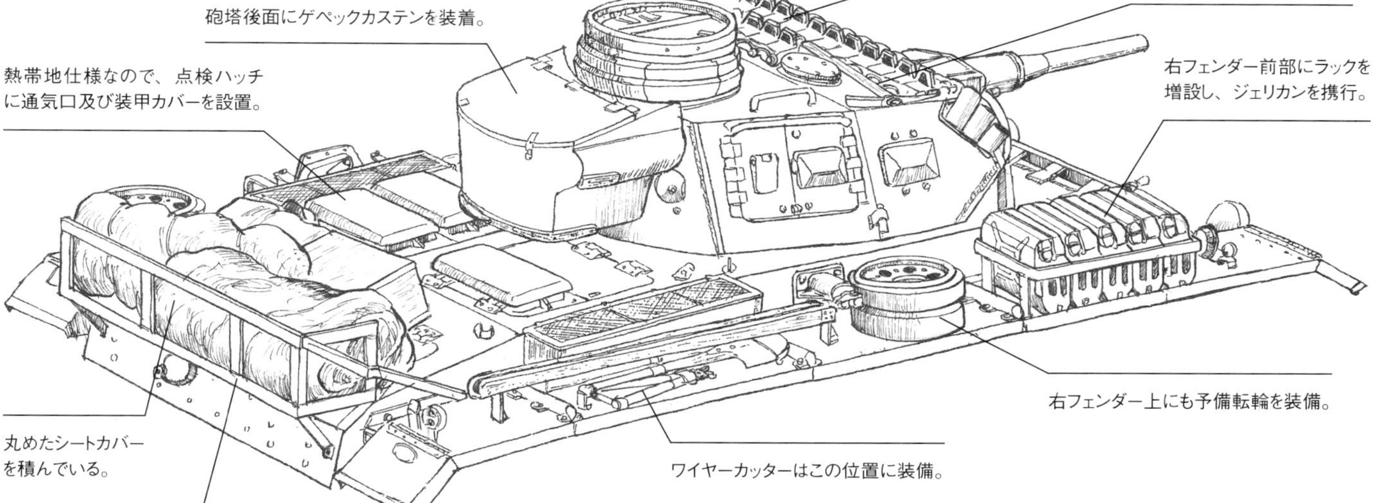

砲塔上面の前部に予備履帯を載せている。
ここにツルハシを載せている。
砲塔後面にゲペックカステンを装着。
右フェンダー前部にラックを増設し、ジェリカンを携行。
熱帯地仕様なので、点検ハッチに通気口及び装甲カバーを設置。
右フェンダー上にも予備転輪を装備。
丸めたシートカバーを積んでいる。
ワイヤーカッターはこの位置に装備。
車体後部に金属製の荷物ラックを増設している。

113号車の右フェンダー前部

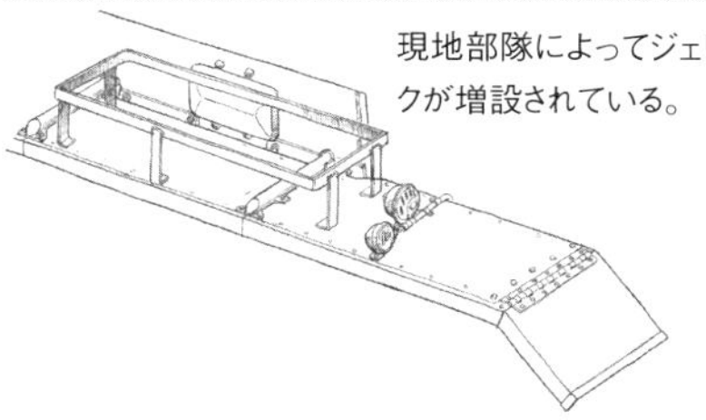

現地部隊によってジェリカン・ラックが増設されている。

砲塔側面の発煙弾発射器

3連装式の発煙弾発射器は、1942年9月頃から砲塔側面に取り付けられるようになった。図は後方から見たところ。

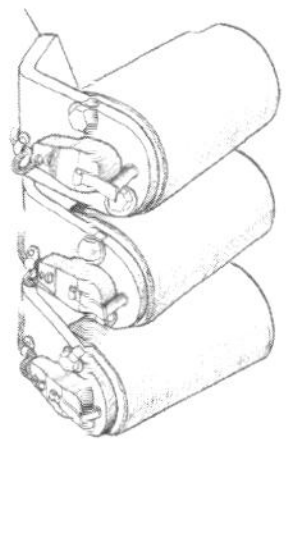

113号車の機関室上面

点検ハッチに通気口を設け、装甲カバーを設置した熱帯地仕様で、車体後部には荷物積載用のラックが増設されている。

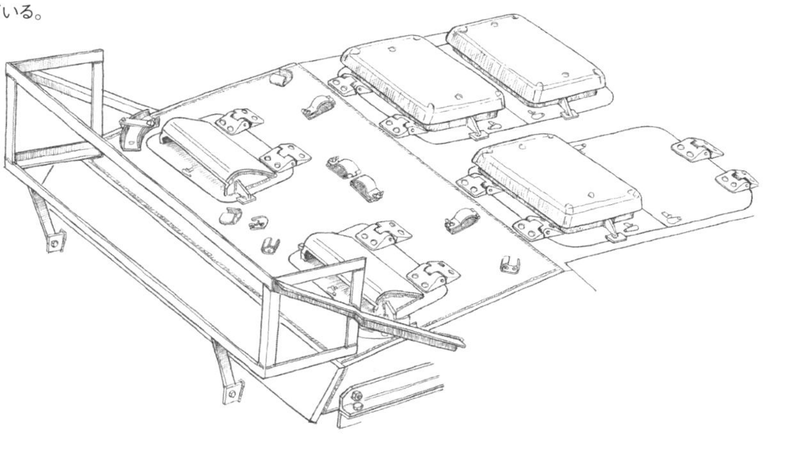

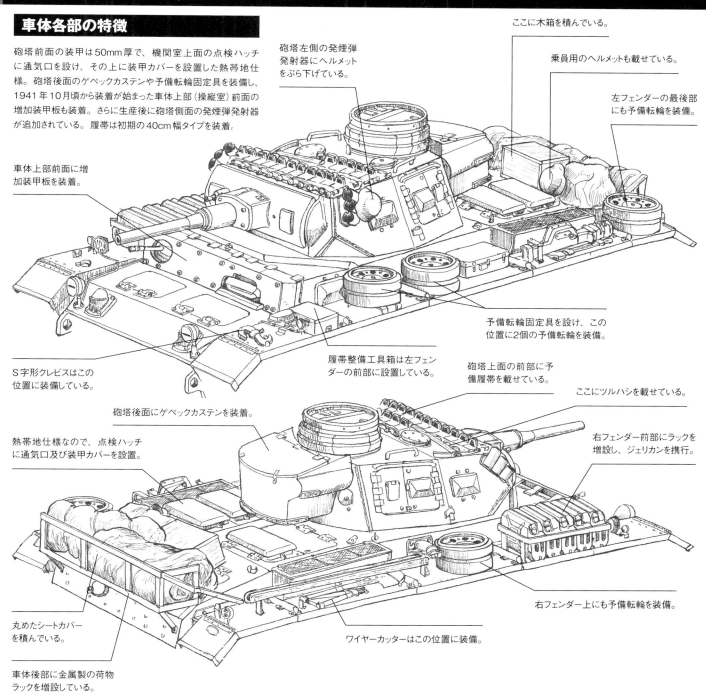

■定価：本体　2,300～2,700円（税別）
■A4判　96ページ

記録写真に残る各戦車を徹底的に図解!

ミリタリー ディテール イラストレーション

戦時中の記録写真に写った戦車各車両を多数のイラストを用いて詳しく解説。1/35（または1/30）スケールのカラー塗装＆マーキング・イラストと車体各部のディテールイラストにより個々の車両の塗装とマーキングはもちろんのこと、その車両の細部仕様や改修箇所、追加装備類、パーツ破損やダメージの状態などが一目瞭然！　戦車の図解資料としてのみならず、各模型メーカーから多数発売されている戦車模型のディテール工作や塗装作業のガイドブックとして活用できます。

ティーガーI 初期型

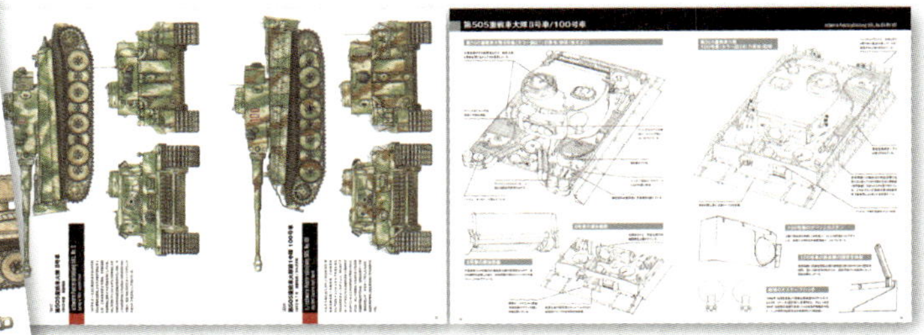

ティーガーI 中期/後期型

パンター

IV号戦車 G～J型

III号突撃砲 F～G型

数多くの車両の塗装とマーキングを解説

ミリタリー カラーリング＆マーキング コレクション

第二次大戦のドイツ戦車やソ連戦車の塗装とマーキングを解説。大戦中に撮影された記録写真から描き起こしたカラーイラスト、さらに大戦時の記録写真も多数掲載し、各車両の塗装とマーキングを詳しく解説する。■定価：本体　2,300 ～ 2,700円(税別)　■A4判　80ページ

WWIIドイツ装甲部隊のエース車両

T-34

T-34-85

JSスターリン重戦車

現存する実車を徹底取材、模型製作に役立つディテール写真を多数収録!!

ティーガーI ディテール写真集

■定価：本体　2,500 円（税別）
■ A4 判　80 ページ

第二次大戦最強戦車として連合軍から恐れられたティーガーI。現存するティーガーIは、わずか7両。本書では、ボービントン戦車博物館の初期型、クビンカ兵器試験所博物館の中期型、ムンスター戦車博物館とソミュール戦車博物館、レニーノ・セネギリ軍事歴史博物館、フランス・ヴィムティエ公園の後期型、計6両を取材。それらティーガーIの車体前部から後部、砲塔、足回りなど、350点以上のディテール写真を収録。

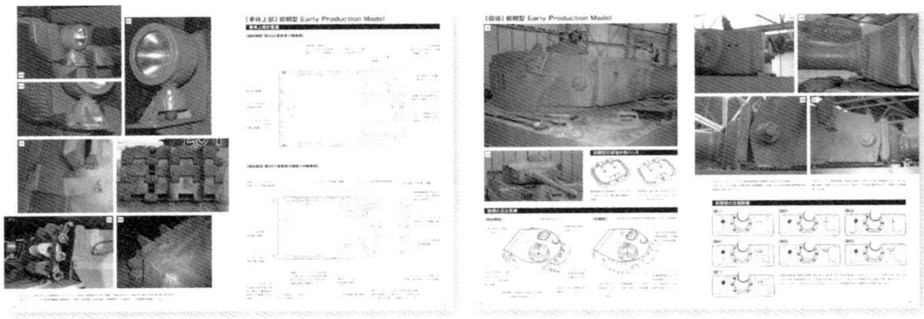

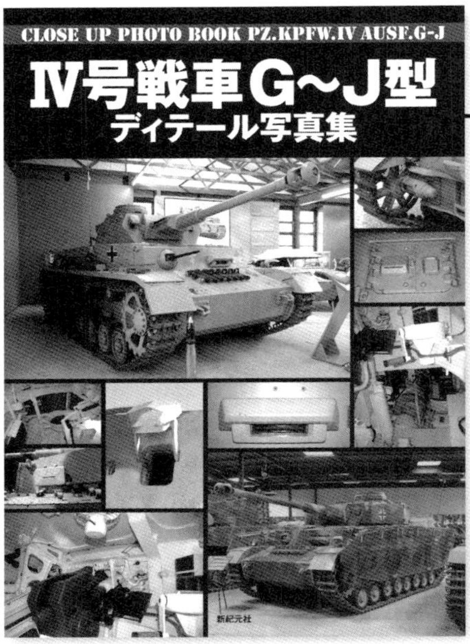

IV号戦車 G~J型 ディテール写真集

■定価：本体　3,000 円（税別）
■ A4 判　80 ページ

第二次大戦においてドイツ戦車部隊の主力となった IV 号戦車長砲身型＝G ～ J 型。本書は、ヨーロッパやアメリカ、イスラエルなどに現存するG型（初期型、中期型、流体変速機型）3両、H型（初期型、中期型、後期型）3両、J型（初期型、中期型、後期型、最後期型）10両を取材・撮影し、それら車両のディテールを余すところなく収録。さらに各型及び生産時期によるディテールの変化・相違をイラストにて詳しく解説する。

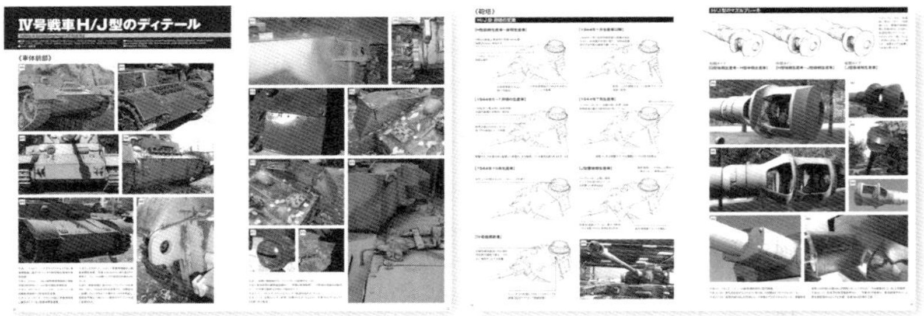

レオパルト2A4 ディテール写真集

■定価:本体　2,700 円(税別)
■ A4 判　80 ページ

レオパルト2A5/A6 ディテール写真集

■定価:本体　3,000 円(税別)
■ A4 判　80 ページ

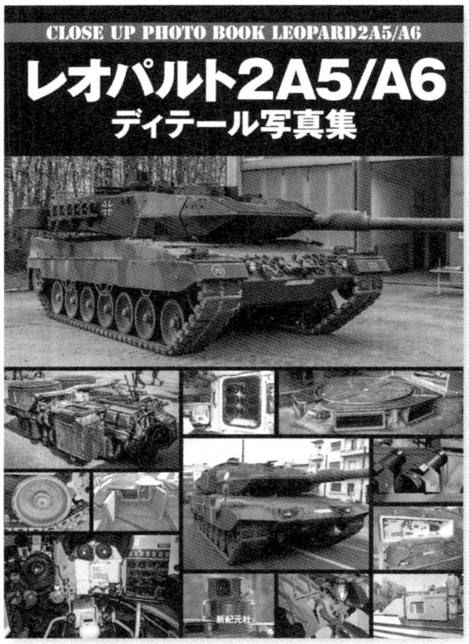

西側第3世代MBTの先鞭を付けて部隊配備となったレオパルト2は、1979年にドイツ軍での部隊配備が始まる。レオパルト2は絶え間ない改良、性能向上により今なお世界最高レベルの性能を有し、2015年現在17カ国で使用されている。レオパルト2は初期量産型のA4、改良型のA5、A6、そして最新型のA7が存在する。本書は、A4とA5/A6の実車を取材・撮影し、それらのディテールを多数の写真により詳しく解説する。

超絶ウェザリングテクニック炸裂!

海外モデラー スーパーテクニック

海外有名モデラーたちの作品は、作り込みなどの細かなディテール工作はもちろんのこと、塗装の仕上がりが特に素晴らしく、その塗装テクニックは実に“超絶”といっても過言ではありません。本書は、国内外の模型雑誌で幅広く活躍している超一流の海外モデラーたちの模型製作テクニックを紹介するモデリングガイドブックです。各キットの製作ポイントからディテールアップ、改造方法などの工作テクニック、さらに基本塗装、ウォッシング、ウェザリング、チッピング表現などの塗装テクニックを徹底解説。また、各製作記事には、実車ディテール写真、カラー塗装図、図解など模型製作に役立つ資料ページも併載しています。

定価：本体　2,800円（税別）
A4判　112ページ

東部戦線のドイツ・ソ連AFV

ドラゴンモデル 1/35　Sd.Kfz.171 パンサーD　クルスク 1943
タミヤ 1/48　ソビエト重戦車 KV-2 ギガント
ズベズダ & ドラゴンモデル 1/35 改造　T-34/76 STZ 製
ドラゴンモデル 1/35　Ⅰ号対空戦車
マケット 1/35　T-50 軽戦車
タミヤ 1/48　ドイツ対戦車自走砲マーダー III M
ドラゴンモデル 1/35　Sd.Kfz.138/2 ヘッツァー初期型
CZ コリネックモデル 1/35
ハンガリー軍ズリーニィ 10.5cm 自走榴弾砲
計 8 作品

定価：本体　2,800円（税別）
A4判　112ページ

第二次大戦ドイツ戦車模型の 塗装＆マーキング

ドラゴンモデル 1/35　ドイツⅠ号戦車 Ausf.A 初期型
イタレリ 1/35　Sd.Kfz.232 6 輪装甲車
AFV クラブ 1/35　Sd.Kfz.11 3t ハーフトラック
サイバーホビー 1/35　WWII ドイツ軍 II 号戦車 F 型
ドラゴンモデル 1/35　ドイツ 38（t）戦車 Ausf.G
サイバーホビー 1/35　DAK キューベルワーゲン
ドラゴンモデル 1/35　Sd.Kfz.171 パンサー D クルスク 1943
ドラゴンモデル 1/35　Sd.Kfz.182 キングタイガー ヘンシェル砲塔 バルジ戦仕様
ドラゴンモデル 1/35　Sd.Kfz.171 パンター G 後期型
サイバーホビー 1/35　3cm MK103 機関砲搭載 IV 号対空戦車クーゲルブリッツ
計 10 作品

ミリタリー ディテール イラストレーション

Ⅲ号戦車
E～J型

Military Detail Illustration

PANZERKAMPFWAGEN III Ausf.E-J

2016 年 5 月 26 日　初版発行

発行者　宮田一登志

発行所　株式会社 新紀元社

〒101-0054 東京都千代田区

神田錦町 1-7 錦町一丁目ビル 2F

Tel 03-3219-0921　FAX 03-3219-0922

smf@shinkigensha.co.jp

http://www.shinkigensha.co.jp/

郵便振替　00110-4-27618

編集者　塩飽昌嗣

イラスト・解説　遠藤 慧

デザイン　今西スグル

実光政直

矢内大樹

〔リパブリック〕

印刷・製本　中央精版印刷 株式会社

ISBN978-4-7753-1427-2

定価はカバーに表記してあります。